Beschichten mit Hartstoffen

Herausgegeben vom
VDI-Technologiezentrum
Physikalische Technologien

Die Deutsche Bibliothek – CIP-Einheitsaufnahme

Beschichten mit Hartstoffen / hrsg. vom VDI
Technologiezentrum Physikalische Technologien. [Red.
Konzeption: R.-J. Peters]. – Düsseldorf : VDI-Verl., 1991
  (VDI-TZ proceedings)

NE: Peters, Ralph-Jürgen [Red.]; Technologiezentrum Physikalische
  Technologien < Düsseldorf >

Herausgegeben vom: VDI-Technologiezentrum Physikalische Technologien,
                    Düsseldorf

Fachliche Konzeption: Dr. Ralph-Jürgen Peters

© **VDI-Verlag GmbH, Düsseldorf 1992**

ISBN-13: 978-3-642-95827-4   e-ISBN-13: 978-3-642-95826-7
DOI: 10.1007/978-3-642-95826-7

Vorwort

Die Dünnschichttechnologie gehört heute zu den bedeutendsten Schlüssel-
technologien der Industrieländer. Die Erzeugung von reibungs- und ver-
schleißmindernden Schichten ist heute neben der Mikroelektronik die Trieb-
feder zur Unternehmung neuer Dünnschichtverfahren geworden. Mit diesen
Verfahren werden in vielfältiger Weise Hartstoffschichten erzeugt.

Hartstoffschichten gehören zu den am besten untersuchten Schichtsystemen.
Das Wissen hierüber ist enorm und kaum noch zu übersehen. In diesem
Bereich der Dünnschichttechnologien ist heute neben der Optik noch am
ehesten der Ansatz der ingenieurmäßigen Konstruktion funktionaler Schichtsysteme möglich.

Im Rahmen der Kolloquienreihe „Moderne Oberflächen- und Dünnschichttechnologien – Verfahren und Anwendungen" des VDI-Technologiezentrums, aus der die vorliegenden Beiträge stammen, wurde versucht, einen
Überblick über die Verfahrens- und Anwendungsvielfalt aber auch die Her-
stellungsprobleme von Hartstoffschichten zu geben. Das VDI-Technologiezentrum arbeitet im Auftrag und mit Unterstützung des Bundesministers für
Forschung und Technologie (BMFT).

Dr. L. Cleemann
Geschäftsführer des VDI-Technologiezentrums

Inhaltsverzeichnis

Härtemechanismen in Hartstoffschichten

R. Elsing

1 Einleitung

Unter Härte versteht man den Widerstand, den ein Körper oder eine Oberfläche dem Eindringen eines anderen Körpers, des Prüfkörpers, entgegensetzt. Dieser Widerstand wird gemessen als die bleibende Verformung eines sogenannten Härteeindruckes, der unter genormten Bedingungen hergestellt wurde. Hartstoffe sind Materialien, bei denen diese Härte (bzw. dieser Widerstand) mehr als 1000 Vickerseinheiten beträgt.

Dieser Widerstand, den die Oberfläche dem Eindringen des Prüfkörpers entgegensetzt, hängt eng mit der plastischen Verformbarkeit und diese wiederum mit dem Gitteraufbau, den Gitterstörungen etc. zusammen. Somit sind die Mechanismen, die die Härte eines Hartstoffes ganz allgemein und auch die Härte einer Hartstoffschicht im besonderen bedingen, zunächst und vor allem aus dem mikrostrukturellen Aufbau des Werkstoffes selbst und dem Einfluß des Beschichtungsverfahrens auf diese Mikrostruktur zu erklären. Aber auch die Unterlage der Hartstoffschicht, das Substrat, erweist sich bei Hartstoffschichten als ein die Härte mitbestimmender Faktor.

Die nachfolgenden Ausführungen werden teilweise auf das Beispiel eines bestimmten PVD-Verfahrens bezogen, für andere Beschichtungsverfahren lassen sich aber ähnliche Überlegungen anstellen.

2 Werkstoffbedingte Faktoren

Der erste und wesentliche, die Härte einer Hartstoffschicht bestimmende Faktor ist die Härte des Schichtwerkstoffes selbst. Bekanntlich existieren eine Reihe von Materialien, deren Bezeichnung „Hartstoffe" bereits auf ihre außerordentliche Härte hinweist. Man kann sie in metallische, nichtmetallische und superharte Stoffe einteilen, wobei die Unterscheidung in metallisch und nichtmetallisch im wesentlichen durch den metallischen Charakter bzw. durch die elektrische Leitfähigkeit zustande kommt.

Hartstoff	Dichte in g cm^{-3}	Schmelzpunkt in K	Vickershärte HV
TiC	4,93	3420	~3000
ZrC	6,73	3803	2925
HfC	~12	4163	2913
VC	5,36	3083	2094
NbC	7,56	3753	1961
TaC	14,3	4153	1599
Cr_3C_2	6,68	2163	1350
Mo_2C	8,9	2683	1499
WC	15,7	2993	1780
TiN	5,43	3478	1994
ZrN	7,09	3253	1520
TiB_2	4,50	3253	3300
ZrB_2	6,17	3313	2252
$TiSi_2$	4,39	~1800	892
$MoSi_2$	~6	2303	1200
WSi_2	–	2438	1074
LaB_6	4,76	2803	2770
UC	12,97	2588	923

Bild 1: Eigenschaften einiger metallischer Hartstoffe [1]

Es handelt sich im wesentlichen um Karbide, Nitride, Boride und Silizide der IV., V. und VI. Hauptgruppen des Periodensystems der Elemente. Neben der außerordentlichen Härte besitzen diese Stoffe durchweg Schmelzpunkte von z. T. weit über 2000 K. Vom Standpunkt der Kristallographie aus gesehen sind die Karbide und Nitride hochsymmetrische Einlagerungsverbindungen, wenn das Atomradienverhältnis r_x/r_m zwischen 0,43 und 0,59 liegt.
Sie kristallisieren zum großen Teil in der B1-Struktur des Steinsalzes, es können aber auch andere Strukturtypen wie hexagonal oder hexagonal dichtest gepackt auftreten.
Sind die Nichtmetallatome so groß, daß keine Einlagerungsverbindungen auftreten können, wie z. B. bei den Metalloiden Bor und Silizium, so entstehen meist komplizierter aufgebaute Strukturen hexagonaler, rhombischer oder tetragonaler Bauart. Speziell die Boride sind gekennzeichnet durch die Tendenz, starke kovalente B-B-Bindungen einzugehen, was zur Ausbildung von Borketten und -netzwerken führt.

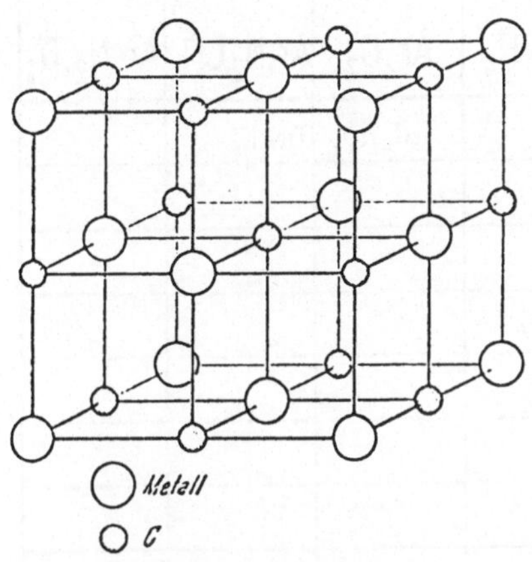

Beispiele:

Ti N	Ti C
Zr N	Zr C
–	Hf C
V N	V C
Nb N	Nb C
Ta C	–
–	Cr N

Bild 2: Steinsalzstruktur (B1)

Nichtmetallische Hartstoffe sind in Bild 3 zusammengestellt. Auch sie besitzen neben ihrer hohen Härte eine sehr hohe Schmelztemperatur, der nichtmetallische Charakter ergibt sich aus einer geringen thermischen und elektrischen Leitfähigkeit. Weiterhin in der Tabelle in Bild 3 aufgeführt sind die superharten Stoffe wie Diamant, CBN und Siliziumnitrid mit Vickershärten bis zu 5 000 oder sogar 10 000.

		Dichte	Schmelz-temperatur	Vickershärte
		in g cm⁻3	in K	HV
Borkarbid	B_4C	2,52	2720	4950
Siliziumkarbid	SiC	3,2	~2500	3500
Berylliumkarbid	Be_2C	2,26	> 2200	–
Bornitrid	BN(hexa-gon.)	2,25	3270	2 Mohs
Aluminiumnitrid	AlN	3,05	2670	1230
Siliziumnitrid	Si_3N_4	3,44	2170	3340
Siliziumborid	SiB_6	2,43	2220	2450...2800
Bor	B	2,34	~2300	~2000
Sinterkorund	Al_2O_3	3,8 ...3,9	2320	2800
Berylliumoxid	BeO	3,03	2843	1230...1490
Zirkoniumoxid	ZrO_2	5,56(monokl.) 6,27(kub.)	2963	1200
Magnesiumoxid	MgO	3,65	3073	745
Chromoxid	Cr_2O_3	5,21	2573	2915
Diamant	C	3,52	3970±100	10000
Bornitrid	BN(kub.)	3,45	~3300	

Bild 3: Eigenschaften nichtmetallischer Hartstoffe und superharter Stoffe [1]

Target \ Gas	Ar	Ar, N_2	Ar, CH_4	Ar, O_2	Ar, N_2, CH_4	Ar, N_2, O_2
Ti	Ti	Ti_2N, TiN	TiC	TiO, TiO_2	TiN_xC_y	
TiC	TiC	TiC_xN_y				
TiN	TiN					
$TiAl_x$		$TiAl_xN$	$TiAl_xC$			
$TiZr_x$		$TiZr_xN$	$TiZr_xC$			
$TiHf_x$		$TiHf_xN$				
Al	Al	AlN				
Al_2O_3	Al_2O_3	AlO_xN_y	AlO_xC_y		$AlO_xN_yC_z$	
$Ti-Al_2O_3$	$TiAl_xO_y$	$TiAl_xO_yN_z$				
$TiAl_xV_y$		$TiAl_xV_yN$	$TiAl_xV_yC$		$TiAl_xV_yN_uC_v$	
Cr	Cr	Cr_2N, CrN	Cr_xC_y			
$CrAl_x$		$CrAl_xN$	$CrAl_xC$			
W		W_2N, WN	W_2C, WC			
WCr_x		$W-Cr-N$	WCr_xC			
Ta		TaN	TaC		TaN_xC_y	
Si		Si-N	Si-C	Si-O		
SiC	Si-C	Si-C-N	Si-C			
Si_3N_4	Si-N	Si-N	Si-C-N			
Al_xSi_y		Al-Si-N				Si-Al-O-N
TiB_2	TiB_2	Ti-B-N	Ti-B-C		Ti-B-N-C	

Bild 4: Einfache und komplexe Hartstoffschichten, hergestellt mit den angegebenen Target-Gas-Kombinationen [2]

Um die Mechanismen zu verstehen, die die Härte dieser und auch bereits der metallischen Hartstoffe bestimmen, reichen allein kristallographische Betrachtungen über Atomabstände etc. aber nicht aus. Hier müssen grundlegende Zusammenhänge über die Anteile der verschiedenen Bindungsarten in den Gittern und deren Stabilität aufgeklärt werden. Auf die Darstellung dieser Zusammenhänge – wenn sie überhaupt geschlossen möglich ist – soll an dieser Stelle jedoch verzichtet werden.

Im Zusammenhang mit Schichten aus Hartstoffen wichtig und erwähnenswert ist aber die Tatsache, daß viele der genannten binären Verbindungen eine beträchtliche Löslichkeit füreinander besitzen und daß außerdem sowohl die Metall- als auch die Metalloidatome in den genannten Verbindungen teilweise durch andere ersetzt werden können.

So zeigt Bild 4 eine Aufstellung von einfachen und komplexen Hartstoffschichten, wie sie durch Sputtertechniken hergestellt werden können.

Ohne auf das Verfahren näher eingehen zu wollen, läßt sich doch erkennen, daß sich, ausgehend von relativ einfach aufgebauten Targets, durch Zugabe von verschiedenen Reaktivgasen unter Ausnutzung der Löslichkeits- und Substituierbarkeitsprinzipien – wie oben beschrieben – eine Vielzahl von Materialien zu Schichten verarbeiten läßt, die den Namen „Hartstoffschichten" verdienen. Es ist aber auch klar, daß hier, bedingt durch die Vielfalt und Variierbarkeit der möglichen Zusammensetzungen, durch Beschichtungsverfahrensparameter die Härte dieser Schichten mitbestimmt wird. Auf einige dieser Parameter wird im folgenden eingegangen.

3 Verfahrensbedingte Einflußfaktoren

Zuvor und zur Erklärung wird jedoch ein kurzer Überblick über die PVD-Verfahren im allgemeinen und über die Funktionsweise des Magnetronsputterns im besonderen gegeben, damit die Wirkungsweise der härtebestimmenden Verfahrensparameter klar wird. Bild 5 zeigt in einer Zusammenstellung

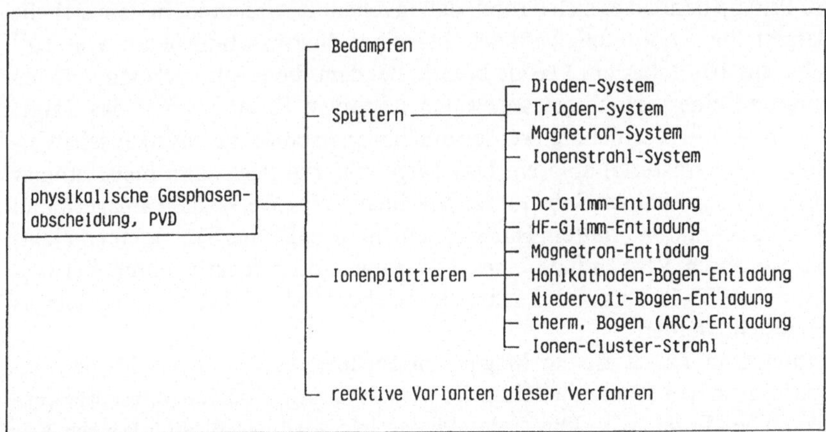

Bild 5: Einteilung der PVD-Prozesse

eine Einteilung der PVD-Prozesse [2]. Man kann neben den drei grundlegenden Varianten Bedampfen, Sputtern und Ionenplattieren auch noch jeweils reaktive Varianten unterscheiden, die sich durch Verwendung von reaktiven Gasen bei den Beschichtungsprozessen auszeichnen. Für die Herstellung von Hartstoffschichten sind das Sputtern und das Ionenplattieren von Bedeutung.

Am Beispiel des Magnetronsputterns soll nun ein derartiger PVD-Prozeß kurz erläutert werden. (Bild 6)

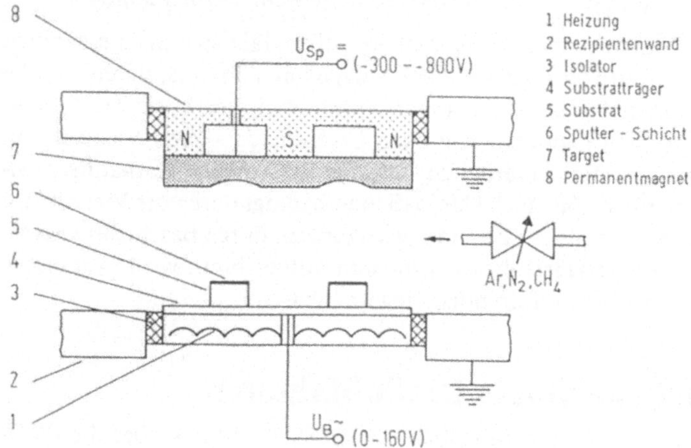

Bild 6: Prinzipskizze des Magnetronsputterverfahrens

Im Prinzip handelt es sich darum, daß in einem Rezipienten, in dem sich die dargestellte Anordnung befindet, bei einer Inertgasatmosphäre von 10^{-1} mbar bis 10^{-4} mbar ein Plasma brennt, bei dem die positiv geladenen Ionen aufgrund einer am Target angelegten negativen Spannung auf das Target (Kathode) hin beschleunigt werden und über verschiedene physikalische Vorgänge Targetmaterial ablösen. Das Targetmaterial liegt dann meist atomar vor und kann sich am Substrat (zu beschichtendes Werkstück) anlagern und zum Schichtaufbau führen. Hartstoffschichten, z. B. aus TiN, können nichtreaktiv durch Verwendung eines TiN-Targets oder reaktiv durch Verwendung eines Ti-Targets und gleichzeitiger Zugabe von Stickstoff als Reaktivgas hergestellt werden.
Hinter dem Target ist ein Magnet angeordnet, von dem das Magnetron-Sputtern seinen Namen ableitet. Es wird auch mit Hochleistungskathodenzerstäuben bezeichnet. Durch das Magnetfeld wird das Plasma vor der Kathode konzentriert. Es entsteht eine höhere Ionendichte vor der Kathode, die

zu erhöhten Abtragsraten am Target und somit auch zu erhöhten Schichtraten am Substrat führt.

Das Substrat liegt auf negativem Potential (Bias-Spannung). Dadurch werden auch zum Substrat hin ständig Ionen beschleunigt. Diese führen nicht nur zu einer gewissen Wiederzerstäubung und Reinigung der Substratoberfläche, sondern auch zu einer Verbesserung der Haftfestigkeit und zu dichteren Schichten.

Schließlich ist unter dem Substrathalter eine Heizung angebracht, durch die das Aufwachsen der Schicht beeinflußt wird. Aber auch ohne Heizung stellt sich durch den Beschuß mit Ionen über das Bias-Potential eine Erwärmung des Substrates ein.

Anknüpfend an die Ausführungen in Kapitel 2 über die Bedeutung der Zusammensetzung für die Härte von Hartstoffschichten, soll hier zunächst die Möglichkeit diskutiert werden, wie über Variation der Schichtzusammensetzung Einfluß auf die Härte genommen werden kann. Dazu ist in Bild 7 der Übergang von binären zu höherwertigen Hartstoffen bei gleicher Gitterstruktur gezeigt [2].

Dargestellt ist das Beispiel von Hartstoffen des Titan. Rein formal können aus der Elementarzelle des binären TiN oder TiC durch Ersatz der Metallatome sowie der Metalloidatome ternäre oder auch quaternäre Stoffe entstehen, hier ein (Ti,Al,V)N, bei dem auch das Verhältnis der Metallatome untereinander in weiten Grenzen variieren kann und auch der Stickstoff durch Kohlenstoff ersetzt werden kann (hier nicht dargestellt). Durch derartige

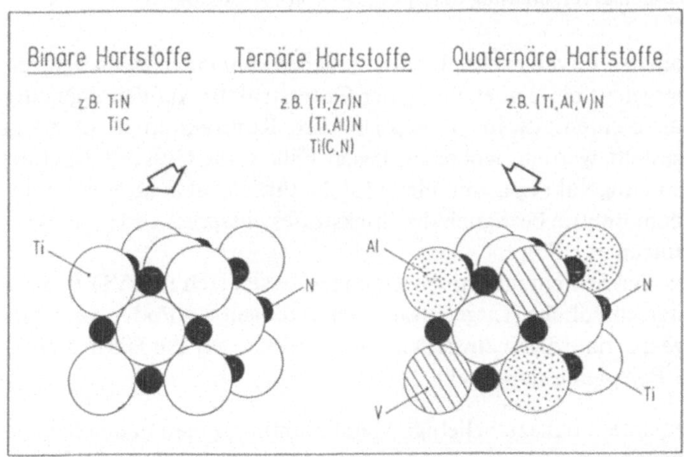

Bild 7: Gitterstruktur einfacher und komplexer Hartstoffe auf Titanbasis

Gitterumbauten entstehen gegenüber dem Gleichgewicht geringfügig verschobene Gitterparameter, und der sich bildende Substitutionsmischkristall besitzt gegenüber dem nicht verzerrten Gitter veränderte Eigenschaften. Meßbar werden derartige Gitterveränderungen bei röntgenographischen Bestimmungen der Gitterkonstanten der kubischen Zelle, wie in Bild 8 dargestellt, für Hartstoffe auf Titan- und Chrombasis.

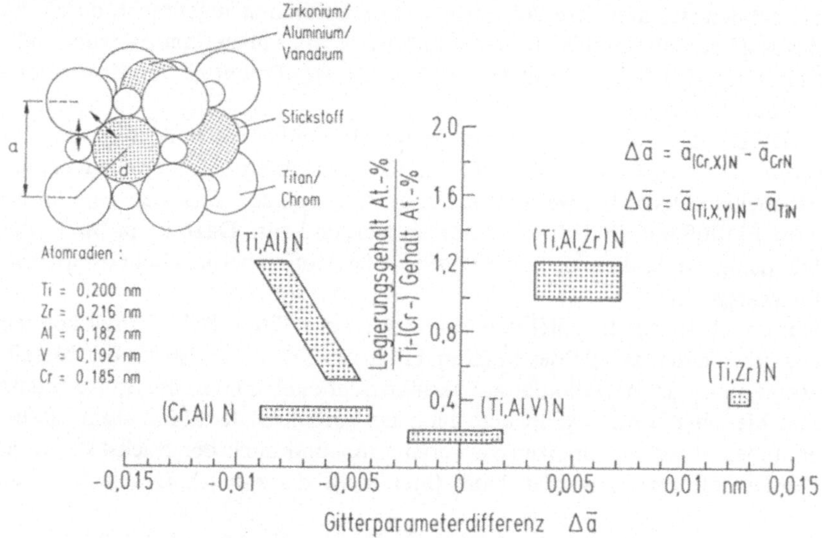

Bild 8: Gitterparameterveränderung durch Einbau von Fremdatomen

Ausgehend von der unverzerrten Elementarzelle, können in Abhängigkeit vom Legierungsgehalt bei Beibehaltung der Gitterstruktur Aufweitungen des Gitters für das Element Zr in (Ti,Al,Zr)N und Kontraktionen für Al in (Cr,Al)N festgestellt werden, wobei in diesen Fällen das Gesamtverhältnis Metall/Metalloid ungefähr konstant bleibt [3]. Natürlich hat auch eine Veränderung der Stöchiometrie bezüglich des Stickstoffes entsprechende Gitterparameteränderungen zur Folge.

Veränderungen der Schichtzusammensetzungen lassen sich in PVD-Prozessen durch unterschiedliche Targetzusammensetzungen und/oder verschiedene Reaktivgaspartialdrücke einstellen. Die Einflüsse auf die Härte sind in den folgenden Beispielen dargestellt.

Die erste Möglichkeit, nahezu beliebige Metallkombinationen in den Schichten zu erzielen, besteht in der Verwendung von mechanisch legierten Targets (Bild 9). Hierbei werden z. B. Pfropfen aus Aluminium in eine Platte aus

8

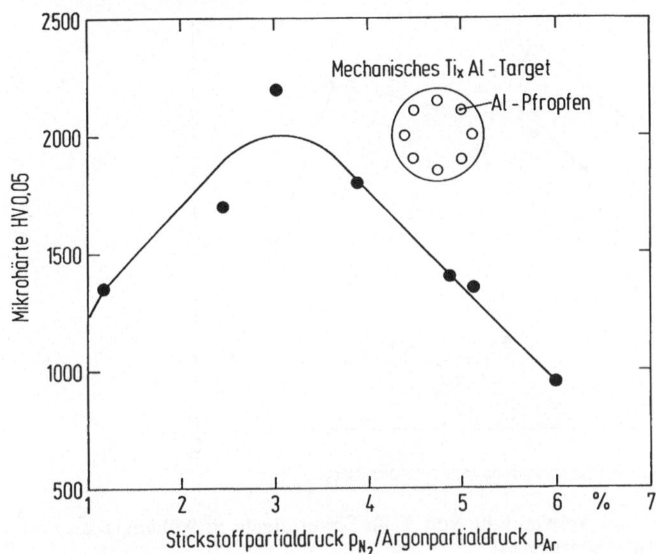

Bild 9: Mikrohärte bei Verwendung eines mechanischen Ti-Al-Targets in Abhängigkeit vom Reaktivgasgehalt [4]

Titan gesteckt. Das Verhältnis der Konzentrationen zueinander läßt sich in weiten Grenzen steuern, die Steuerung des Metalloidgehaltes erfolgt über den Stickstoffpartialdruck. Es entstehen, wie oben geschildert, verschiedene Einlagerungs- bzw. Substitutionsmischkristalle mit unterschiedlichen Härtewerten, die teilweise auch über der Härte von TiN liegen.

Auch bei der Verwendung von Sintertargets ist ein im Prinzip ähnlicher Verlauf der Härtekurven zu verzeichnen. Auch hier zeigt sich ein ausgeprägtes Härtemaximum, welches sich in Lage und Höhe durch die Konzentration der am Prozeß beteiligten Partner steuern läßt.

Die Reihe solcher oder ähnlicher Beispiele läßt sich beliebig fortsetzen. Durch den Prozeß selbst und durch Art und Menge der eingesetzten Stoffe bilden sich strukturell gleichwertige, aber jeweils etwas anders aufgebaute Elementarzellen mit unterschiedlichen Härtewerten, wenn die Schichten sich in gleicher Weise auf dem Substrat abscheiden. Ob dies allerdings so ist, hängt von weiteren Parametern ab, die Thornton in einem Strukturzonenmodell zusammengefaßt hat, Bild 11 [5], welches für reine Metalle gilt; es kann aber mit fallweise geringfügigen Veränderungen auch auf die Abscheidung von Legierungen übertragen werden.

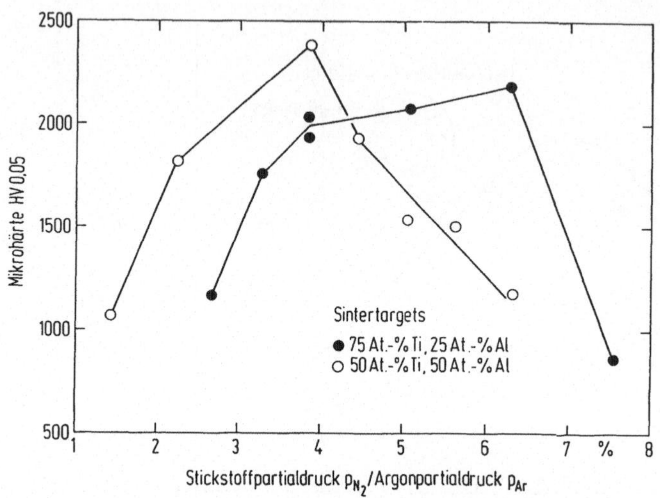

Bild 10: Mikrohärte bei Verwendung von Ti-Al-Sintertargets in Abhängigkeit vom Reaktivgaspartialdruck [4]

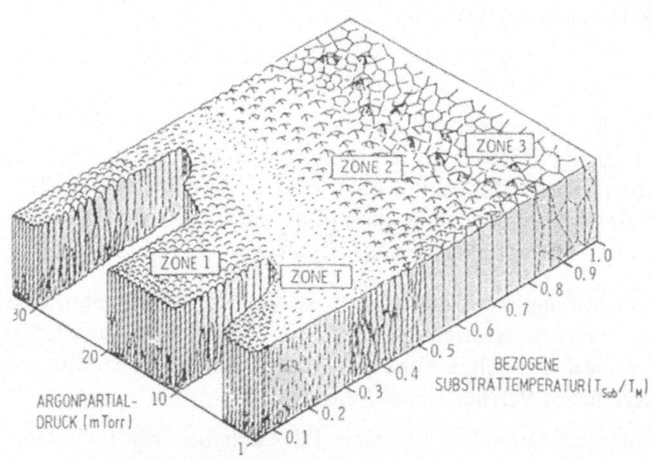

Bild 11: Strukturzonenmodell nach Thornton

Demnach können sich sehr unterschiedliche Schichtgefüge ausbilden, die im wesentlichen durch die Parameter Inertgaspartialdruck und auf den Schmelzpunkt des Schichtwerkstoffes bezogene Substrattemperatur bestimmt werden. Die Mechanismen, die zur Ausbildung der verschiedenen Zonen führen, sind über Oberflächendiffusion, Volumendiffusion, Rekristallisation und

10

Kornwachstum bei höheren Temperaturen zu erklären. Hierauf soll nicht näher eingegangen werden. Klar ist aber, daß Vorzugsorientierungen, wie sie bei einem derartigen Schichtwachstum auftreten können, und die resultierende Korngröße selbst auch die Härte der Schicht in erheblichem Maße beeinflussen können.

Ein Beispiel zeigt Bild 12 [6]. Mit steigender Vorspannung, im Strukturmodell nach Thornton nicht berücksichtigt, nimmt die Teilchengröße stark ab, was in diesem Fall zu einer Steigerung der Mikrohärte führt. Hier kann also

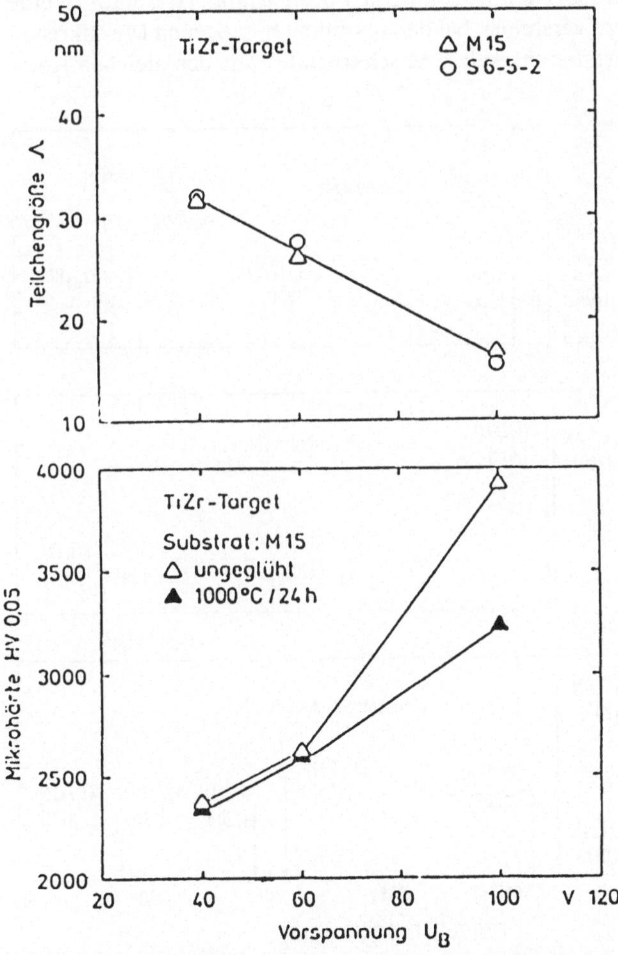

Bild 12: Teilchengröße und Mikrohärte in Abhängigkeit der Bias-Spannung bei (Ti-30Zr)N-Schichten

11

das Wirken der Korngrenzen auf die Härte ähnlich verstanden werden wie in konventionellen Werkstoffen. Natürlich hängt dieser Mechanismus davon ab, ob die Korngrenzen tatsächlich als solche zu bezeichnen sind oder ob sie stark mit Porositäten, Bindefehlern etc. übersät sind wie bei Schichtstrukturen, die in der Zone 1 des Strukturzonenmodells aufwachsen. Ein unmittelbarer und in jedem Falle gültiger Zusammenhang der dargestellten Form ist daher nicht zu erwarten und auch noch nicht beobachtet worden.

Eine weitere Besonderheit, die als Härtemechanismus in Hartstoffschichten auftreten kann, ist die sogenannte spinodale Entmischung. Hierunter ist eine Festkörperreaktion zu verstehen, bei der aus einem homogenen Mischkristall zwei verschieden zusammengesetzte Mischkristalle - aus den gleichen Kom-

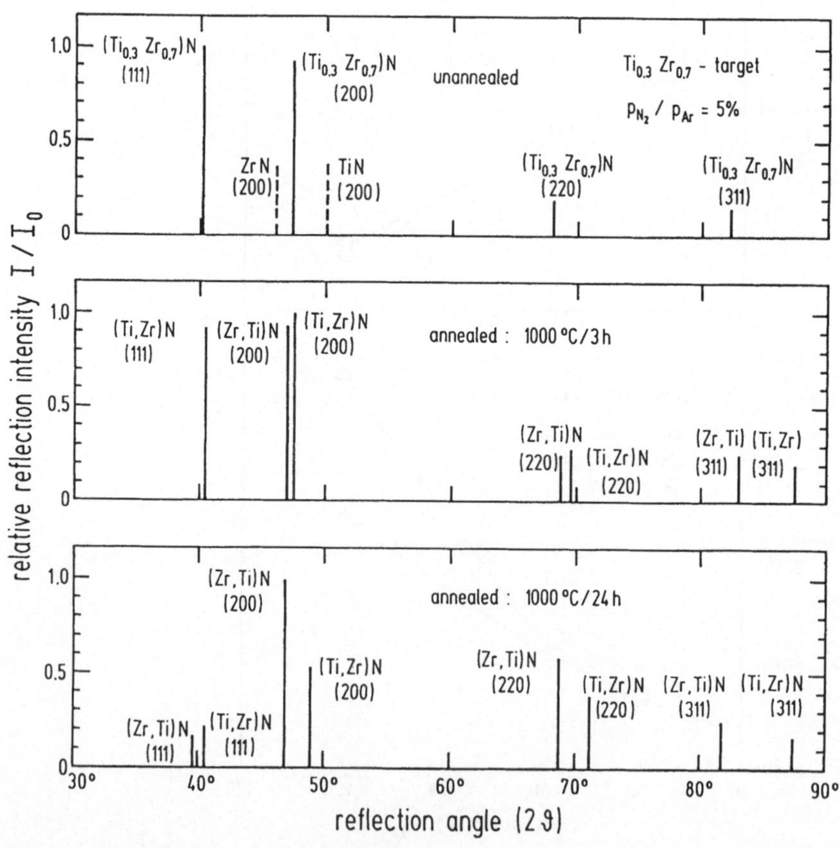

Bild 13: Röntgendiagramme von spinodal entmischten Schichten nach Glühbehandlungen

12

ponenten aufgebaut - entstehen. Eingeleitet wird dieser Vorgang an Stellen kleiner Konzentrationsunterschiede, die sich bei ablaufenden Diffusionsvorgängen aber nicht, wie üblich, ausgleichen, sondern verstärken. Solche Entmischungen wurden z. B. im System (Zr-0,3Ti)N festgestellt [7].

Bild 13 zeigt Röntgenschriebe, die eine solche Entmischung belegen.

Nach dem Beschichtungsprozeß liegt die Schicht zunächst einphasig als (Ti,Zr)N vor. Nach einer Glühbehandlung treten dann zusätzliche Peaks in Erscheinung, die auf diese Ausscheidungen hinweisen und die im weiteren Verlaufe der Zeit noch deutlicher werden.

Die entsprechenden Härtewerte zeigt Bild 14. Man erkennt, daß die Entmischungszustände nur bei einer bestimmten Zusammensetzung zu erheblichen Härtesteigerungen führen, wenn die Glühzeiten nur kurz (3 h) sind; nach längerer Glühdauer erfolgt eine Abnahme der Härte infolge Koagulation bzw. Kornwachstum.

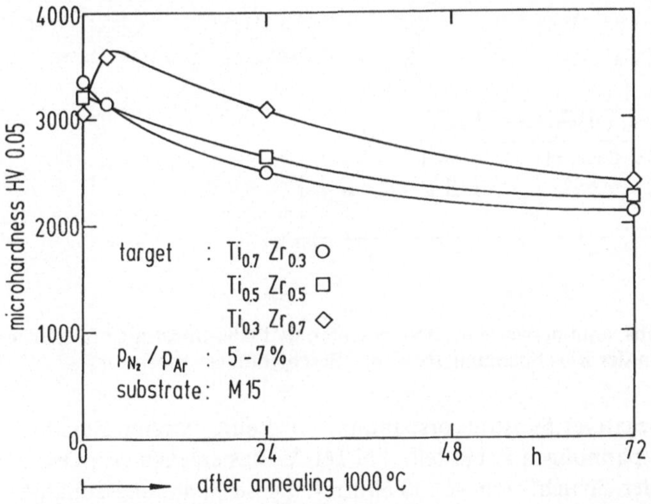

Bild 14: Mikrohärte von (Ti,Zr)N-Schichten nach einer Glühbehandlung

Ein weiterer eigenschaftsbestimmender Faktor für Hartstoffschichten sind die Eigenspannungen, die üblicherweise in solchen Schichten vorliegen. Bild 15 zeigt als Beispiel die Druckeigenspannungen in TiN-Schichten auf HSS in Abhängigkeit von der Bias-Spannung. Die TiN-Phase wurde mit Cu-Strah-

13

lung an der (222)-Ebenenschar, das Substrat mit Cr-Strahlung an der (221)-
Ebenenschar vermessen. Die Standardabweichungen liegen für die Schicht
bei ± 100 N/mm², für das Substrat bei ± 30 N/mm² [8].

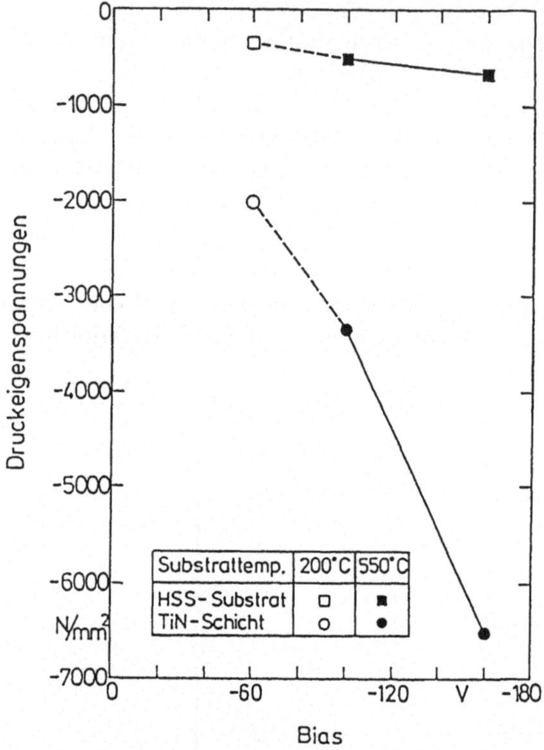

Bild 15: Druckeigenspannungswerte in TiN-Schichten und HSS-Substraten in Abhängigkeit von der Bias-Spannung (bzw. der Beschichtungstemperatur)

Mit steigender negativer Substratvorspannung wird eine extreme Zunahme
der Schichteigenspannungen festgestellt, bei 160 V Bias ergeben sich Druckspannungen in der Schicht von –6650 N/mm². Diese Spannungszunahme
wird auf den verstärkten Beschuß der aufwachsenden Schicht mit geladenen
Teilchen und einem damit verbundenen größeren Anteil eingelagerter Argon-
atome zurückgeführt. Ein bei größeren Biasspannungen ansteigender Argon-
anteil in den Schichten wurde durch Mikrosondenuntersuchungen nachgewiesen.

Die mit Cr-Strahlung erhaltenen Eigenspannungswerte des Substrates unter
der Schicht können durchaus bearbeitungsbedingte Eigenspannungen sein,

14

sie werden jedoch offensichtlich durch die Schichteigenspannungen beeinflußt und steigen mit den Schichteigenspannungen für höhere Biaswerte leicht an, d. h. mit einer wesentlich geringeren Steigung als die Schichtspannungen. Dies bedeutet eine Zunahme des ohnehin sehr großen Spannungssprungs in dem für die Schichthaftung mitentscheidenden Interfacebereich. Aus Bild 15 läßt sich eine Spannungsdifferenz von 1670 N/mm^2 zwischen Schicht und Substrat für die Niedrigtemperaturbeschichtung (200 °C) mit 60 V Bias angeben. Derart hohe Spannungen und Spannungsdifferenzen können u. U. plastische Verformungen hervorrufen und beeinflussen die Haftfestigkeit bzw. das Schicht-Substrat-Verbundverhalten und natürlich auch die an der Schicht gemessene Härte. Ein direkter graphischer Zusammenhang zwischen Druckeigenspannungen und Härte kann hier aber nicht gegeben werden.

4 Substratbedingte Einflußfaktoren

Art und Oberflächenzustand des Substrates bestimmen die Aufwachsbedingungen der Beschichtung und damit auch die Eigenschaften. Auch die Schichtdicke selbst hat einen erheblichen Einfluß auf die gemessene Härte, die ja den Widerstand gegen das Eindringen eines Prüfkörpers in den Hartstoffschicht/Substrat-Verbundkörper darstellt. Die Verhältnisse sind zusammenfassend am Beispiel von Cr-Schichten in Bild 16 dargestellt [3].

Zunächst ist eindeutig der Einfluß der Schichtdicke zu erkennen; fällt diese unter – in diesem Falle – ca. 10 μm ab, so fehlt die stützende Wirkung des Substrates und die Härte nimmt linear ab. Oberhalb dieser kritischen Grenze bleibt die Mikrohärte annähernd konstant. Diese Erscheinung ist bei allen hier dargestellten Abhängigkeiten, auch bei den Galvanikschichten, die zum Vergleich mit eingetragen wurden, zu beobachten.

Weiterhin zeigt sich (bei höheren Schichtstärken und relativ konstantem Härteniveau), daß die bei hohen Substrattemperaturen abgeschiedenen Schichten eine geringere Härte aufweisen – eine Folge der unterschiedlichen Schichtstruktur. Schließlich ist zu erkennen, daß die Schichten auf dem austenitischen Substrat eine im Mittel höhere Mikrohärte aufweisen als die auf dem ferritischen, obwohl der Austenit mit 219 HV 0,05 eine wesentlich geringere Ausgangshärte besitzt als der Ferrit (333 HV 0,05). Dies kann z. B. über höhere Eigenspannungen, die aus den unterschiedlichen Wärmeausdehnungskoeffizienten resultieren, erklärt werden.

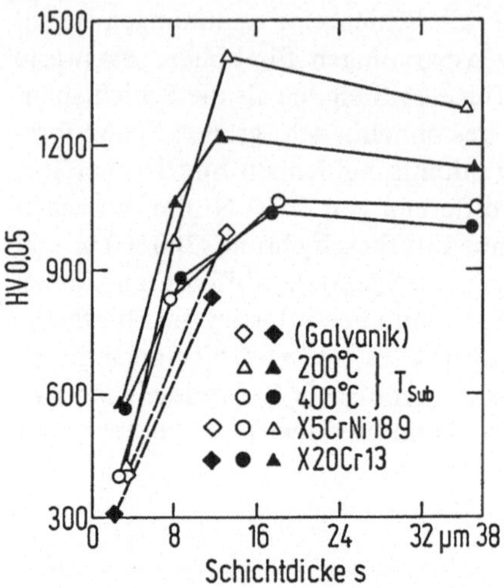

Bild 16: Mikrohärte in Abhängigkeit von der Schichtdicke ($U_B = O\ V$)

5 Zur Bedeutung der Härte im Zusammenhang mit der Bewertung von Verschleißvorgängen

Abschließend sollen einige Anmerkungen zur Bedeutung der Härte im Zusammenhang mit der Bewertung von Verschleißvorgängen gemacht werden. Bild 17 zeigt dazu das tribotechnische System „Verschleiß bei der Zerspanung" [9]. Dies ist ein Hauptanwendungsgebiet der dünnen Hartstoffschichten.

Die Grundelemente eines Tribosystems – Grundkörper, Gegenkörper, (Zwischenstoffe), Bewegung und Belastung – lassen sich ohne weiteres in diesem System wiederfinden. Grundkörper und Gegenkörper wirken in einem vorgegebenen Belastungskollektiv aufeinander, bis der Werkzeugverschleiß durch Überschreiten der Verschleißmarkenbreite oder der Kolktiefe unzulässig hoch wird oder es zum Werkzeugbruch kommt, und somit das Standvermögen des Werkzeuges erschöpft ist. Eine Reihe von Faktoren aus dem Belastungskollektiv, dem Gegenkörper und natürlich auch dem Grundkörper, sind hierfür verantwortlich. Die Härte einer Hartstoffschicht auf dem Werkzeug ist somit nur ein einziger – allerdings sehr wichtiger – Faktor, der ein hohes Standvermögen des Werkzeuges gewährleisten kann. Nur allein durch die Forderung nach hoher Härte wird noch nicht automatisch ein hohes Standvermögen erzielt, hier sind – auf der Werkzeugseite – noch Forderun-

16

gen nach guter Haftfestigkeit, guter Temperaturbeständigkeit, ausreichender Zähigkeit usw. zu erfüllen.

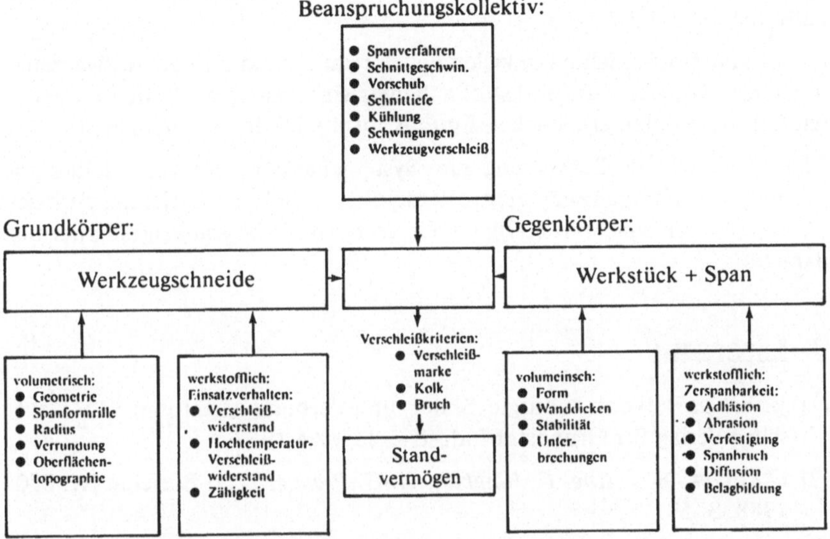

Bild 17: Beschreibung des tribotechnischen Systems „Zerspanung"

6 Zusammenfassung

Die Härte in Hartstoffschichten wird von einer Reihe von Einflußgrößen bestimmt, die sich einteilen lassen in werkstoffbedingte, verfahrensbedingte und substratbedingte Faktoren. Auf der Werkstoffseite ist zunächst zu nennen, daß der Schichtwerkstoff selbst als Hartstoff bezeichnet werden kann, d. h., daß er auch als Kompaktmaterial im nicht zu einer Schicht verarbeiteten Zustand Hartstoffeigenschaften besitzt. Es werden metallische und nichtmetallische Hartstoffe unterschieden. Strukturell handelt es sich bei den metallischen Hartstoffen meist um Einlagerungsphasen, bei den nichtmetallischen Hartstoffen sind die Gitterstrukturen meistens komplizierter aufgebaut. Die entsprechenden Verbindungen werden vorgestellt.

Verfahrensspezifisch treten einige Einflußfaktoren auf, zu deren Erläuterung zunächst eine kurze Beschreibung des Magnetronsputterverfahrens als Beispiel für ein PVD-Verfahren notwendig ist. Durch das Verfahren selbst läßt sich die Härte der Hartstoffschichten in weiten Grenzen einstellen. Hierzu können unter Ausnutzung der Möglichkeiten der Einlagerung und Substitution von Atomen in den Gitterstrukturen verschiedenartige Schichtzusammensetzungen erzeugt werden. Weitere Härtemechanismen ergeben sich aufgrund der spezifischen Aufwachsbedingungen mit ihren Vorzugsorientierungen und Teilchengrößen. Schließlich können auch durch Entmischungserscheinungen und Eigenspannungen Härteveränderungen in den Schichten auftreten.

Da die Hartstoffschichten in vielen Fällen relativ dünn und die Aufwachsbedingungen vom Substratwerkstoff abhängig sind, haben auch die verwendeten Substrate einen erheblichen Einfluß auf die Härte von Schichten.

Eine abschließende Bemerkung zum Systemcharakter des Verschleißes am Beispiel von Zerspanwerkzeugen verdeutlicht, daß zur Erzielung geringer Verschleißraten eine hohe Härte nur ein grobes und überschlägiges Kriterium darstellt.

7 Literatur

[1] *W.Schatt:*Pulvermetallurgie, Sinter- und Verbundwerkstoffe; VEB Deutscher Verlag für Grundstoffindustrie, Leipzig 1977

[2] *O.Knotek, R. Elsing, F. Jungblut, H.-G. Prengel:* VDI-Berichte Nr. 670, 1988, S. 571

[3]) *M. Atzor:* Aspekte des Magnetronsputterns zur Herstellung verschleiß- und korrosionsbeständiger Schichten auf Chrombasis; VDI-Verlag, Düsseldorf, 1989

[4] *T. Leyendecker:* Über neuartige Schneidwerkzeugbeschichtungen auf Titan- und Aluminiumbasis; Dissertation RWTH Aachen, 1985

[5] *J.A. Thornton:* Ann. Rev. Mat. Sci. 7(1977), S. 239–260

[6] *M. Böhmer:* Kathodenzerstäubte Hartstoffschichten auf Basis Ti-Zr-N-C-O und deren Stabilität auf Hartmetall und Gebrauchsstählen; Dissertation, RWTH Aachen, 1986

[7] *O. Knotek, M. Atzor, A. Barimani:* PSE'88,First International Conference on Plasma Surface Engineering, DGM-Verlag, 1988

[8] *F. Jungblut:* Hartstoffbeschichtungsentwicklungen mittels Magnetronsputtern zum Verschleißschutz von Werkzeugwerkstoffen; Dissertation, RWTH Aachen, 1988

[9]) *W. König:* Fertigungsverfahren, Band 1, VDI-Verlag, Düsseldorf, 1981

Kriterien für die anwendungsbezogene Auswahl von Hartstoffschichten

H. Freller, H.P. Lorenz

Zusammenfassung

Die in den letzten Jahren erzielten Fortschritte bei der Absenkung der Abscheidetemperatur haben die Anwendungsbreite von Hartstoffschichten entscheidend erweitert. Zwischen der Anwendung und ihren spezifischen Belastungen und Verschleißmechanismen einerseits und dem auszuwählenden Schichtverbund sowie dem adäquaten Beschichtungsprozeß andererseits bestehen starke wechselseitige Abhängigkeiten. Die Auswahl für eine bestimmte Anwendung kann daher nicht nur nach den Schichteigenschaften geschehen, sondern sie muß mehrere Gesichtspunkte gleichzeitig berücksichtigen. Das ist zum einen die Auswahl eines Basiswerkstoffes, der unter den zu erwartenden Belastungen die erforderliche Stabilität bezüglich Form, Härte und Temperaturbeständigkeit aufweist. Für die Schicht sind Eigenschaften wie Oberflächenrauhigkeit, mögliche Schichtdicke, hohe Warmhärte, Schichtmorphologie und innere Spannungen zu beachten. Darüber hinaus soll das Schichtmaterial nur wenig Wechselwirkung mit dem zu bearbeitenden Werkstoff oder tribologischen Gegenkörper aufweisen. Die Schichtabscheidung muß unter Bedingungen möglich sein, die den Basiswerkstoff nicht schädigen. Voraussetzung für den Verbund Schicht – Basiswerkstoff ist die ausreichende Haftung der Schicht. Wichtigstes Schichtauswahlkriterium ist ohne Zweifel das Verschleißverhalten gegen den zu bearbeitenden Werkstoff. Es ist durch gegenseitige Löslichkeit, durch chemische Reaktionen und durch den Widerstand gegen Abrasion bestimmt.

Es werden Beispiele für Modellbetrachtungen, für Modellverschleißtests und für praxisnahe Tests mit unterschiedlichen Schichten und bearbeiteten Werkstoffen angeführt.

1 Einleitung

Seit etwa 20 Jahren wird die Hartstoffbeschichtung mit dem CVD-Verfahren
für Wendeschneidplatten angewandt. Von der Thermodynamik vorgegebene
Beschichtungstemperaturen von mehr als 950 °C für Titannitrid und Titankarbid lassen jedoch meist nur Hartmetalle als zu beschichtende Grundwerkstoffe zu. Mit der Entwicklung der PVD-Verfahren konnte die Abscheidetemperatur wesentlich gesenkt werden. So ist die Beschichtung von Werkzeugen
aus HSS-Stählen bei 500 °C inzwischen Stand der Technik. Die Bemühungen
der Entwicklung zielen auf die Beschichtung von Kaltarbeitsstählen bei etwa
200 °C oder von temperaturempfindlichen Legierungen und Plastikmateria-
lien unter 200 °C. Diese starke Erweiterung des Temperaturbereichs zur Beschichtung erschließt einen außerordentlich großen Anwendungsbereich
[1].

2 Grundlagen

2.1 Kriterien für die Auswahl

Jede Werkzeuganwendung ist mit ganz spezifischen Belastungen verbunden
[2]. Temperatur, Druck, die Art der mechanischen Beanspruchung stellen
bestimmte Anforderungen bei der Auswahl des Werkzeugmaterials. Durch
die Anwendung ist auch die Art des Tribosystems definiert, ob es offen ist,
immer wieder neue Verschleißoberflächen zugeführt und Verschleißprodukte
abgeführt werden oder ob immer dieselben Flächen im Eingriff sind, das
Tribosystem geschlossen ist. Der Verschleiß wird meist eine Mischung aller
möglichen Verschleißarten sein, wobei oft eine davon dominiert, z. B. der
abrasive Verschleiß, Verschleiß über Adhäsionsvorgänge oder chemische
Korrosion.

Um eine für eine spezielle Anwendung geeignete Beschichtung zu finden,
welche Verschleiß und Korrosion herabsetzt, müssen die jeweiligen Schichteigenschaften betrachtet werden. Wichtig ist die Morphologie der Schicht:
Wie sieht die Schichtoberfläche aus, wie ist die Schicht aufgebaut? Die mechanischen Daten wie der E–Modul, der Ausdehnungskoeffizient und die
Härte sollten bekannt sein. Schließlich gibt das chemische Verhalten Hinweise auf mögliche Korrosion bei der gedachten Anwendung.

Wendet man sich nun der Herstellung solcher Schichten zu, so sind auch hier
feste Randbedingungen vorgegeben. Neben der möglichen Schichtart sind
insbesondere die Abscheidetemperatur, die Wachstumsgeschwindigkeit sowie die Haftfestigkeit mit dem jeweiligen Beschichtungsprozeß verknüpft.

Für jeden speziellen Einsatz besteht also eine starke wechselseitige Beziehung und Beeinflussung zwischen Anwendung, Grundwerkstoff, Schichtart und Beschichtungsprozeß, Bild 1.

Alle Daten der Anwendung, der Schicht und des Beschichtungsprozesses beeinflussen einander gegenseitig. Wird der Einsatz einer beschichteten Komponente geplant, so genügt es daher nicht, die Eigenschaften der Schicht zu betrachten. Es sollte vielmehr der gesamte im Bild 1 gezeigte Komplex den Überlegungen zugrunde liegen.

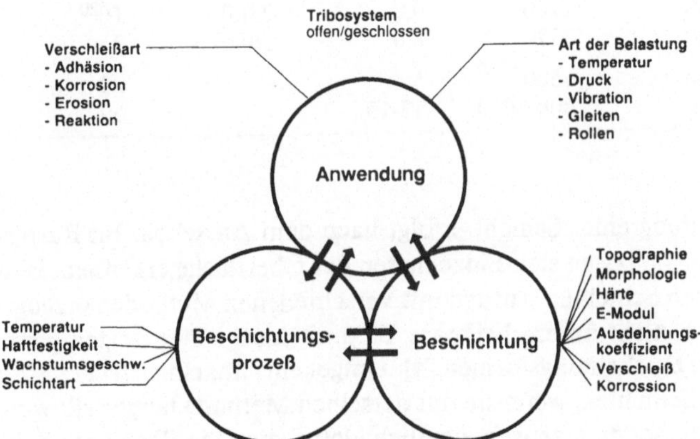

Bild 1: Abhängigkeiten zwischen Anwendung, Beschichtung und Beschichtungsprozeß

2.2 Grundlegende Eigenschaften von Schichten und Substraten

2.2.1 Überblick

Ein kurzer Überblick, Tabelle 1, zeigt einige Eigenschaften von Hartstoffschichten im Vergleich zu zwei häufig verwendeten Substratmaterialien, einem Hartmetall und einem HSS-Stahl. Elastizitätsmodul und Härte liegen für die Hartstoffe deutlich über den Werten für Stahl [3]. Der Ausdehnungskoeffizient des HSS-Stahls ist größer als der der Hartstoffschichten. Heiß aufgebracht, werden Hartstoffschichten auf HSS-Stahl daher Druckspannungen aufweisen. Schmelz- und Zersetzungstemperaturen sind bei Hartstoffen meist außerordentlich hoch. Die elektrische Leitfähigkeit der metallischen Hartstoffe ist groß, bei Titannitrid sogar höher als die des reinen Metalls. Unter den aufgeführten Schichten ist nur Aluminiumoxid ein Isolator.

Tabelle1: Eigenschaften von Hartstoffen und bevorzugten Substratmaterialien

Material	E-Modul	Härte	Ausd.-koeff.	Schmelz-temp.	spez. Widerst.
	kN/mm^2	kg/mm^2	$10^{-6}/K$	°C	μOhmcm
TiN	590	2100	9.3	2900	25
TiC	450	2900	7.4	3067	52
HfN	464	2700	6.6	3928	–
TaC	285	2500	6.3	3983	15
WC	695	2100	4.3	2776	17
Cr_3C_2	370	1300	10.3	1810	75
Al_2O_3	400	2100	9,0	2300	10^{20}
TiB_2	480	3370	8.0	2980	7
94WC-6Co	640	1500	5.4	–	20
HSS	250	800-1000	12-15	–	50

2.2.2 Morphologie

Die erste Beurteilung einer Schicht erfolgt nach dem Aussehen. Im Raster-elektronenmikroskop lassen sich Einzelheiten der Oberfläche erkennen, Bild 2. Die dargestellten Schichten wurden mit verschiedenen Methoden erzeugt. Allein 4 chemisch nicht unterscheidbare Titannitridschichten zeigen gänzlich verschiedene Erscheinungsformen [4]. Umgekehrt ähneln sich chemisch unterschiedliche Schichten, wenn sie mit derselben Methode hergestellt wurden. Die PVD-Methoden erzeugen ziemlich glatte, die Oberfläche des Substrates abbildende Schichten, mittels CVD hergestellte Schichten haben eine ausgeprägte Oberflächenstruktur, die makroskopisch mattes Aussehen bewirkt. Auch die Bruchstruktur hängt mehr vom Herstellprozeß als von der Schichtart ab. Während alle PVD-Methoden eine mehr oder weniger ausgeprägte Stengelstruktur der Schichten erzeugen, zeigen CVD-Schichten die für hohe Abscheidetemperatur typische regellose gleichachsige Verteilung.

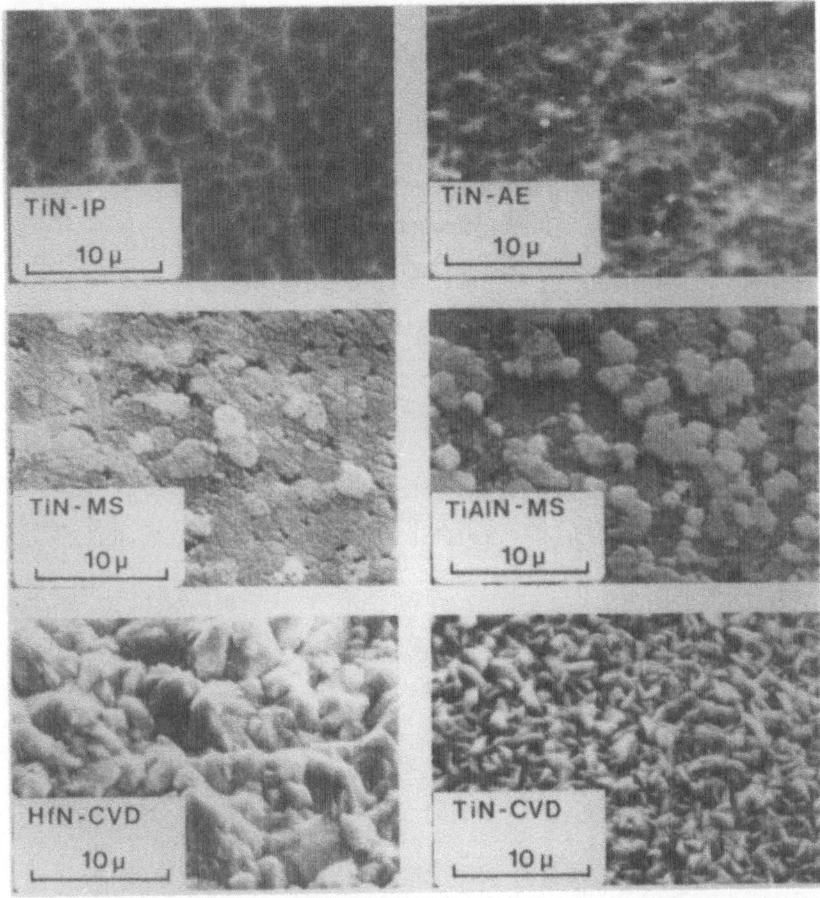

Bild 2: Rasterelektronenmikroskopische Oberflächenaufnahmen verschiedener, mit unterschiedlichen Verfahren hergestellter Hartstoffschichten

2.2.3 Warmhärte

Die üblicherweise angegebenen Härtewerte sind ebenso wie die der ersten Tabelle bei Zimmertemperatur gemessene Härten. Es ist jedoch bekannt, daß im Falle eines mechanisch verschleißenden Angriffs sehr hohe Temperaturen an den verschleißenden Stellen erzeugt werden. Daher muß die Warmhärte beachtet werden. Die Kurven im Bild 3 zeigen den starken Härteabfall verschiedener Schneidstoffe mit steigender Temperatur [4]. Ein Überschneiden der Kurven, wie z. B. bei dem als „Keramik" bezeichneten Schneidstoff und dem Hartmetall kann zu Fehlinterpretationen führen, wenn nur die Kalthärte

23

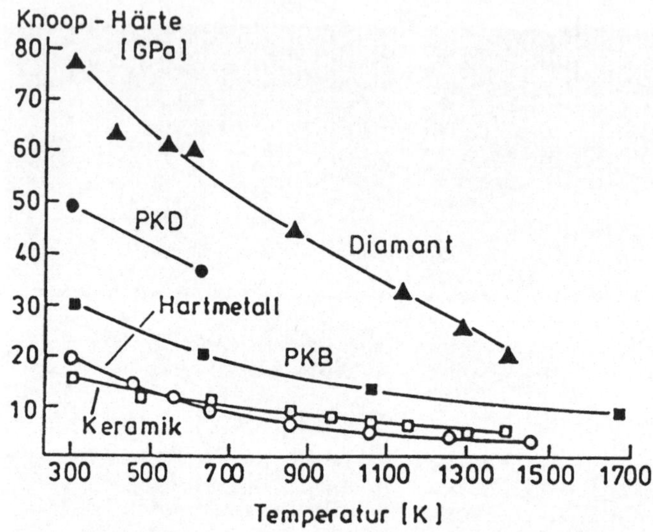

Bild 3: Temperaturabhängigkeit der Härte verschiedener Schneidstoffe [4]

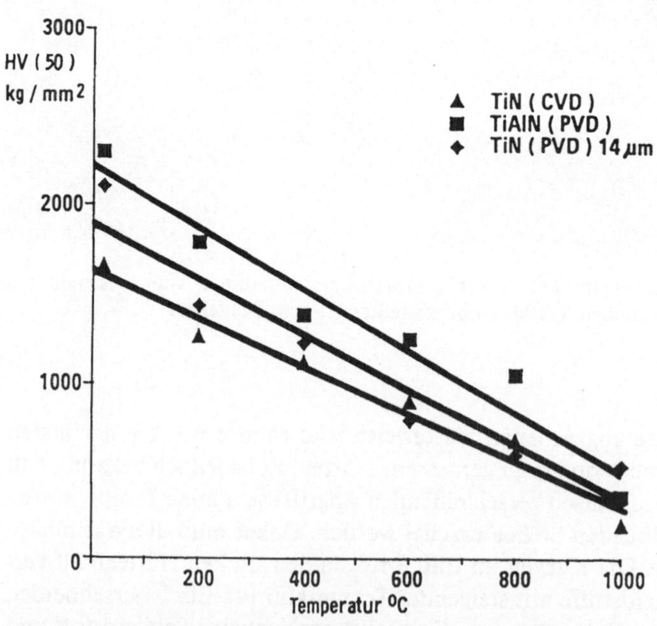

Bild 4: Vickershärte in Abhängigkeit von der Temperatur

24

berücksichtigt wird. Eine gleiche Temperaturabhängigkeit wie bei Massivmaterial kann auch bei Hartstoffschichten gemessen werden. Das Bild 4 zeigt die Warmhärte zweier TiN-Schichten, mit PVD und mit CVD hergestellt, und einer Titanaluminiumnitrid-Schicht. Während die Hartstoffschicht TiA150N bei Zimmertemperatur eine Vickershärte von 2400 zeigt, sinkt die Härte bei 700 °C auf die Hälfte ab.

2.2.4 Oxidationsbeständigkeit

In der Übersichtstabelle waren die sehr hohen Schmelz- und Zersetzungstemperaturen der Nitride, Karbide und Boride aufgefallen. Diese Werte können aber nur im Vakuum oder in chemisch inerten Atmosphären erreicht werden. Hartstoffbeschichtete Werkzeuge werden üblicherweise an Luft oder mit Schmier- und Kühlmitteln benutzt, jedenfalls unter oxidierenden Bedingungen. Die Reaktion heißer Luft mit verschiedenen Schichten zeigt das Bild 5. Die mit der Schichtoxidation verbundene Massenänderung bleibt über einen weiten Temperaturbereich unbedeutend und nimmt dann plötzlich sehr stark zu. Diese Temperatur beginnender Oxidation ist eine Obergrenze für die mögliche Einsatztemperatur. Die Kurven erklären, daß TiAlN noch höhere

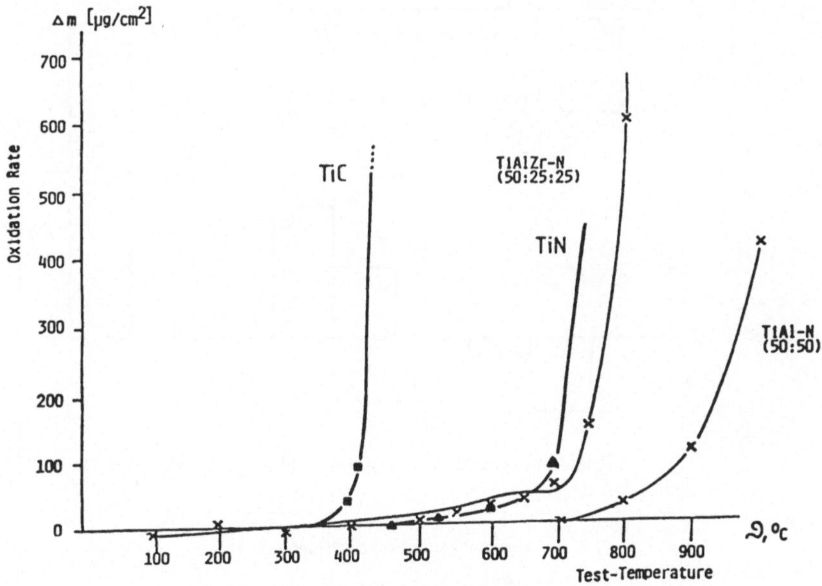

Bild 5: Oxidation von Hartstoffen in heißer Luft [6]

25

Schnittgeschwindigkeiten zuläßt als TiN. Unmittelbar ersichtlich ist, daß TiN ungeeignet ist, z. B. als Korrosionsschutz bei Dauereinsatztemperaturen über 600 °C [5,6].

2.2.5 Eigenspannungen und Haftfestigkeit

Die dichten Bruchflächen der TiN-PVD-Schichten deuten auf hohe Verschleißfestigkeit hin. Gleichzeitig besitzen solche Schichten innere Spannungen, die die Schichtdicke auf etwa 5 μm beschränken. Schichten dieser Art werden zur Beschichtung von Bohrern und Fräsern verwendet, bei denen an den Schneidkanten extreme Beanspruchung auftritt. TiN-Schichten mit ausgeprägt säulenförmiger, nicht so dichter Struktur können innere Spannungen zum Teil ausgleichen. Sie lassen sich bis zu 50 μm Dicke aufbringen. Ist die Beanspruchung vor allem durch abrasiven Verschleiß gegeben, so kann die etwas schlechtere Verschleißfestigkeit gegenüber einer dichten Schicht durch die sehr viel größere mögliche Dicke bei weitem überkompensiert werden.

Die Eigenspannungen einer Schicht hängen sehr stark von den Ausdehnungskoeffizienten von Schicht und Substrat ab [7]. Da Hartstoffschichten sehr

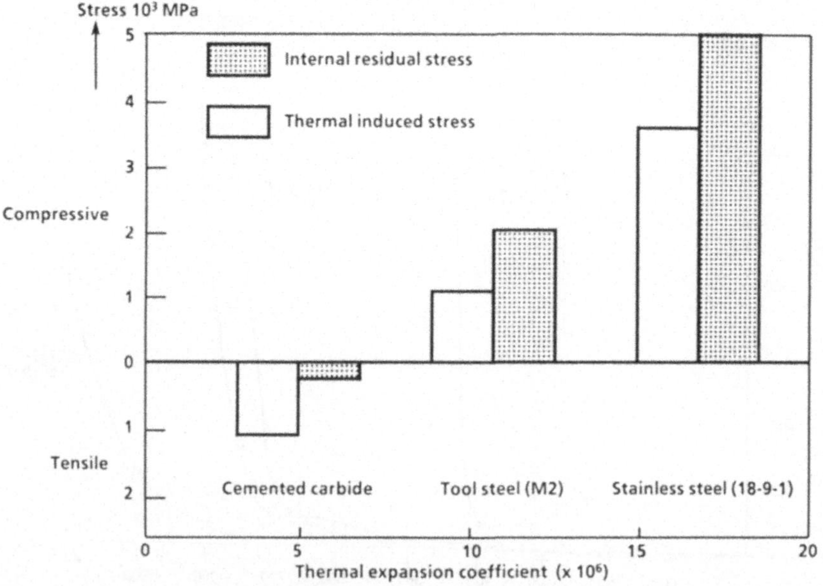

Bild 6: Thermischer Beitrag zu den inneren Spannungen von TiN-Schichten auf verschiedenen Unterlagen [7]

kleine Ausdehungskoeffizienten haben, ergeben sich auf Stählen Druckspannungen, auf Hartmetall Zugspannungen in der Schicht, Bild 6.

Druckspannungen erhöhen einerseits die Schichthärte, können aber andererseits die Haftfestigkeit herabsetzen. Zusammen mit der bei der Beschichtung
herrschenden Temperatur beschränkt dies die möglichen Substrat-Schicht-
Kombinationen oder zwingt zu komplexerem Schichtaufbau mit Zwischenschichten als Haftvermittler.

Die Haftfestigkeit wird im sogenannten „Scratch-Test" gemessen, wobei ein
kegelig geschliffener Diamant mit steigender Last über die Schicht gezogen
wird [1]. Ab einer bestimmten Last, der „kritischen Last" F_C, treten Schicht-
beschädigungen auf, z. B. Abplatzungen. Im Bild 7 sind die schollenförmigen
Abplatzungen der Schicht beiderseits der Scratch-Spur zu sehen. Die Ab-
platzgeräusche können auch mit einem Mikrophon aufgenommen und mit
einem Schreiber registriert werden. Die so gewonnene kritische Last ist ein
relativer Maßstab für die Schichthaftung. Generell kann keine Aussage über
die notwendige kritische Last getroffen werden, da sie von der Substrathärte,
den Schichteigenschaften und der Schichtdicke abhängt. Beispielsweise ist
für die Anwendung von TiN auf Stahl nach unserer Erfahrung bei spanloser
Beanspruchung und 5 μm Schichtdicke eine kritische Last von wenigstens
60 N notwendig.

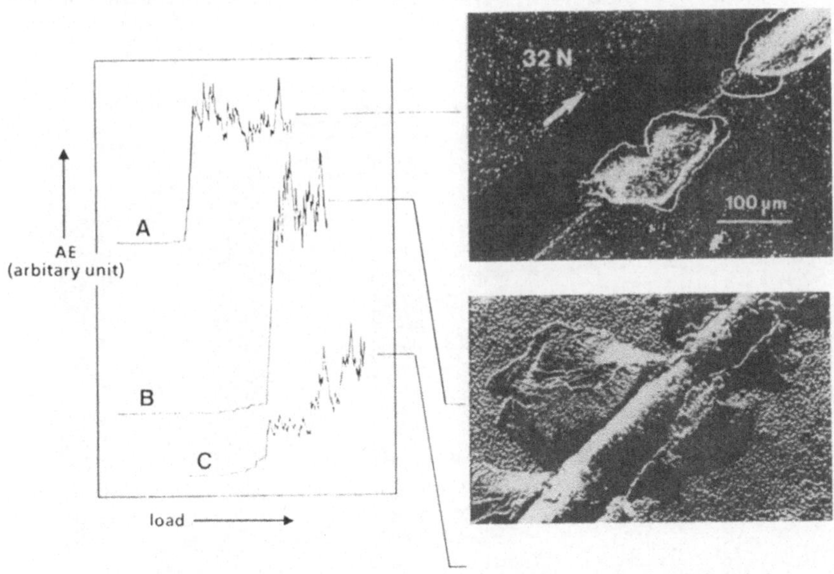

Bild 7: Charakteristische „Scratch"-Diagramme von TiC- und TiC/TiN-Schichten

2.2.6 Elektrochemische Prüfungen: Morphologie und Korrosion

Rasterelektronenmikroskopische Aufnahmen geben nur einen qualitativen
Eindruck der Oberflächenbeschaffenheit und der Dichte von Schichten wieder. Eine elektrochemische Untersuchungsmethode bietet die Möglichkeit,
die wahre, nach außen zugängliche Oberfläche einer elektrisch leitenden
Schicht zu messen [8]. Dabei werden nicht nur die Oberflächenunebenheiten
erfaßt, sondern auch Poren ab etwa 10–50 nm Durchmesser. Die Schicht
wird mit einem Elektrolyten in Kontakt gebracht und die Kapazität der sich
an der Phasengrenze im Elektrolyten ausbildenden Doppelschicht gemessen.
Ein Vergleich mit einer optimal glatten Oberfläche gibt die wahre Oberfläche.
Bezieht man die Kapazität auf das Schichtvolumen, so erhält man ein Maß
für die Porosität. Im Bild 8 werden drei Schichten, WN, TiAl25N und TiN
verglichen. Für alle drei Schichten wurde die Substratlage zum Magnetron-
target variiert: in Stellung A die übliche Lage parallel zur Targetfläche, bei B
um 45°C geneigt, bei C senkrecht zur Oberfläche und senkrecht zur Target-
längsachse, bei D senkrecht zur Targetfläche und parallel zur Targetlängsach-
se. Die Volumenkapazität nimmt von A nach D zu, das bedeutet eine Zunahme der Porosität. Sehr groß ist dieser Effekt für TiN, weniger deutlich für
TiAlN oder WN [9]. Denkt man an die Beschichtung eines kompliziert geformten Körpers, z. B. eines Bohrers, so würden unter diesen Beschichtungsbedingungen alle möglichen Winkellagen auf der Bohreroberfläche vorkom-

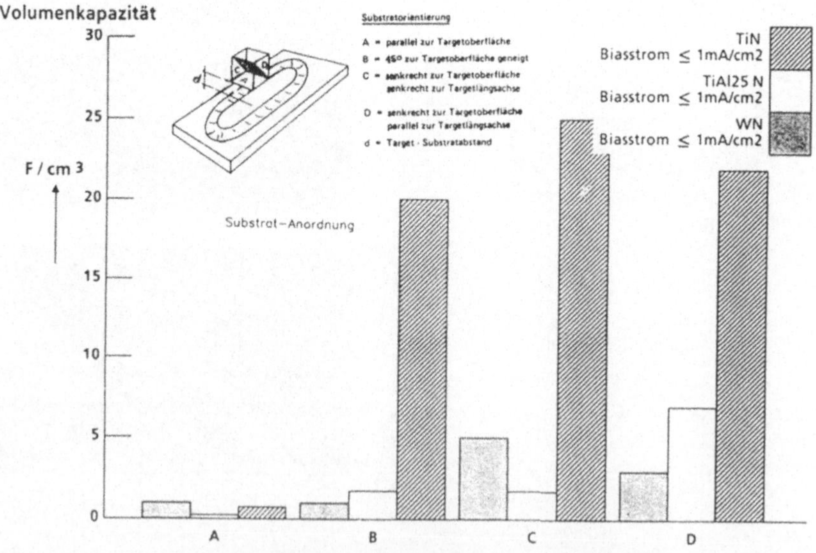

Bild 8: Vergleich der Volumenkapazitäten verschiedener Schichten

men. Es würden dichte neben sehr porösen Schichten abgeschieden und die Beschichtungsqualität würde stark schwanken. Steigert man die Biasstromdichte von dem kleinen Wert unter 1 mA/cm^2 auf über 2 mA/cm^2, so wächst die TiN-Schicht auch auf geneigten Flächen dicht auf. Besonders für TiN liefern also nur die Verfahren ausreichende Qualität für viele Anwendungen, welche auch ausreichende Biasstromdichten einzustellen gestatten.

Eine weitere wohlbekannte Anwendung der Elektrochemie ist die Korrosionsmessung an Schichten. Über die Registrierung von Strom-Potential-Kennlinien (Potentiodynamische Messung) können Korrosionsgeschwindigkeit und eventuelle Passivitätsbereiche in unterschiedlichen Elektrolyten festgestellt werden. Wichtig ist z. B. die elektrochemische Untersuchung der Korrosionsfestigkeit von Beschichtungen gegen Körperflüssigkeit, um medizinische Verwendungsmöglichkeiten solcher Schichten zu überprüfen.

2.2.7 Modellberechnung der Verschleißfestigkeit

Auf der Grundlage von Verschleißmodellen, aufgrund thermodynamischer Daten und mit bestimmten Annahmen können für Hartstoffe relative Verschleißraten sowohl für den abrasiven als auch für den chemischen Verschleiß berechnet werden. In der gezeigten Tabelle 2 sind die Verschleißraten der Größe nach geordnet, welche sich bei 700° C mit einem Fe$_3$C-Gegenkörper ergeben [10]. Fe$_3$C wurde gewählt, da es bei der Bearbeitung eines kohlenstoffhaltigen Stahls die Hauptursache für den abrasiven Verschleiß ist. Auch für die Berechnung des chemischen Verschleißes durch Lösung beider am Verschleiß beteiligter Körper ineinander wurde Ferrit als Gegenkörper zugrunde gelegt. Die relativen Verschleißskalen beziehen sich auf Titankarbid, für das beide Verschleißraten = 1 gesetzt wurden. Vergleicht man beide Tabellen, so finden sich Schichten, welche in den Tabellen in sehr unterschiedlicher Rangfolge eingeordnet sind. Den besten abrasiven Verschleißwiderstand und gleichzeitig die höchste chemische Korrosionsrate dieser Tabellen vereinigt Siliziumkarbid. Für die Anwednung bedeutet dies, daß SiC zwar bei der Bearbeitung von Material, mit dem es nicht reagiert, sehr hohe Verschleißfestigkeit zeigt, so als Beschichtung von Düsen für Sandstrahlgebläse. Spielt aber das Reaktionsvermögen eine Rolle, wie bei der Bearbeitung von Stahl, so ist Siliziumkarbid ungeeignet, da der chemische Verschleiß den Vorteil der hohen Standfestigkeit gegen abrasiven Verschleiß bei weitem zunichte macht.

Tabelle 2: Berechnete abrasive und chemische Verschleißraten bei 700 °C bezogen auf die Verschleißraten von TiC [10]

Abrasivverschleiß		Chemischer Verschleiß	
SiC	0.004	Al_2O_3	0.0000
WC	0.008	TiO_2	0.0000
Si_3N_4	0.030	TiO	0.0000
Al_2O_3	0.075	HfN	0.0009
HfN	0.28	TiN	0.018
HfC	0.34	HfC	0.035
ZrC	0,79	$TiC_{0.75}O_{0,25}$	0.098
TiB_2	0,89	HfB_2	0,32
TiC	1.0	ZrC	0.36
TaC	1.0	TiC	1.0
$TiC_{0,75}O_{0,25}$	1,3	TaC	1.1
HfB_2	1.6	NbC	1.9
NbC	2.2	TiB_2	5,3
TiO_2	2,2	Si_3N_4	250
TiO	2,8	WC	5200
Mo_2C	110	Mo_2C	12000
TiN	170	SiC	24000

3 Modellverschleißtests und praxisnahe Tests

3.1 Modellverschleißtests

Die Betrachtung aller Materialparameter kann nur zu einer Grobauswahl unter den verschiedenen Schichten für eine entsprechende Anwendung führen. Wesentliche weitere Schritte sind der Modellverschleißversuch und der Test unter einsatznahen Bedingungen. Modellverschleißversuche werden meist mit Stift- bzw. Kugel-Scheibe-Tribometern vorgenommen [11]. Dabei schleift eine mit der zu untersuchenden Schicht versehene Kugel oder ein Stift auf einer sich drehenden Scheibe aus dem Material, welches mit dem zu beschichtenden Werkzeug bearbeitet werden soll, Bild 9 links.

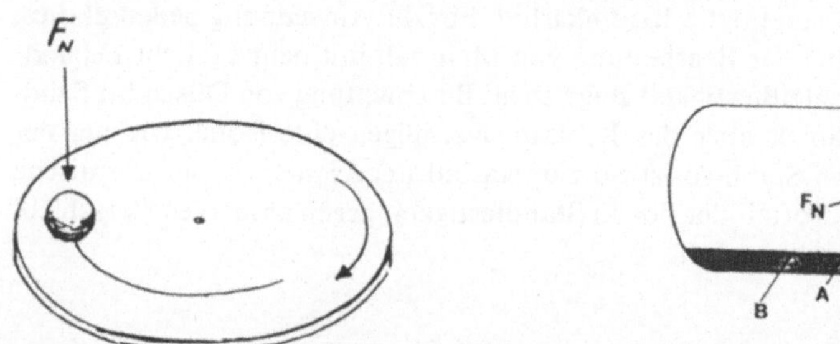

Bild 9: Kugel auf Scheibe- bzw. modifiziertes Stift auf Ring-Tribometer (schematisch)

Aus dem Verschleißvolumen, dem Abrieb, dem Reibungskoeffizienten und dem oft auftretenden Materialübertrag von einem Verschleißpartner auf den anderen wird das Verschleißverhalten der getesteten Schicht beurteilt.

3.1.1 Gefüllte Kunststoffe

Ein wichtiges Anwendungsgebiet für verschleißfeste Beschichtungen ist die Kunststoffverarbeitung. Kunststoffspritzmassen bestehen heute bis zu über 80% aus oft sehr abrasiv wirkenden Füllstoffen, welche besonders die Einspritzkanäle und benachbarte Stellen der Spritzformen stark erodieren. Mit zwei verschieden gefüllten Kunststoffen durchgeführte Modellverschleißmessungen mit dem Kugel-Scheibe-Tribometer ergeben sehr verschiedenes Verschleißverhalten, Bild 10. Die Messungen wurden mit ausgehärteten Scheiben aus den beiden Kunststoffen durchgeführt. Die darauf schleifenden Kugeln aus 100Cr6-Stahl waren mit den Hartstoffen beschichtet. Als Vergleichsgröße dient der Verschleiß der unbeschichteten Kugel aus 100Cr6. Während gegenüber dem Polyamid, welches mit weniger abrasivem Ferrit gefüllt ist, nahezu alle Hartstoffschichten stark verschleißmindernd wirken, ist die Situation gegenüber dem quarzgefüllten Epoxid bezüglich der Schich-

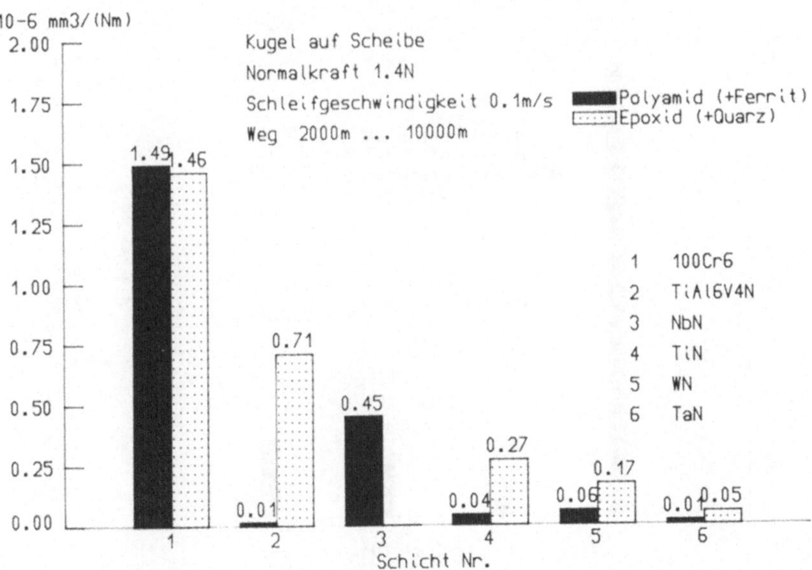

Bild 10: Verschleiß verschiedener Hartstoffschichten gegen mineralgefüllte organische Preßmassen

ten wesentlich differenzierter. Nicht nur der Absolutbetrag ist viel höher, auch die Rangfolgen weichen voneinander ab.

Dieser Modellversuch entspricht nur in bezug auf den abrasiven Verschleiß durch die beigemengten Mineralstoffe der wirklichen Beanspruchung. Nicht simuliert wird ein eventuell bei der tatsächlichen Anwendung vorhandener chemischer Angriff durch die heißen Kunststoffspritzmassen.

Eine weitere Modellverschleißmessung betrifft die für elektrische Leitungen verwendeten Isoliermassen. Bei der Verarbeitung wird zusätzlich Talkum und Glimmer verwandt. Die Verschleißwirkung dieser Komponenten auf Hartstoffschichten kann wieder in der Kugel-Scheibe-Apparatur untersucht werden. Neben den beiden Reibpartnern „beschichtete Kugel" und „Kunststoffscheibe" greift Talkum bzw. Glimmer, in Pulverform während des Verschleißversuchs auf der Scheibe verteilt, als Zwischenmedium in das Tribosystem ein. Die Ergebnisse für Glimmer, Bild 11, zeigen nicht nur die erwarteten Unterschiede bei den Schichten, sondern auch Verschleißunterschiede zwischen den verschieden eingefärbten Preßmassen. Ursache sind unterschiedlich große Beimengungen z. B. von Farbstoffen oder flammhemmenden Komponenten.

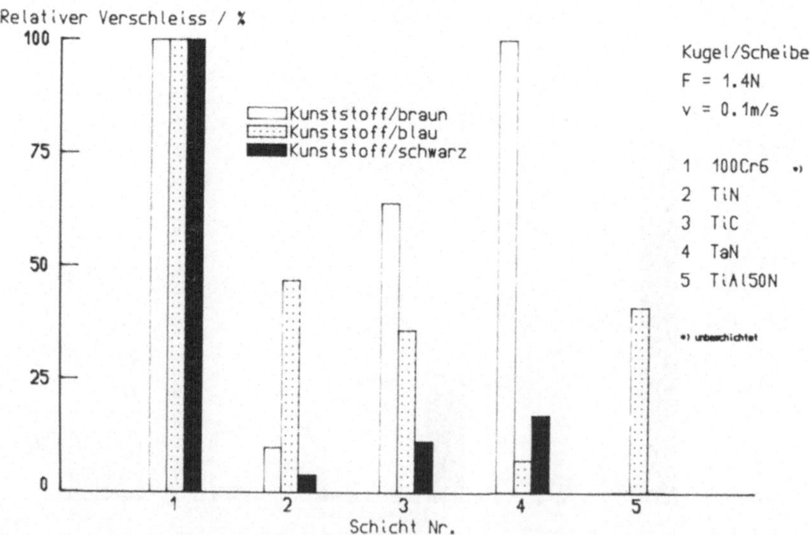

Bild 11: Verschleiß von Hartstoffschichten gegen Kabelisoliermassen mit Glimmer als Zwischenmedium

32

3.1.2 Edelstahl

Ein besonders kritischer Fall ist die Trockenreibung von Werkzeug gegen
Edelstahl, wie sie beim Öffnen von Spritzgußformen für die Herstellung von
Metall-Kunststoff-Verbundkörpern vorkommt. Der Verschleißtest im Kugel-
Scheibe-Tribometer erbringt folgende im Bild 12 gezeigte Ergebnisse. Einige
Hartstoffschichten wie TaN, ZrN und TiN verschleißen sehr wenig, gleichzeitig ist der Verschleiß der Edelstahlscheibe sehr hoch. Nur die Schicht Zr:C
vereinigt beides: geringen eigenen Verschleiß und nicht meßbare Verschleißwirkung auf der Edelstahlscheibe. Falls daher nur ein Reibpartner des Werkzeuges durch ein beschichtetes Teil ersetzt werden kann – hier spielen die
Eigenheiten der Beschichtungsverfahren wieder eine wesentliche Rolle – so
ist die Zirkon-Kohlenstoff-Schicht nach dem Modellverschleißversuch die
bestmögliche der untersuchten Hartstoffschichten.

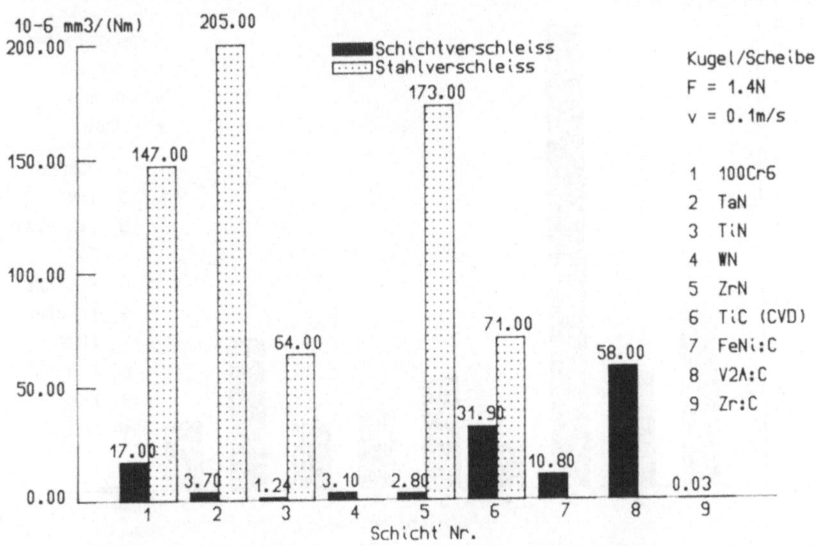

Bild 12: Verschleiß verschiedener Hartstoffschichten gegen Edelstahl

3.1.3 Messing

Oft ist nicht der Verschleiß der Werkzeugoberfläche Ursache des Ausfalls,
sondern die Anlagerung des bearbeiteten Materials. Es können sich auch
dann fest haftende Anlagerungen bilden, wenn chemisch keine Reaktionsbe-
reitschaft zwischen beiden Materialien besteht. Da während der Werkzeuganwendung im allgemeinen hohe mechanische Belastungen auftreten, können

keine weichen Materialien wie Teflon verwendet werden. Es müssen vielmehr Hartstoffschichten gefunden werden, welche anlagerungsverhindernd wirken. In der Kugel-Scheibe-Apparatur wurden eine Reihe von Schichten gegen Messing getestet. Als Ergebnis ist im Bild 13 nicht der Abrieb dargestellt, sondern die Fläche, welche das auf die Kugel geriebene Messing nach jeweils 100 m Reibweg einnimmt. Die Werte sind auf das rauhe CVD-TiN bezogen, das die größte angelagerte Messingfläche aufwies. Obgleich einige Nitride beträchtliche Verminderung auch gegenüber dem unbeschichteten 100Cr6-Stahl zeigen, ist erwartungsgemäß auf der Metall-Kohlenstoff-Schicht Zr:C die geringste, kaum sichtbare Messingmenge angelagert. Im Einsatz muß nun geprüft werden, ob die mechanische Verschleißfestigkeit ausreicht, oder ob eine TiN-Schicht trotz größerer Anlagerung die Aufgabe besser erfüllt.

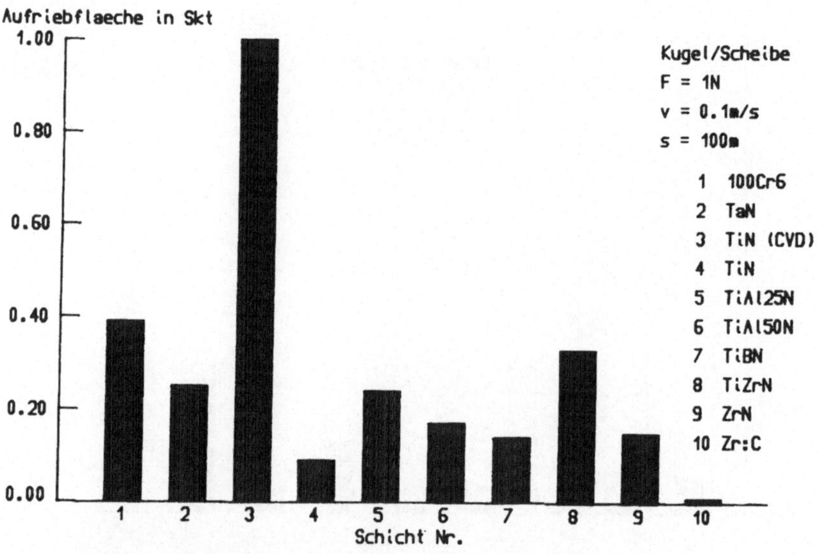

Bild 13: Aufrieb von Messing auf unterschiedlich beschichtete Kugeln aus 100Cr6,5 mm Durchmesser

3.2 Praxisnahe Tests

3.2.1 Verschleißtests für spanende Beanspruchung

Der übliche Modellverschleißtest leidet bei der Anwendung für spanende Beanspruchung darunter, daß nicht immer wieder eine neue Materialoberfläche benutzt wird. Dies kann die Ergebnisse verfälschen. Eine Abänderung des

Tribometers, bei der die Lage der Verschleißspur kontinuierlich geändert wird, Bild 9 links, bringt mit diesem Modellversuch gute Übereinstimmung mit Bohrversuchen [12]. Das Bild 14 zeigt die Lebensdauer von zwei Stahlstiften, TiN-beschichtet und unbeschichtet, gegen drei verschiedene Stahlsorten. Der Unterschied zwischen hohem Verschleißschutz beim kohlenstoffhaltigen Stahl AISI 1045 durch TiN und keinem Effekt beim Edelstahl AISI 321 entspricht der Erfahrung mit Bohrversuchen. Man beachte die unterschiedlichen, logarithmischen Maßstäbe der y-Achsen.

Der anwendungsnahe Bohrversuchs-Test ist aber einfacher durchzuführen und wird meist bevorzugt. Das Beispiel Bild 15 zeigt die Lebensdauer beschichteter HSS-Bohrer beim Bohren in Baustahl. Bei niedriger Bohrgeschwindigkeit ist TiN die verschleißfesteste Hartstoffschicht. Wird die Ge-

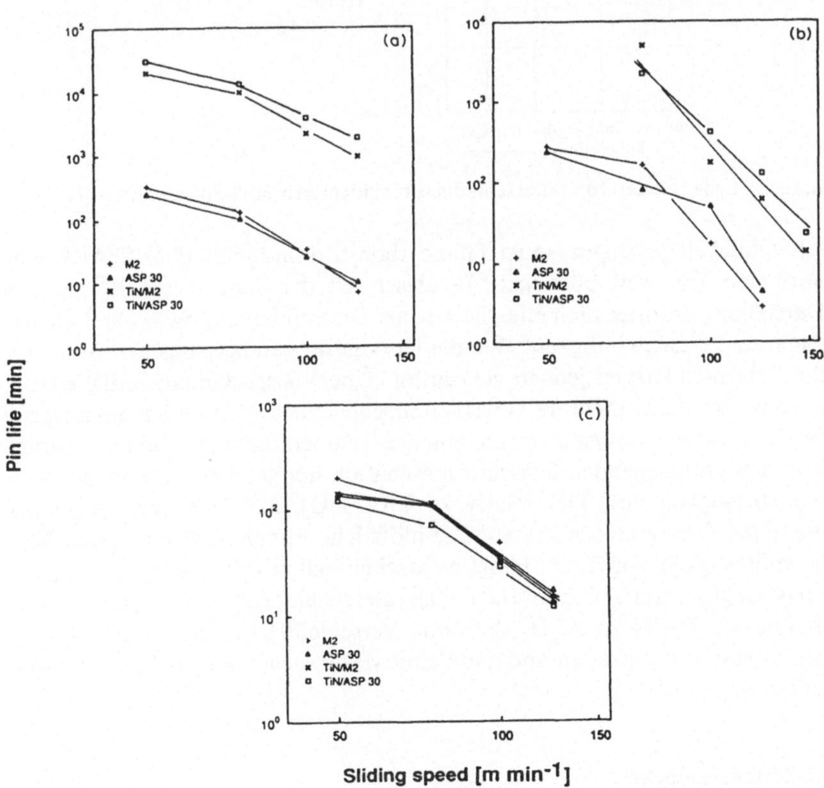

Bild 14: Stift-auf-Scheibe-Versuch: Stiftlebensdauer als Funktion der Schleifgeschwindigkeit Stiftmaterial: (a) AISI 1045 (b)AISI 4340 (c) AISI 321 [12]

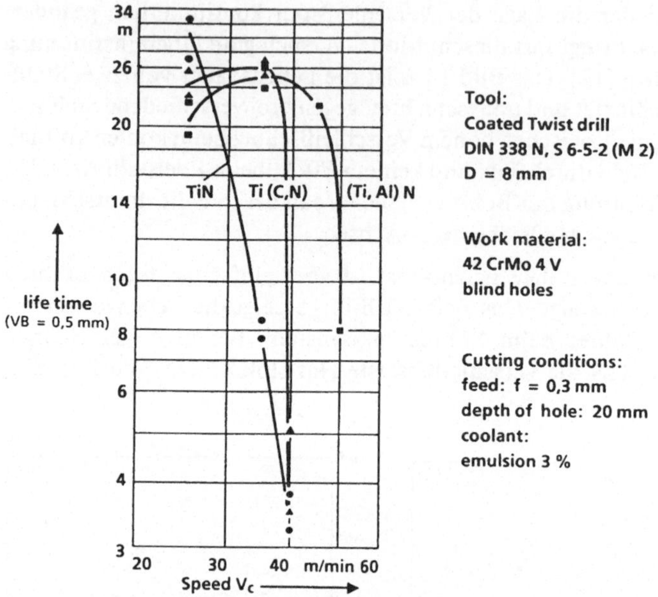

Bild 15: Lebensdauer von unterschiedlich beschichteten HSS-Spiralbohrern [13]

schwindigkeit gesteigert, so ist Titancarbonitrid und schließlich TiAlN dem normalen TiN weit überlegen. In dieser Art der doppelt-logarithmischen Darstellung erwartet man eine Gerade als Zusammenhang zwischen Lebensdauer und Geschwindigkeit. Wie die Kurven im vorangegangenen Bild sind die Verschleißkurven jedoch gekrümmt. Über diesen Geschwindigkeitsbereich wirken daher mehrere Verschleißmechanismen. Verbunden mit steigender Geschwindigkeit ist eine zunehmende Temperatur an den Schnittkanten. Von den grundlegenden Schichteigenschaften her gesehen, nimmt die Verschleißfestigkeit von TiN relativ zu TiC, TiO_2 und TiOC und Al_2O_3 zu niedrigen Temperaturen hin zu. Die plötzliche Abnahme der besseren Verschleißfestigkeit von TiCN hängt wahrscheinlich mit der geringeren Oxidationsfestigkeit von TiC zusammen. Dagegen scheint gerade die teilweise Oxidation des TiAlN zu Al_2O_3 die hohe Verschleißfestigkeit bei sehr hohen Schnittgeschwindigkeiten und den damit verbundenen hohen Temperaturen zu bewirken [13].

3.2.2 Stanzversuche

Das Ergebnis eines praxisnahen Tests für das Stanzen von Elektroblech soll in den nächsten Bildern gezeigt werden. Beschichtete und unbeschichtete Stem-

36

pel von 4 x 4 mm² Stirnfläche werden nach 500 000 Hüben an den Schneidkanten vermessen, Bild 16. Für den Werkstoff ASP 23 beträgt die Verschleiß-
markenlänge im beschichteten Zustand nur 10 % der eines unbeschichteten
Stempels. Der Normalverschleiß am unbeschichteten Stempel 1.2379 ist viel
geringer. Entsprechend ist die Verbesserung durch die Schichten geringer.
Die Beschichtung gleicht die Form des Verschleißes beim ASP 23 an die für
ein Stanzwerkzeug günstige des Stahls 1.2379 an. So ist auch ein Nachschliff
leichter möglich. Werden die Meßergebnisse nach dem verschlissenenen Volumen ausgewertet und der Verschleißwiderstand der unbeschichteten Stempel gleich Eins gesetzt, so ergibt sich das Übersichtsdiagramm in Bild 17. Für
die zwei Stempel-Grundwerkstoffe ASP 23, links und 1.2379, rechts sind die
relativen Verschleißwiderstände als Zahlen in den Feldern eingetragen. Links
ist jeweils das Verfahren genannt, mit dem die rechts angeschriebenen
Schichten erzeugt wurden. Die Standard-TiN-Schicht verbessert den ASP-
23-Stempel um den Faktor 14.3, den 1.2379-Stempel um den Faktor 5.6.
Benutzt man andere Schichten, so können in einigen Fällen bei ASP 23 noch
deutliche Steigerungen des Verschleißwiderstandes gegenüber der Standard-
TiN-Schicht erreicht werden.

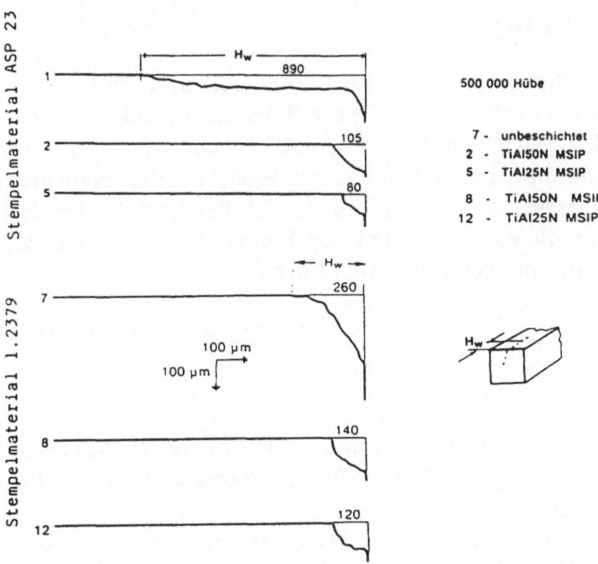

Bild 16: Stanzversuche an Elektroblech: Normalverschleiß H_w an den Schneidkanten

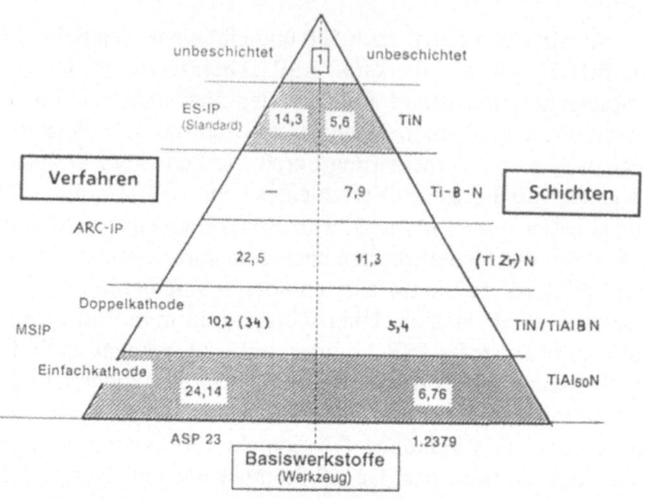

Bild 17: Relativer Verschleißwiderstand im Stanzversuch gegen Elektroblech

4 Schlußbemerkung

Da in der Praxis chemische und physikalische Einflußgrößen sich überlagern, sind die Auswahlkriterien für Schicht und Prozeß der vorliegenden Anwendung anzupassen und zu gewichten. Mit Tests und Modellbetrachtungen ist jedoch immer nur eine Grobauswahl aus einem Kollektiv von Schichten möglich. Die letzte Aussage kann sowohl im Bereich der spanabhebenden Werkzeuge als auch im Bereich der spanlosen Fertigungstechnik und bei Produktkomponenten nur der echte Einsatz bringen.

5 Literatur

[1] *K.G. Günther, H.Freller, H.F. Hintermann, W. König, D. Kammermayer:* Advanced Coatings by Vapour Phase Processes, Annals of the CIRP 1989 (im Druck)
[2] *H. Freller:* Physical Vapour Deposition, Schweizer Ingenieur und Architekt, **106** 1321–1331 (1988)
[3] *J.-E. Sundgreen, H.T.G. Hentzell:* A Review of the Present State of Art in Hard Coatings Grown from the Vapor Phase, J.Vac.Sci.Technol. **A4** 2259–2279 (1986)

[4] *D.T. Quinto, G.J. Wolfe, P.C. Jindal:* High Temperature Microhardness of Hard Coatings Produced by Physical and Chemical Vapour Deposition, Thin Solid Films **153** 19–36 (1987

[5] *O. Knotek, W.-D. Münz, T. Leyendecker:* Industrial Deposition of Binary, Ternary, and Quaternary Nitrides of Titanium, Zirconium, and Aluminum, J.Vac.Sci.Technol. **A5** 2173–2179 (1986)

[6] *W.-D. Münz:* Titanium Aluminum Nitride Films: A New Alternative to TiN Coatings, J.Vac.Sci.Technol. **A4** 2717–2725 (1986)

[7] *D.S. Rickerby, B.A. Bellamy, A.M. Jones:* Internal Stress and Microstructure of Titanium Nitride Coatings, Surface Engineering **3** 138–146 (1987)

[8] *M. Edeling, K. Mund, W. Naschwitz:* Impedance Measurements on Inert Porous Electrodes, Siemens Forsch.- u. Entwickl.-Ber. **12** 85–90 (1983)

[9] *H. Freller, H.P. Lorenz:* Effect of Thickness on the Porosity and Surface Roughness of TiN and (Ti,Al)N Deposited by Ion Plating Techniques, in: Proceedings of Plasma Surface Engineering, Vol.2, S. 687–694, Verlag DGM Informationsgesellschaft, Oberursel, 1989

[10] *B. Kramer, P.K. Judd:* Computational Design of Wear Coatings, J. Vac. Sci. Technol. **A3** 2439–2444 (1985)

[11] *K.-H. Habig:* Possibilities of Model Wear Testing, in: Metallurgical Aspects of Wear, Verlag DGM Informationsgesellschaft, Oberursel, 1981

[12] *R. Hedenqvist, M. Olssen, S. Söderberg:* Influence of TiN Coating on Wear of High Speed Steel Tools als Studied by New Laboratory Wear Test, Surface Engineering, 5 141–150 (1989)

[13] *W. König, D. Kammermeier:* Prüfen und Bewerten von Schichteigenschaften anhand von Zerspan- und Analogieversuchen, in: VDI-Berichte Nr. 702, S. 291–310, VDI-Verlag, Düsseldorf, 1988

[14] *H. Freller:* in: Surtec '89 Tagungsband, Neue Schichtverbunde durch plasmaunterstützte PVD-Technik, S. 133–141, Hanser-Verlag München/Wien, 1989

Hartstoffschichten in der Mikroelektronik

P. Kücher

Zusammenfassung

Hartstoffschichten zeichnen sich durch Eigenschaften aus, die sie auch interessant für die Anwendung in der Mikroelektronik machen. Dabei sind meist weniger ihre mechanischen Eigenschaften (z. B. Verschleißfestigkeit) als vielmehr ihre chemische Stabilität von Bedeutung.

Bei der Herstellung der Schichten muß den spezifischen Anforderungen der Mikroelektronik Rechnung getragen werden. Dazu gehören eine Anlagentechnik für eine weitgehend automatisierte Beschichtung von Siliziumsubstraten (Wafer) in großen Stückzahlen, niedrige Partikeldichte, sehr gute Uniformität, Reproduzierbarkeit und Verträglichkeit der Hartstoffschicht innerhalb eines komplexen Schichtaufbaus.

Die Verwendung von Hartstoffschichten wird am Beispiel eines Speicherchips (4 M DRAM) exemplarisch für Siliziumnitrid und Titannitrid diskutiert.

1 Einleitung

Zum besseren Verständnis der technologischen Probleme beim Einsatz von Hartstoffschichten in der Mikroelektronik soll eingangs ein kurzer Überblick der wirtschaftlichen und produktspezifischen Bedingungen dieses Marktes gegeben werden.

Die Herstellung von Halbleiterbauelementen, speziell von Speicherbausteinen (z. B. 4M DRAM = Dynamic Random Access Memory mit vier Millionen Speichereinheiten) wird im wesentlichen durch drei Randbedingungen definiert.

Die Produkte (Chips) werden meist in hoher Stückzahl mit großer Fertigungspräzession (bis zu 400 Prozeßschritte) hergestellt. Dabei muß das Zu-

sammenspiel der einzelnen Schritte optimiert werden. Fehler in einem Prozeßschritt können bereits zum Totalausfall des Chips führen.

Eine neue Generation von Speicherchips mit einer Vervierfachung der Speicherkapazität wird etwa alle drei Jahre entwickelt. Dies erfordert einen hohen finanziellen und technischen Aufwand. Bei heutigen Speicherprodukten
liegen z. B. die Gesamtentwicklungskosten bei über einer Mrd. DM. Der
steigende Integrationsgrad der Bauelemente führt zu einer konstanten Reduzierung des Preises pro Bit (kleinste Informationseinheit). Dies ist aber nur
durch eine stete Reduzierung der minimalen Strukturbreite in den Baustei-
nen möglich (Bild 1). Ein Vergleich der Speicherkapazität des 64k DRAM
mit dem 4 M DRAM macht die Entwicklung deutlich. Ein 4 M DRAM mit
einer sechzigfach höheren Speicherkapazität (ca. 250 Schreibmaschinensei-
ten) hat nur eine etwa viermal so große Chipfläche. Gleichzeitig wurde der
Scheibendurchmesser von 100 mm auf 150 mm erhöht, was erhebliche Anforderungen an die Prozeß- und Anlagentechnik stellt.

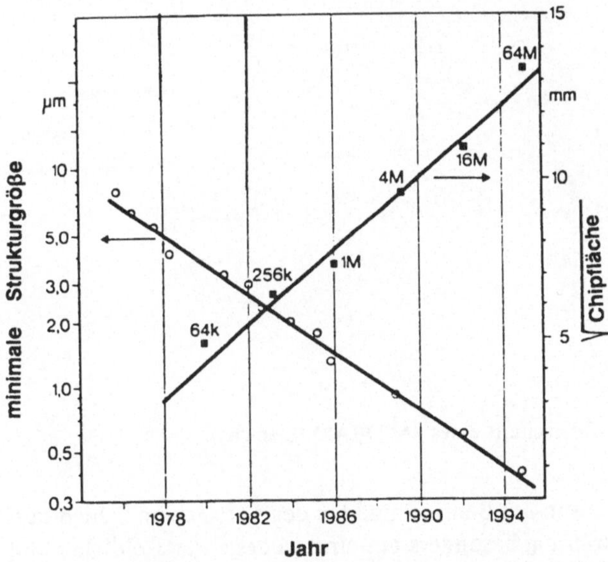

Bild 1: Entwicklung der minimalen Strukturgröße und Chipfläche für verschiedene
Speichergenerationen (DRAM) [11]

Wegen der kurzen Entwicklungs- und Produktionszyklen für Speicherchips
sowie dem hohen Entwicklungsaufwand ist es von Vorteil, bereits in der
vorhergehenden Produktgeneration erprobte Technologien zu verwenden.

Andererseits verlangt die weitere Erhöhung der Integrationsdichte mit reduzierten Geometrien die Entwicklung neuer Verfahren.

Die Herstellung der Bausteine geht von einem hochreinen Siliziumsubstrat (Wafer) aus, auf dem zunächst durch eine Abfolge von Schichtabscheidung, Fototechnik und Dotierung (mit Phosphor, Arsen oder Bor) elektrisch aktive Bereiche hergestellt werden. Auf diese Bereiche aufbauend, werden in einer Folge von Abscheidungs- und Ätzprozessen Verbindungen aus elektrisch leitendem Material hergestellt [1]. Den typischen Schichtaufbau für einen 4 M DRAM, ein Speicherbaustein mit der zur Zeit höchsten Speicherdichte in der Produktion, zeigt Bild 2.

Die Information wird bei diesem Konzept als Ladung in einem ca. 4 μm tiefen Loch („trench") gespeichert. Eine planare Anordnung des Speicherkondensators war wegen der hohen Packungsdichte der Speicherelemente nicht mehr möglich. Deutlich zu trennen ist neben der Speicherzelle mit Kondensator und Auswahltransistor die Peripherie mit Logikelementen (z. B. Steuerteil, Wort- und Bitleitungsdekoder).

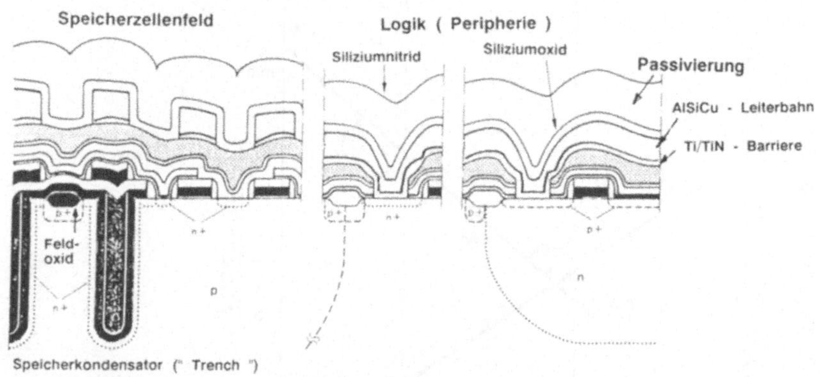

Bild 2: Schematischer Querschnitt eines 4M DRAM (Siemens)

Bei Strukturgrößen im sub-μm Bereich muß bei der Abfolge von Schichtherstellung und -strukturierung besonders auf eine niedrige Partikeldichte und Reduzierung der Partikelgröße mit zunehmender Integrationsdichte geachtet werden (Bild 3). Die Notwendigkeit einer Produktion im Reinraum (z. B. Klasse 10 = weniger als 10 Partikel 0.3 μm in 15 l Luft) ist damit Voraussetzung [2]. Die kritische Defektgröße beim 4 M DRAM liegt bei 0.2 μm. Dies setzt Grenzen für konventionelle Beschichtungsverfahren, wie z. B. ARC-Verfahren („droplets"), die hervorragend für Hartstoffbeschichtungen geeignet sind.

42

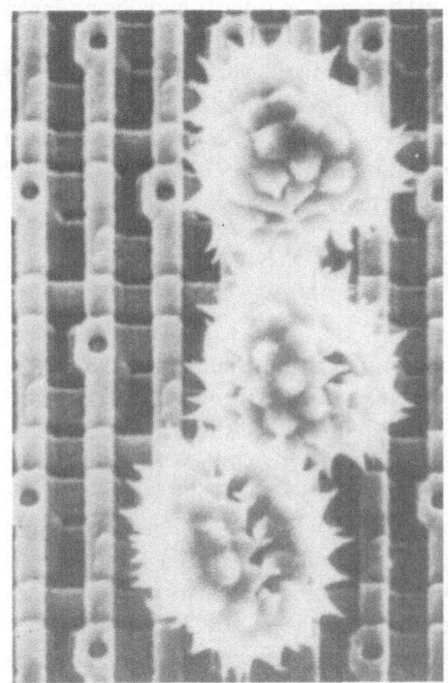

Bild 3: Pollen (20 μm Durchmesser) auf den Leiterbahnen eines 256k DRAM

In der Mikroelektronik finden Hartstoffschichten in Form von Schutz- und Barriereschichten Anwendung. Drei typische Anwendungen sowie deren Herstellung werden im folgenden diskutiert.

2 Siliziumnitrid als Hartstoffschicht

2.1 Passivierung

Nach Aufbringen der letzten Verdrahtungsebene auf einem Bauelement (meist Leiterbahnen aus Aluminiumlegierungen) ist der Schaltkreis zwar elektrisch gebrauchsfähig, er bleibt jedoch anfällig gegenüber mechanischer Beschädigung bei der Montage in ein Gehäuse, chemischen Angriffen beim Aufbau von Kontakten in galvanischen Bädern, der Umgebungsatmosphäre sowie α-Strahlung aus dem Gehäuse oder der Umgebung. Die Schutzschichten auf der letzten Verdrahtungsebene werden Passivierung genannt.

Die Passivierung muß dicht gegenüber Feuchtigkeit sein, muß das Eindringen von Schwermetallen verhindern, darf keine Risse bilden, gute Haftung zum Untergrund (Metallbahnen, Oxid) besitzen, geringe innere Spannungen aufweisen und muß Temperaturen über 150 °C standhalten. Meist wird eine Doppelschicht aus Siliziumoxid und Siliziumnitrid verwendet [3], die vor der Montage des Chips noch mit Polyimid abgedeckt wird. Die Siliziumnitridschicht hat eine Dicke von ca. 300 – 500 nm und wird durch einen plasmaunterstützten Prozeß in einer Vakuumanlage bei etwa 0.3 mbar und relativ niedrigen Temperaturen abgeschieden.

$$SiH_4 + NH_3 \xrightarrow[\text{Plasma}]{200\,°C - 300\,°C} Si_xN_yH_z + H_2 \quad (1)$$

Die Abscheidung bei niedrigen Temperaturen ist notwendig, um Defekte in darunterliegenden Al-Leiterbahnen zu vermeiden. Die Abscheiderate wird wesentlich durch die RF-Leistung und -frequenz, Gasfluß und Druck bestimmt. Der Brechungsindex dieser Schichten liegt zwischen 1.8 und 2.5 bei einem Si/N-Verhältnis von 0.8 – 1.2 und hohem tensilem oder kompressivem Streß im Bereich 10^{10} dyn/cm^2. Siliziumnitrid wird als Passivierungsschicht wegen der Barriereeigenschaften gegenüber Feuchtigkeit und Natrium verwendet. Natrium führt zur Degradation der Gateoxide. Schwierigkeiten bereitet der hohe Wasserstoffgehalt der Schichten (bis 20 at.%), der eine Verschiebung der Einsatzspannung der Bauelemente verursachen kann. Die Entwicklung geht daher zu Passivierungsschichten mit niedrigem Streß und reduziertem Wasserstoffgehalt wie z. B. Siliziumoxinitrid. Gleichzeitig wird eine planarisierende Abscheidung der Passivierung angestrebt, um die engen Spalten zwischen den Leiterbahnen vor der Polyimidabscheidung aufzufüllen.

2.2 Oxidationsmaske

Ein wesentlicher Herstellungsschritt für Bauelemente auf Siliziumbasis ist die Erzeugung von thermischen Oxiden als Isolationsoxide zwischen elektrisch aktiven, dotierten Bereichen. Wichtigste Anwendung ist die Erzeugung eines Feldoxids im sog. LOCOS-Prozeß (Local Oxidation Of Silicon). Der Prozeßablauf ist in Bild 4 dargestellt.

Siliziumnitrid wird in diesem Prozeß als Oxidationsmaske eingesetzt, da Nitridschichten nur eine geringe Neigung zur Oxidation zeigen. Diese Nitridschichten mit einer Dicke von ca. 100 nm werden in einem LPCVD-Verfahren (Low Pressure Chemical Vapour Deposition) in einem Ofen bei ca. 800 °C abgeschieden.

$$3\,SiCl_2H_2 + 4NH_3 \xrightarrow{700\,°C - 800\,°C} Si_3N_4 + 6\,HCl + 6\,H_2 \quad (2)$$

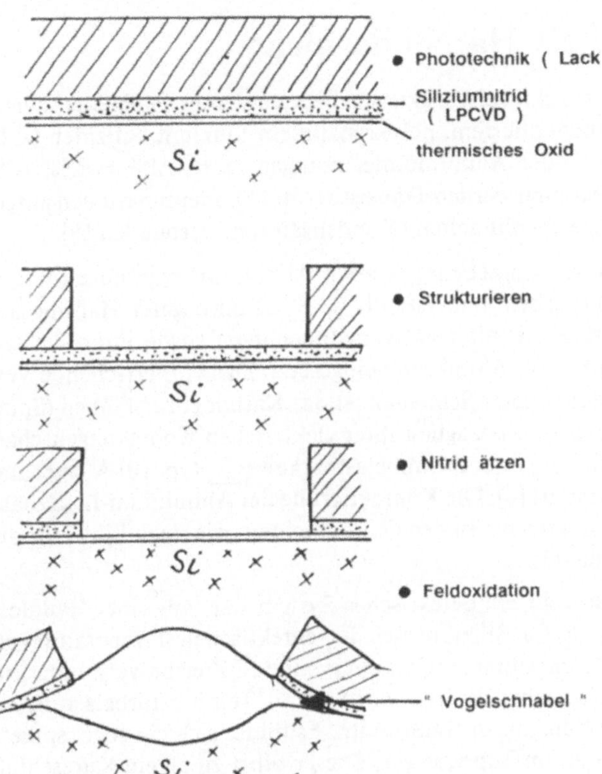

Bild 4: Prozeßablauf für die Ausbildung von LOCOS-Strukturen zur Isolation von elektrisch aktiven Bereichen

Im Gegensatz zum PECVD-Nitrid, das bei der Passivierung verwendet wird, entsteht bei diesem Verfahren ein amorphes stöchiometrisches Nitrid mit einem Brechungsindex von 2.01 und einem wesentlich niedrigeren Wasserstoffgehalt (ca. 6 %). Die Dichte des LPCVD-Nitrids ist höher (typ. 3 g/cm^3) als beim PECVD-Nitrid.

Der Bereich, in dem ein Feldoxid entstehen soll, wird durch die Fototechnik mit Belacken, Belichten (Maske), Entwickeln und Ätzen der Maske definiert. Nach der naßchemischen Entfernung des Schutznitrids wird eine Oxidation bei 1000 °C durchgeführt. Es bilden sich Feldoxidstege aus. Die Länge und

45

Form des dabei entstehenden „Vogelschnabels" bestimmt wesentlich die erreichbare Packungsdichte von Kondensatoren und Transistoren.

3 Titannitrid als Hartstoffschicht

Die Verbindung der elektronisch aktiven Bereiche eines Halbleiterbauelements erfolgt mit hochdotiertem, polykristallinem Silizium, Siliziden (z. B. $TaSi_2$, $MoSi_2$, WSi_2) oder Aluminiumlegierungen (z. B. AlSi 1wt.%, AlSi 1wt.% Cu 2 wt.%). Dadurch werden Transistor- und Diodenfunktionen aufgebaut und mit den Speichereinheiten (Kondensatoren) verbunden [5].

Für die oberen Verdrahtungsebenen werden Aluminiumlegierungen wegen ihres niedrigen elektrischen Widerstands ($\sim 3\ \mu\Omega$ cm), guter Haftung auf Oxiden, Strukturierbarkeit mit reaktivem Ionenätzen sowie ihrer leichten Bondbarkeit mit Gold oder Aluminium eingesetzt. Das vorherrschende Verfahren zur Abscheidung dieser Schichten ist das Kathodenzerstäuben (Sputtern). Diese Schichten sind bezüglich ihrer elektrischen Kontakteigenschaften zu dotiertem Silizium, ihrer Strombelastbarkeit (j_{max} typ. 10^5 A/cm^2) und ihrer Ätzbarkeit optimiert [6]. Die Kontaktierung der Aluminium-Leiterbahnen erfolgt über Kontaktlöcher in den Oxidschichten, wie sie in Bild 3 für die Peripherie dargestellt sind.

Aluminium/Silizium stellt ein eutektisches System dar, mit einer Randlöslichkeit von 1.59 wt.% für Silizium bei der eutektischen Temperatur von 577 °C. Wird eine Aluminiummetallisierung ohne Si-Zugabe verwendet, so kommt es bei nachfolgenden Prozeßschritten mit Temperaturbelastung zu einer Diffusion von Silizium in Aluminium. Es bildet sich ein sog. „spike", gefüllt mit Aluminium, im Substrat aus. Dieser führt zu einem Kurzschluß über das Diffusionsgebiet (Tiefe ca. 0,5 μm) und damit zum Ausfall des Bauelements.

Eine Zugabe von Silizium zu Aluminium kann dies verhindern. Ein Nachteil der Zulegierung ist jedoch, daß sich bevorzugt im Bereich des Kontaktlochs Siliziumausscheidungen bilden. Deren Größe kann einige μm betragen. Dies würde bei einer sub-μm-Technologie zu einem unerlaubt hohen Kontaktwiderstand führen. Mit Aluminium dotiertes Silizium weist p-Leitung auf, was bei n-dotierten Kontaktgebieten ein unerwünschtes Diodenverhalten verursacht.

Abhilfe kann durch den Einbau von Zwischenschichten (z. B. TiW, TiN) erreicht werden, die die bevorzugte Keimbildung der Silizium-Ausscheidungen am Kontaktlochboden verhindern.

Für die Metallisierung des 4 M DRAM wurde eine Doppelschicht aus Ti/TiN gewählt. Die Titanschicht dient dabei sowohl als Haftschicht für das TiN auf

Oxid als auch zur Herstellung eines nieerohmigen Kontakts auf Silizium. TiN mit einer Dicke von ca. 100 nm stellt die eigentliche Barriereschicht dar.

TiN wird durch reaktives Sputtern in einem Ar/N_2-Gasgemisch von einem Ti-Target hergestellt. Die Schichteigenschaften werden wesentlich durch das

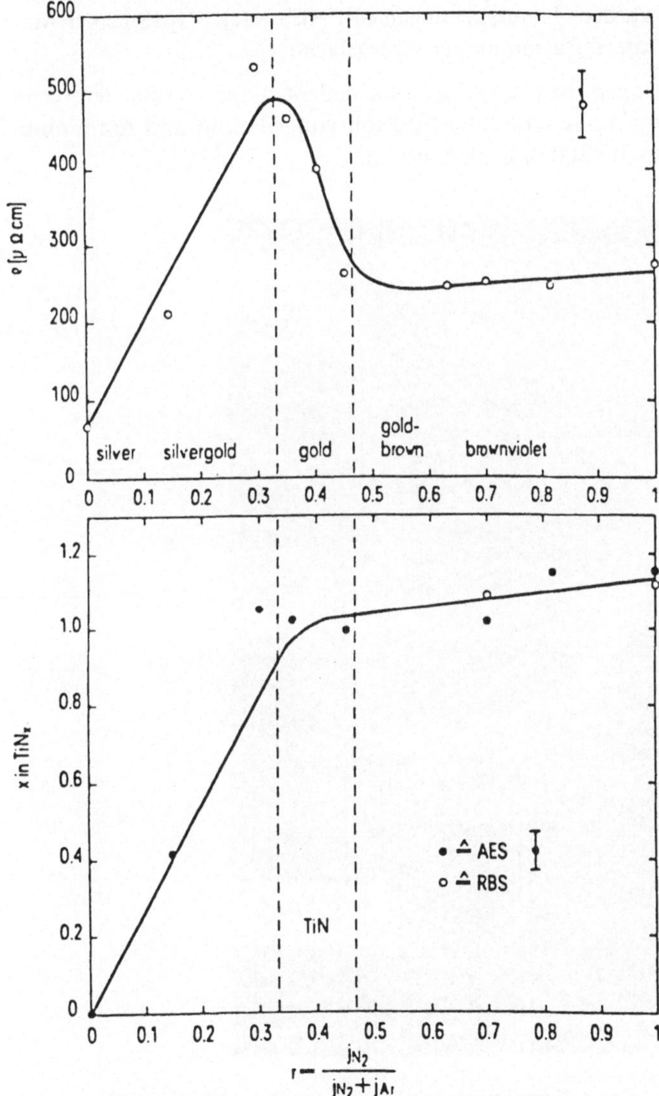

$$r = \frac{j_{N_2}}{j_{N_2} + j_{Ar}}$$

Bild 5: Stöchiometrie und spezifischer elektrischer Widerstand von TiN Schichten in Abhängigkeit vom Ar/N_2 Gasflußverhältnis

Gasflußverhältnis bestimmt (Bild 5). Stöchiometrische Schichten zeigen einen goldenen Glanz mit einer Abnahme des spezifischen elektrischen Widerstands. In diesem Bereich nimmt auch die Aufstäubrate erheblich ab, da die Targetoberfläche nitridiert wird. Um eine Reduktion des TiN durch Aluminium bei Temperaturbelastung zu vermeiden, muß ein stöchiometrisches TiN verwendet werden. Untersuchungen mit AES oder SNMS geben Aufschluß über die Interdiffusion an der Grenzfläche.

Nach dem Funktionsprinzip sind drei verschiedene Arten von Barrieretypen zu unterscheiden [7], die eine Interdiffusion von Silizium und Aluminium durch ihre chemische Stabilität verhindern.

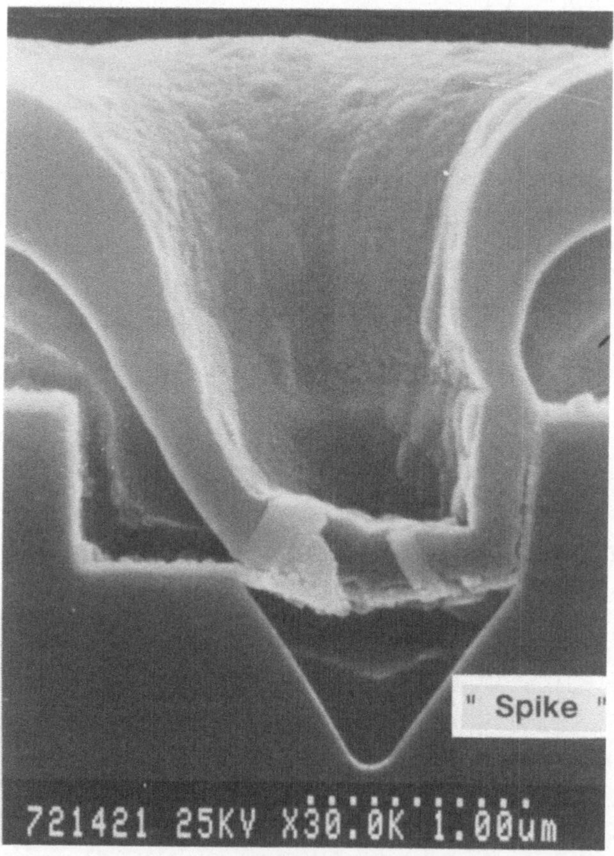

Bild 6: „Spiking" in einem Kontaktloch mit Barriereschicht, verursacht durch hohe mechanische Spannungen in der Barriereschicht mit der Folge von Mikrorißbildung

Eine passive Barriere zeigt keine Reaktion mit dem Kontaktmaterial. Als Materialien kommen Karbide und Nitride der Übergangselemente in Frage. Sie dürfen aber keine Diffusionspfade (Risse, Korngrenzen) aufweisen, die durch hohe innere Spannungen der Schicht oder durch unterschiedliche Ausdehnungskoeffizienten von Siliziumsubstrat und Oxid entstehen können (Bild 6).

Eine andere Form der Barriere („sacrificial barrier") verhindert durch Legierungsbildung mit dem Si-Substrat und der Aluminiumschicht eine weitere Diffusion. Ein typisches Schichtsystem wäre eine Zwischenschicht mit Titan, die zu $TiAl_3$ und $TiSi_2$ bei Temperaturbelastung reagiert. Wird die gesamte Ti-Zwischenschicht „aufgebraucht", so geht die Barrierewirkung verloren. Für diesen Barrieretyp ist daher eine gute Kontrolle der Temperaturbelastung wesentliche Voraussetzung. Durch eine Verstopfung der Diffusionspfade („stuffed barrier") z. B. durch eine Nachbehandlung in Luft kann ebenfalls eine Barrierewirkung erreicht werden. Die verwendeten Schichten in der Mikroelektronik sind meist eine Mischung aus den beschriebenen Typen.

Wesentlich für die Funktion der Barriereschicht ist aber neben der Stöchiometrie auch die Mikrostruktur der Schichten. Durch Querpräparation der Schichten und Untersuchung im TEM kann das Mikrogefüge und die Porenbildung untersucht werden. Durch Reaktivsputtern erzeugtes TiN zeigt eine Stengelstruktur und abhängig von der Bekeimungsschicht eine bevorzugte ⟨111⟩ Textur. Diese Textur überträgt sich auch auf die darüberliegende Aluminiumschicht. Für eine funktionstüchtige Barriere ist zudem ein geringer intrinsischer Streß und gute Kantenbedeckung des Herstellverfahrens anzustreben. Hier werden für Aufstäubverfahren bei einem Aspektverhältnis größer als eins und bei Kontaktlöchern mit einem Durchmesser kleiner als ein μm Grenzen sichtbar [8]. Die Dicke der Schicht im Kontaktlochboden und an der Seitenwand beträgt z. T. nur noch 20 % der nominellen Dicke.

Die Entwicklung neuer Verfahren (z. B. CVD) mit konformer Kantenbedeckung ist daher auch für metallische Schichtsysteme notwendig.

4 Ausblick

Die vorgestellten Schichten sollten einen Einblick für den Einsatz von Hartstoffschichten in der Mikroelektronik mit den speziellen Randbedingungen vermitteln. Bei weiterer Strukturverkleinerung werden zunehmend auch CVD-Prozesse, die für die Abscheidung von Si, SiO_2 und Si_3N_4 bereits fertigungsmäßig eingesetzt werden, auch für metallische Schichten zur Verfügung stehen müssen [9][10]. Dabei ist besonders auf eine gute Uniformität der Abscheidung mit hoher Rate bei niedrigen Temperaturen zu achten. Im Gegensatz zu Aufstäubverfahren sind auch selektive CVD-Abscheidungen möglich. Produktionstaugliches Equipment muß entwickelt werden.

Literatur

[1] *S. M. Sze:* VLSI Technology, McGraw Hill Int. Singapure 1983

[2] *D. L. Tolliver:* in VLSI Science and Technology, *W. M. Bullis* und *S. Brydo* (Eds.) Electrochem.Soc. PV 85-5 (1985)

[3] *W. Kern, R. S. Rosler:* Vac.Sci.Technol. 14, 1082 (1977)

[4] *J. V. Dalton, J. Drobek:* Electrochem.Soc. 115, 865 (1968)

[5] *H. Joswig, A. Kohlhase, P. Kücher:* Thin Solid Films, 175 (1989) 17-22

[6] *P. B. Ghate:* Thin Solid Films, 83 (1981) 195-205

[7] *M. Nicolet:* Thin Solid Films, 52 (1978) 415

[8] *P. Thoren, I. W. Rangelow, R. Kassing, P. Kücher:* Microelectronic Eng. 9 (1989) 621-624

[9] *R. S. Blewer:* Solid State Technol., Nov. 1986, 117-26

[10] *J. Berthold, C. Wieczorek:* Applied Surface Science 38 (1989) 506-516

[11] *F. S. Becker:* Proceedings of the IV SUB MICRO Conference, Porto Alegre, Brazil, July 1989

Anforderungen an dekorative harte Schichten

S. Schulz, P. Seserko, U. Kopacz

1 Einleitung

Die wesentlichen Anforderungen an dekorative Schichten sind:

- Farbgebung (d. h. Reproduzierbarkeit, Gleichmäßigkeit)
- Verschleißbeständigkeit
- Korrosionsbeständigkeit
- Wirtschaftlichkeit.

Zu beachten ist, daß nur die optischen Eigenschaften (Farbe) ausschließlich von der Beschichtung bestimmt werden. Die Verschleiß- und Korrosionseigenschaften werden hingegen auch von dem jeweiligen Substrat (vor allem

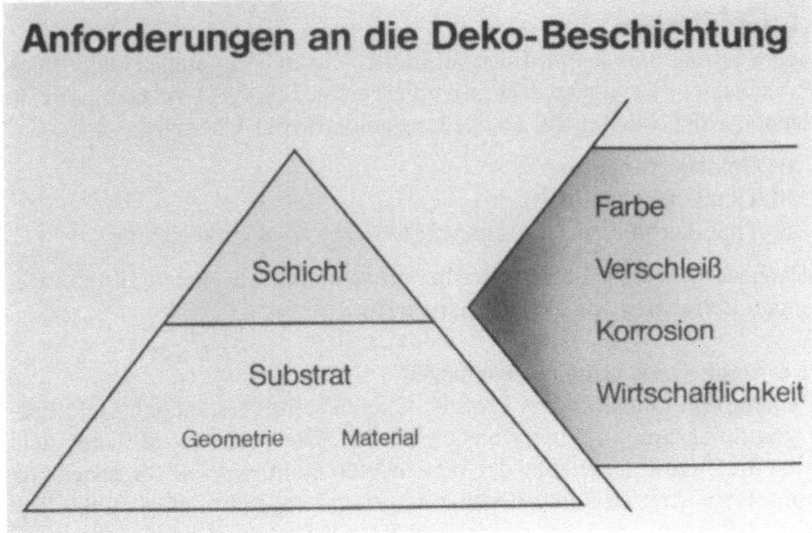

Bild 1: Anforderungen an die Deko-Beschichtung

Substratwerkstoff und -geometrie) mit beeinflußt (Bild 1). Insofern ist ganz entscheidend, daß befriedigende Beschichtungsergebnisse oft nur unter voller Berücksichtigung der wechselseitigen Abhängigkeiten von Beschichtung und Substrat sowie oft auch von dessen Vorgeschichte erzielt werden können (vgl. unten).

2 Farben

Die Farbe stellt das mit Abstand wichtigste Merkmal dekorativer Beschichtungen dar. Mit einer besonderen Farbgebung kann am leichtesten eine Differenzierung – im wahrsten Sinne des Wortes – sichtbar werden. Wenn wir im folgenden über Farbgebung berichten, dann gehen wir stets davon aus, daß die Farben „Eigenfarben" sind, die Eigenschaften des jeweiligen Schichtmaterials bzw. seiner Zusammensetzung darstellen. Nicht berücksichtigt werden Schichten, bei denen die Farbgebung über Interferenzeffekte zustande kommt, da hier die Farbe extrem schichtdickenabhängig ist. Nun kann auf komplizierten Formkörpern bei vertretbarem Aufwand eine Schichtdickenkonstanz nicht erreicht werden. Hinzu kommt, daß durch den natürlichen Abrieb die Schichtdicken ebenfalls beeinflußt werden, so daß im Laufe der Zeit an exponierten Stellen aufgrund der reduzierten Schichtdicke andere Farbschattierungen beobachtet werden.

2.1 Goldfarben

Nach wie vor – und das wird sich vermutlich nie ändern – stellen Goldfarben die bei weitem wichtigste dekorative Farbe dar. Die PVD-Verfahren bieten folgende Möglichkeiten zur Herstellung goldfarbener Überzüge:

1. als Goldlegierungen
2. als Titan(karbo)nitrid
3. als Titan(karbo)nitrid mit dünnem Überzug aus Goldlegierung

Bislang wurde lediglich die dritte Alternative im industriellen Maßstab angewendet. Betrachten wir die Alternativen im einzelnen:

2.1.1 Abscheidung von Goldlegierungen

In einem rein „metallischen Prozeß" können selbstverständlich Goldlegierungen durch Sputtern abgeschieden werden. Die Farben sind dann allein durch die Zusammensetzung der verwendeten Goldlegierung festgelegt. Der besondere Vorteil der Sputtertechnik – etwa im Vergleich zur Galvanik – liegt darin, daß es keine Schwierigkeiten macht, auch Goldlegierungen ungewöhnlicher Zusammensetzung (z. B. AuTi10) stöchiometrisch und mit der geforderten Farbgleichmäßigkeit und -reproduzierbarkeit abzuscheiden. Es ist eine Eigenschaft des Zerstäubungsvorgangs, daß (bei metallischen Prozessen) die Zusammensetzung der Schicht immer mit der des Targetmaterials übereinstimmt. Überdies besteht die Möglichkeit – und dies ist bis jetzt höchstens in Ansätzen erforscht –, ganz ungewöhnliche Goldlegierungen mit besonderen Farbeigenschaften abzuscheiden. Als (eher akademisches) Beispiel mag dazu die intermetallische Phase $AuAl_2$, dienen, die einen Goldgehalt von mehr als 18 kt. aufweist und eine violette Farbe zeigt. Diese Verbindung ist seit langem bekannt; allerdings hat sie nie eine Anwendung wegen ihrer extremen Sprödigkeit und ihrer mangelnden Korrosionsbeständigkeit erfahren. Man kann derartige Verbindungen als Targets herstellen und dann durch Sputtern abscheiden. Die Möglichkeit, mittels Sputtertechnik ungewöhnliche und auf andere Weise nicht darstellbare Verbindungen für dekorative Anwendungen abzuscheiden, ist bislang kaum genutzt worden.

Was nun die Abscheidung von eher konventionellen Goldlegierungen anbelangt, so müssen diese wegen ihrer geringen Härte eine höhere Schichtdicke aufweisen, um den üblichen Anforderungen nach Abriebbeständigkeit zu genügen. Obgleich, insbesondere mit Durchlaufanlagen, beachtliche Beschichtungsraten erzielt werden können (150 g/h sind ohne weiteres erreichbar), behindert eine weitere Besonderheit die wirtschaftliche Wettbewerbsfähigkeit der Sputtertechnik: im Gegensatz etwa zur Galvanik kondensieren abgestäubte Goldatome in der gesamten Umgebung der Kathode, nicht nur ausschließlich auf den Substraten. Zwar geht kein Edelmetall verloren, jedoch muß ein höherer Aufwand an Rückgewinnung geleistet werden.

Mit modernen Quellen und weiterentwickelter Anlagentechnik ist jedoch vorstellbar, daß auch die einfache Goldbeschichtung mittels Sputtern wirtschaftlich wettbewerbsfähig wird. Dies wird insbesondere bei solchen Schichten (und folglich Farben) von Interesse sein, bei denen die Galvanik Schwierigkeiten mit der Farbreproduzierbarkeit und -gleichförmigkeit hat. Die (metallische) Abscheidung von Goldlegierungen ist bei dekorativen Anwendungen jedoch noch ohne Bedeutung, weil für goldfarbene Dekoschichten die PVD-Verfahren mit dem Schichtsystem Titan(karbo)nitrid plus Goldlegierung eine weitaus kostengünstigere Alternative zu bieten haben (vgl. Abschnitt 2.1.3).

2.1.2 Titan(karbo)nitridschichten

Titannitrid weist eine goldähnliche Farbe auf, wobei der Farbton durch Variation des Stickstoffgehalts oder durch geringfügige Zugaben von Azetylen gezielt verändert werden kann. In Bild 2 sind in einem Farbenfeld, aufgespannt von den *CIElcb*-Einheiten a^* (positiv: Rotwert, negativ: Grünwert) und b^* (positiv: Gelbwert, negativ: Blauwert), die entsprechenden Werte der

Schweizer Goldstandardfarben eingetragen. Bild 2 zeigt, daß durch geeignete
Kombination von Stickstoff- und Kohlenstoffgehalten in Titankarbonitridschichten die Farbe jedes Goldstandards erreicht werden kann.

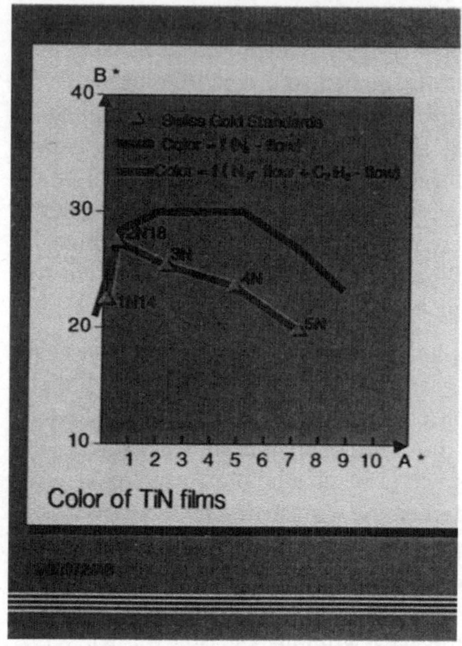

Bild 2: Farbe von TiN$_x$C$_y$-Schichten in CIE-Lab-Einheiten

Dennoch eignen sich derartige Schichten nicht ohne weiteres für goldfarbene
Dekoschichten, da sie im Verhältnis zu Goldlegierungen eine zu geringe
Brillanz aufweisen, was visuell einen grauen Schleier im Farbeindruck hervorruft. Die Brillanz wird bei den *CIElab*-Einheiten durch den *L**-Wert festgelegt; er liegt für Goldlegierungen bei 88 . . . 91, bei Titankarbonitridschichten hingegen bei etwa 74 . . . 76. Näheren Aufschluß über diesen Unterschied
in den optischen Eigenschaften von Goldlegierungen und Titannitrid erlaubt
Bild 3, wo das Reflexionsvermögen in Abhängigkeit der Wellenlänge dargestellt ist. Aus diesen Reflexionskurven können dann eindeutig die Farbmeß-
werte berechnet werden. Offensichtlich ist es so, daß durch die Variation des
Stickstoff- und Kohlenstoffgehalts in Titankarbonitridschichten der qualita-
tive Verlauf der Reflexionskurven von Goldlegierungen angenähert werden
kann. Jedoch weisen die Goldlegierungen im gesamten Wellenlängenbereich
ein höheres Reflexionsvermögen auf. Die Ursache hierfür ist prinzipieller

Natur: es sind Unterschiede in der elektronischen Struktur, auf die wir hier jedoch nicht näher eingehen wollen.

Wegen der niedrigen Brillanz finden derartige Schichten alleine keine Anwendung bei goldfarbenen Beschichtungen. Allerdings werden Titankarbonitridschichten durchaus verwendet, etwa (mit deutlich höherem Kohlenstoffgehalt) für rotbraune Dekoschichten.

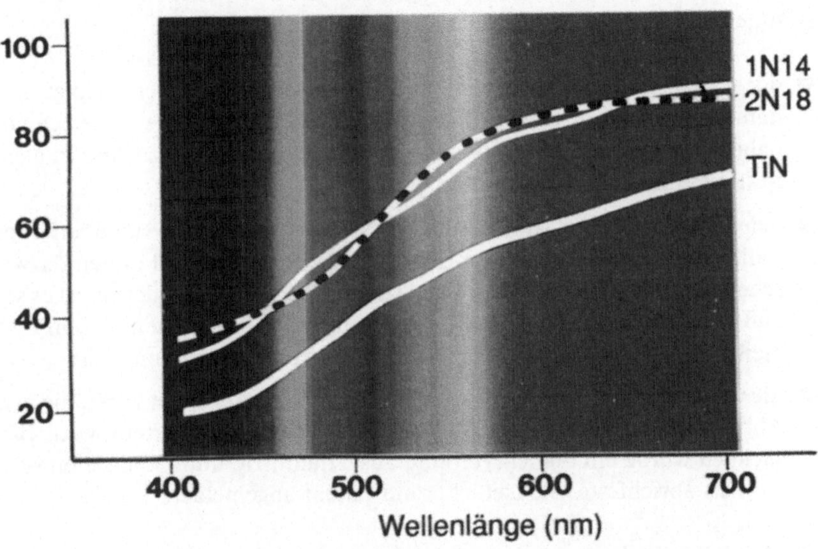

Bild 3: Reflexion von Gold-Farbstandardschichten und einer TiN-Schicht in Abhängigkeit von der Wellenlänge

2.1.3 Titan(karbo)nitridschichten mit Goldauflage

Nun ist es ja allgemein Ziel jeglicher Beschichtung, für einen Festkörper unterschiedlichen, manchmal sogar widersprüchlichen, Anforderungen an Grundwerkstoff und Oberflächenbeschaffenheit genügen zu können. Dieser Gedanke kann auch auf das Problem der unzureichenden Brillanz der Titan(karbo)nitridschichten in der Form übertragen werden, daß zusätzlich eine zweite Schicht aufgebracht wird, die einen Teil der Anforderungen übernimmt:

● Härte und Verschleißbeständigkeit werden durch eine Beschichtung mit Titan(karbo)nitrid erreicht, die auch eine Goldfarbe mit jedoch ungenügender Brillanz aufweist.

- Um die geforderte Brillanz zu erreichen, wird auf die Hartstoffschicht eine sehr dünne Goldlegierungsschicht abgeschieden, um nun auch die geforderte Brillanz sicherzustellen. Bei Gold reichen schon Schichten von 0,05 μm, um eine Unterlage optisch vollständig abzudecken.

Man mag unmittelbar einwenden, daß dies doch nicht die gewünschte Lösung darstellen könne, da die dünne weiche Goldschicht doch sehr schnell abgerieben würde und somit die Titan(karbo)nitridschicht sehr schnell mit ihren unbefriedigenden optischen Eigenschaften den visuellen Eindruck bestimmen würde. Hier ist jedoch zu berücksichtigen, daß

- der Abrieb zunächst an exponierten Stellen (Kanten, Ecken) erfolgt und damit zunächst auf kleine Flächen beschränkt ist. Da die Unterschicht nahezu die gleiche Farbe aufweist, werden die geringfügigen Änderungen in der Farbe nicht wahrgenommen.

- jede Oberfläche eine Mikrorauhigkeit aufweist, so daß – wenn überhaupt – die Golddeckschicht nur an den Spitzen abgerieben und in den dazwischen liegenden Vertiefungen angelagert wird (Bild 4). Wiederum ist es so, daß der Abrieb auf eine kleine Fläche, nämlich die Spitzen, beschränkt bleibt, so daß die Farbänderung visuell nicht in Erscheinung tritt.

- die weiche Goldschicht wie eine Schmier- bzw. Gleitschicht wirkt, die den Abrieb eher mindert und nicht abgerieben, sondern umverteilt wird. Tatsächlich wurde ein Schichtverbund aus Titannitrid und Gold schon sehr früh als abriebfeste Gleitschicht zum Patent angemeldet.

Die Sputtertechnik eignet sich nun in idealer Weise, um diesen Schichtverbund herstellen zu können. Sie ermöglicht als einziges PVD-Verfahren sowohl die Hartstoffschicht als auch die Goldlegierungsschicht mit dem gleichen Verfahren abzuscheiden, was von besonderem Vorteil für die Anlagentechnik und für die Flexibilität der Anlage ist. Die stöchiometrische Abscheidung von Goldlegierungen ist bei den PVD-Verfahren nur mittels Sputtertechnik möglich.

Eine Besonderheit der Sputtertechnik ist, daß beim Zerstäuben von Legierungen das Material in die atomaren Bestandteile zerlegt und auf dem Substrat statistisch gemischt wird. Die bekannten metallurgischen Phasen stellen sich nicht ein. Daher sind aufgestäubte Edelstahlschichten nicht austenitisch und daher auch nicht korrosionsbeständig. Das gleiche gilt für die herkömmlichen Goldlegierungen. Wird also eine konventionelle 18 kt-Legierung zerstäubt, so ist die abgeschiedene Goldlegierungsschicht nicht anlaufbeständig. Daher werden Goldlegierungen verwendet, deren Goldgehalt mindestens 91 Gewichtsprozent beträgt, z. B. AuNi2.

Wirkung der Goldauflage als "Farbgeber"

Typische Dicke der Goldauflage: 0,05 - 0,25 µm

Nach der Beschichtung:

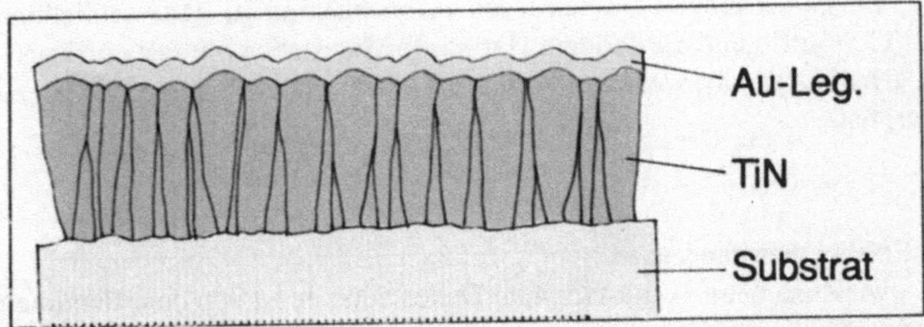

Nach Abriebtest:

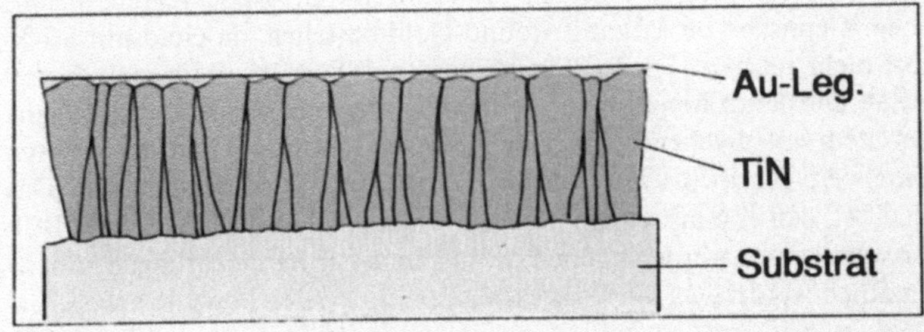

Bild 4: Wirkung der Goldauflage als „Farbgeber"

Die aufgebrachten Goldschichten weisen eine Schichtdicke von
$0{,}05\ldots0{,}1\ \mu$m auf. Als Faustregel gilt, daß ein Schichtverbund, bestehend
aus $0{,}5\ \mu$m Titan(karbo)nitrid und $0{,}1\ \mu$m Au, in etwa die gleiche Abriebbeständigkeit wie eine mindestens $5\ \mu$m dicke Goldauflage besitzt, die galvanisch hergestellt wurde. Über die Goldersparnis besteht somit die Möglichkeit einer beträchtlichen Kostenreduzierung gegenüber herkömmlichen Ver-
goldungen, auch wenn hochkarätige Goldlegierungen eingesetzt werden müssen. Der gelegentlich hervorgebrachte Einwand, daß es sich hierbei um einen
„billigen" Goldersatz handele, ist aus Sicht des Verfassers kaum stichhaltig.
Es handelt sich doch um Schichten ausgezeichneter Qualität, die auch nach
längerem Gebrauch nicht das von kleinen Kratzern verursachte Mattwerden
zeigen, wie es bei dicken Goldauflagen zu beobachten ist. Und schließlich
stellen Titannitrid und die anderen Hartstoffe Materialien mit fast einzigarti-
gen Eigenschaften dar, wobei allerdings oft versäumt wird, deren „Wert" zu
vermarkten.

2.1.4 Entwicklungstendenzen

Die Entwicklung bei den goldfarbenen Dekoschichten ist von dem Bemühen
gekennzeichnet, den Goldeinsatz weiter zu reduzieren bzw. ganz zu umge-
hen. Folgende Ansätze werden dabei verfolgt:

- Das reaktive Sputtern von AuTi-Legierungen führt zu Schichten, die aus
  einem Gemisch von Titannitrid und Gold bestehen, da Gold mit Stickstoff nicht reagiert. Dieser Lösungsansatz ist jedoch wenig vielverspre-
  chend. Die derart hergestellten Schichten weisen Brillanzen auf, die ganz
  grob dem entsprechend den Anteilen von Gold und Titan gewichteten
  Mittelwert der Brillanzen von Gold und Titannitrid entsprechen. Das
  bedeutet, daß erst mit einem hohen Einsatz von Gold ausreichende Bril-
  lanzwerte erzielt werden können, so daß derartige Beschichtungen unwirt-
  schaftlich werden.

- Zirkonnitrid weist andererseits eine Goldfarbe recht hoher Brillanz auf
  ($L^* \approx 82\ldots84$), allerdings ist sie zu grünlich. Die Zugabe von Kohlenstoff beseitigt den grünlichen Farbton, jedoch auf Kosten der Brillanz.
  Gleiches gilt für die Verwendung von Titanzirkonnitrid: die Zugabe von
  Titan(nitrid) bewirkt ebenfalls die Verringerung des Grünwerts, aber natürlich auf Kosten der Brillanz: Titanzirkonnitrid verhält sich optisch wie
  ein Gemisch aus Titannitrid und Zirkonnitrid.

Vorläufig ist eine erfolgversprechende Lösung nicht in Sicht, und es wird
weiter Entwicklungsaktivitäten erfordern. Daß dies ein lohnendes Entwick-
lungsziel ist, steht angesichts der möglichen Goldersparnis außer Frage.

2.2 Andere Farben

Farben sind das A und O bei dekorativen Beschichtungen. Verursacht vom wachsenden Differenzierungsdruck, gewinnen modische Aspekte bei Konsumgütern, aber auch in zunehmenden Maße bei technischen Gebrauchsgütern zunehmende Bedeutung, was sich in einer ständig wachsenden Nachfrage nach neuen Farben äußert. Die modernen PVD-Verfahren und hierbei insbesondere das Sputter Ion Plating eignen sich besonders, um diesen Anforderungen Rechnung zu tragen. Die fast unbegrenzte Vielfalt an Materialien, die damit hergestellt werden können, bedeutet im Hinblick auf dekorative Anwendungen gleichzeitig ein riesiges Potential an neuen Farben.

Eine Übersicht über die bislang für dekorative Anwendungen eingesetzten Schichten bietet Bild 5. Beispiele sind in Bild 6 dargestellt. Folgendes ist dazu zu bemerken:

Weitere Farben

Schichten	Farben
CrN_x	metallisch
TiN_x	hellgelb–goldfarben–braungelb
TiC_xN_y	goldfarben–rotbraun (abstimmbar auf jeden Goldfarbton)
$TiZrN_x$	goldfarben
Au-Legierungen	Goldfarbtöne auf farblich identischen TiC_xN_y-Schichten
Decocoat 031–034 (auf TiAl-Basis)	braungelb–violettgrau–neutralgrau–blaugrau
Decocoat 036–038 (auf TiAl-Basis)	rotbraun–kupferfarben
TiC_x	hellgrau–dunkelgrau
i:C	schwarz

Bild 5: Farbwirkung unterschiedlicher Schichten

- Die Farbpalette umfaßt vor allem rötlich-gelbe und graue Töne. Blaue und grüne Farben fehlen. Die Ursachen hierfür sind wiederum grundlegend physikalischer Natur. Grüne oder blaue Farben als Eigenfarben setzen eine ganz spezielle elektronische Struktur voraus, die zumindest bei den hier betrachteten Titanverbindungen nicht vorkommen kann.

- Andererseits sollte beachtet werden, daß alle Farben, die über Hartstoffe erzielt werden, sich durch einen speziellen metallischen, d. h. „noblen" Charakter auszeichnen. Leuchtende Farben sind damit nicht zu erzielen,

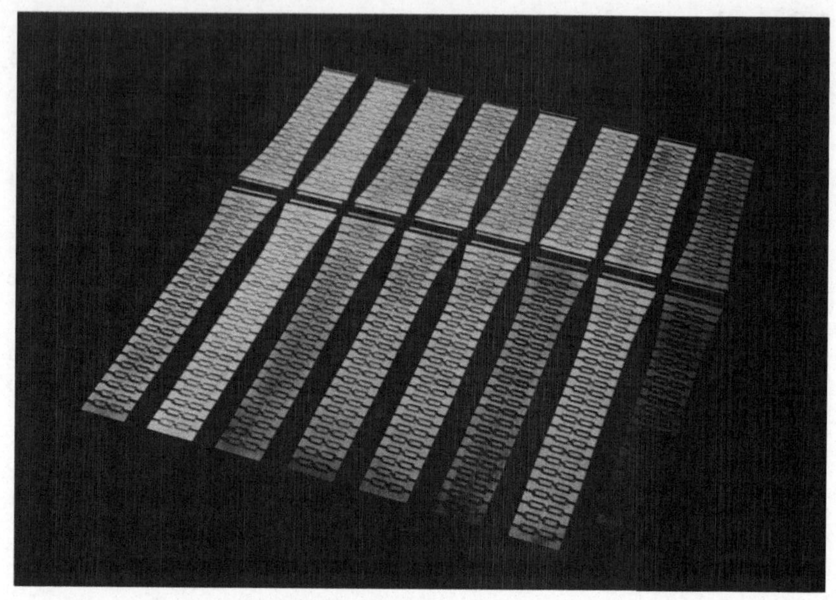

Bild 6: Verschiedenfarbige Uhrarmbänder

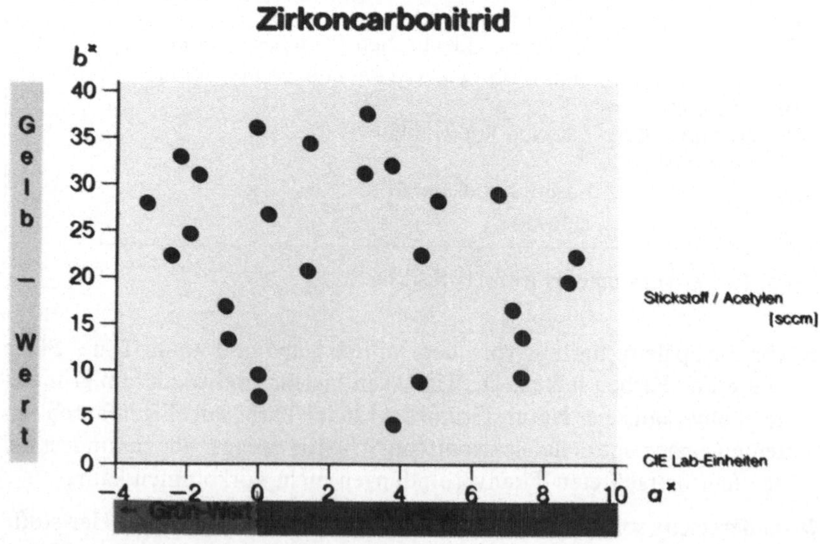

Bild 7: Farbwerte in CIE-Lab-Einheiten

60

entsprechen auch nicht der Natur dieser hochwertigen „teuren" Schichten; denn Schichten mit stark leuchtenden Farben auf metallischen Gegenständen wirken „billig" wie Kunststoff.

- Die in Bild 5 aufgeführte schwarze Schicht (harter Kohlenstoff) stellt eine Besonderheit dar, weil sie im Gegensatz zu allen anderen Schichten elektrisch nichtleitend ist, und daher eine besondere Verfahrenstechnik voraussetzt.

Welch weites Farbenfeld schon mit einer Verbindung abgedeckt werden kann, veranschaulicht Bild 7. Hier ist dargestellt, welch unterschiedliche Farben mit Zirkonkarbonitrid durch Variation des Stickstoff- und Kohlenstoffgehalts erzielt werden können. Natürlich kann man weiter daran denken, dem Zirkon noch andere metallische Bestandteile beizufügen wie z. B. Titan oder Chrom, so daß wieder andere Farbtöne zugänglich werden.

Das prinzipiell große Potential an Möglichkeiten zur Farbgebung (über die Materialvielfalt), welches das Sputter Ion Plating aufweist, wird auch zum Problem: die bislang entwickelten Farbtöne wurden rein empirisch ermittelt, d. h. zunächst wurden die Hartstoffschichten hergestellt und dann deren Farbe festgestellt. Wünschenswert wäre jedoch, wenn man auf Prinzipien zurückgreifen könnte, welche die umgekehrte Vorgehensweise ermöglichen und zwar von einer gewünschten Farbe gezielt auf die dafür erforderliche Materialzusammensetzung zu schließen. Im Augenblick sind Ansätze zu einer Lösung dieser Problemstellung nicht erkennbar. Hier wird der Entwicklung ein weites Feld geöffnet; vor allem bietet sich hier auch für die Lohnveredler ein geeignetes Instrument zur Erarbeitung von eigenem Know-how und damit ein Mittel zur eigenen Differenzierung.

Wir sollten als Fazit festhalten: die Möglichkeiten der Farbgebung mittels PVD-Verfahren sind bestenfalls erst in geringem Umfang genutzt und bei weitem noch nicht ausgeschöpft.

2.3 Selektive Beschichtungen

Von hochwertigen dekorativen Beschichtungen wird verlangt, daß man sie selektiv aufbringen kann, um Bicolor- oder Polycoloreffekte zu erzielen. Auch die PVD-Verfahren gestatten derartige Beschichtungen, wobei Abdeck- bzw. Maskierungstechniken ähnlich wie bei der Galvanik zur Anwendung kommen (Bild 8). Allerdings sind die Anforderungen an die Maskierungstechnik bei PVD-Verfahren höher, da die eingesetzten Abdeckmittel beständig gegen Temperatur und alkalische Vorreinigung und auch vakuumverträglich sein müssen. Die meisten der Lohnveredler, die PVD-Verfahren anwenden, haben für diese anspruchsvolle Aufgabenstellung unterschiedliche Verfahren entwickelt.

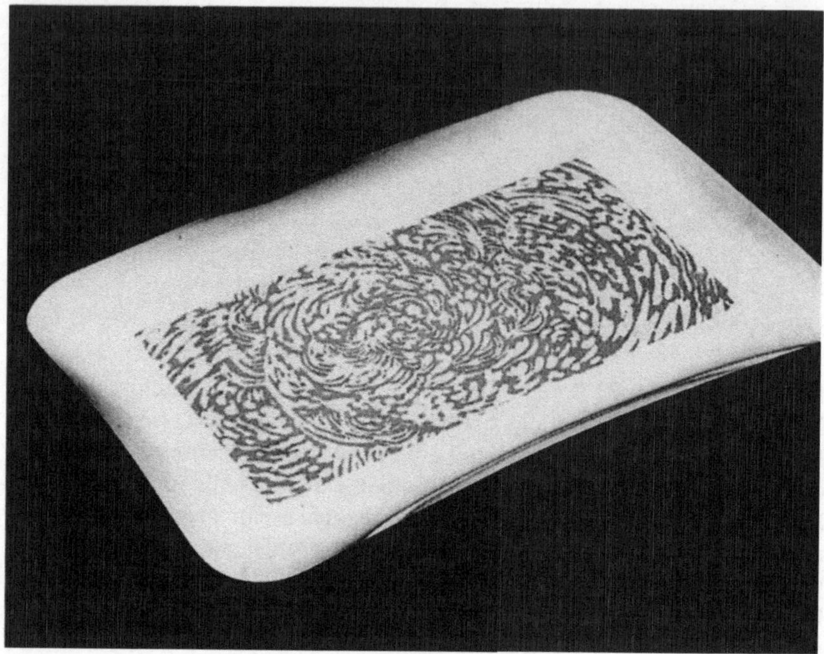

Bild 8: In Bicolor-Technik PVD-beschichtetes Tablett

3 Korrosionsbeständigkeit

Für die Beurteilung der Korrosionsbeständigkeit von dekorativen harten Schichten sind folgende Tatsachen entscheidend:

- Alle verwendeten Hartstoffe sind an sich extrem korrosionsbeständig und besitzen dementsprechend hohe positive elektrochemische Potentiale.

- Die Schichtstruktur der mittels PVD-Verfahren aufgebrachten Schichten ist von einer ausgeprägten Vorzugsorientierung gekennzeichnet: die Schicht wächst in vielen kleinen Stengeln senkrecht zur Oberfläche auf. Die so abgeschiedenen Schichten sind nicht einebnend und bilden jede Oberflächenrauhigkeit unmittelbar ab.

- Dekorative harte Schichten sind sehr dünn (typisch 0,3 . . . 0,7 μm).

Auf technischen Oberflächen lassen sich kleinere Defekte wie Kratzer, kleine Poren usw. nie vermeiden. Wegen des gerichteten Schichtwachstums wird an solchen Stellen das Schichtwachstum gestört. Mikroporen entstehen, die wegen der geringen Schichtdicke von der aufwachsenden Schicht nicht abgedeckt werden. Mithin kann durch die Mikroporen der Korrosionsangriff direkt auf den Substratwerkstoff erfolgen. Insofern muß bei der Betrachtung des Korrosionsverhaltens von dekorativen harten Schichten stets der beteiligte Substratwerkstoff bzw. die Schichtunterlage mit einbezogen werden. Dies wird oft übersehen.

3.1 Korrosionsbeständige Substrate

Besteht das Substrat selbst aus einem korrosionsbeständigen Werkstoff wie etwa Edelstahl, Titan bzw. Titanlegierungen, Hartmetall oder Inconel, so genügt der gesamte Verbund den bei dekorativen Schichten üblichen Korrosionsanforderungen (Salzsprühtest, CASS-Test, Kesternichtest, künstlicher Schweiß). Dennoch sind zwei Umstände zu beachten:

- Bei extremen Testbedingungen (z. B. Salzsprühtest über mehrere 100 Stunden) werden gelegentlich Korrosionserscheinungen beobachtet. Ursache sind Verunreinigungen bzw. Reinigungsrückstände auf der Oberfläche vor der Beschichtung. Daraus wird nebenbei erkennbar, daß man bei PVD-Verfahren durchaus eine ausgezeichnete Schichthaftung erzielen kann, ohne daß die Oberfläche vollständig sauber ist. Haftung der PVD-Schichten ist wegen des leistungsfähigen Ionenätzens (vgl. oben) nie ein Problem.

- Gelegentlich wird ein Substratwerkstoff als korrosionsbeständig bezeichnet, obgleich er es genaugenommen nicht ist. Ein Beispiel ist der oft mit 12/12 bezeichnete Edelstahl, der z. B. gerne bei Uhrenschalen wegen der leichteren Bearbeitbarkeit eingesetzt wird. Mit 12 % Nickel- und 12 % Chromgehalt liegt dieser Stahl unmittelbar am Rand des austenitischen Bereichs, und es kommt oft vor, daß er auch ferritische Phasen enthält. Oft ist das Korrosionsverhalten im unbeschichteten Zustand noch ausreichend; im Verbund mit einer dekorativen harten Schicht wird es jedoch mangelhaft. Grund hierfür ist das besonders hohe elektrochemische Potential, das alle Hartstoffe besitzen. Wegen der großen Differenz in den elektrochemischen Potentialen von Schicht- und Substratwerkstoff kommt es bei einem Korrosionsangriff über die Mikroporen an der Grenzfläche zur Ausbildung von sogenannten Lokalelementen, welche den Korrosionsangriff verstärken. Der bekannte Lochfraß ist dann das Ergebnis.

Besonders geeignet für die Beschichtung mit PVD-Verfahren sind Substratwerkstoffe wie Titan bzw. Titanlegierungen, Hartmetalle und hochwertige

Edelstähle, die (von den Stählen abgesehen) galvanisch nicht ohne weiteres beschichtet werden können. Gerade an dieser Stelle wird deutlich, daß PVD-Verfahren eine wertvolle Ergänzung zu den konventionellen Beschichtungsverfahren darstellen. Sie eröffnen den Zugang zur Verwendung von unkonventionellen Werkstoffen. Dieses Potential wurde bislang kaum ausgeschöpft.

3.2 Nichtkorrosionsbeständige Substrate

Wegen der leichteren Bearbeitbarkeit werden jedoch in vielen Bereichen (z. B. Uhrenschalen, Brillengestelle, Schreibgeräteteile) noch Kupferlegierungen wie Neusilber, Bronze, Monel oder Messing eingesetzt. Der bereits geschilderte Mechanismus – Korrosionsangriff des Substratwerkstoffs über Mikroporen in der Schicht – verhindert, daß derartige Materialien direkt mit dekorativen harten Schichten veredelt werden können. Manchmal reicht es noch nicht einmal aus, diese Materialien auf herkömmliche Weise korrosionsbeständig zu machen. Ein Beispiel: versieht man ein Messingteil galvanisch mit einer Nickel- und einer Chromschicht, so besteht das so beschichtete alle gängigen Korrosionstests. Wird das gleiche Teil zusätzlich mit Titannitrid (und dünner Goldlegierung) beschichtet, dann werden (im CASS-Test) Korrosionserscheinungen beobachtet (Bild 9). Grund ist einmal die Abfolge der elektrochemischen Potentiale: Chrom besitzt ein kleineres elektrochemisches Potential als Nickel. Daher kann eine Lokalelementbildung nicht erfolgen, der Korrosionsangriff erfolgt mit kleiner Geschwindigkeit großflächig auf der Chromschicht und wird visuell nicht wahrgenommen. Titannitrid besitzt ein besonders hohes elektrochemisches Potential, so daß die Differenz in den Potentialen zwischen Chrom und Titannitrid groß ist, was an Mikroporen zur Lokalelementbildung führt und den Korrosionsangriff verstärkt. Eine wesentliche Verbesserung erbringt die Abscheidung einer $3 \ldots 5 \, \mu$m dicken Nickelschicht gefolgt von einer $1 \ldots 2 \, \mu$m dicken Palladiumnickelschicht.

Es hängt nun ganz von den jeweiligen Anforderungen ab, welche Art von Korrosionsschutzschicht erforderlich ist. Es gibt Anwendungen, bei denen eine einfache Nickelschicht von ca. $5 \, \mu$m ausreicht, bei anderen ist eine zusätzliche Chromschicht erforderlich und bei wiederum anderen – wie schon erwähnt – ist eine Palladiumnickelschicht notwendig.

Einfluß elektrochemischer Potentiale auf die Korrosionsbeständigkeit von Schichtsystemen

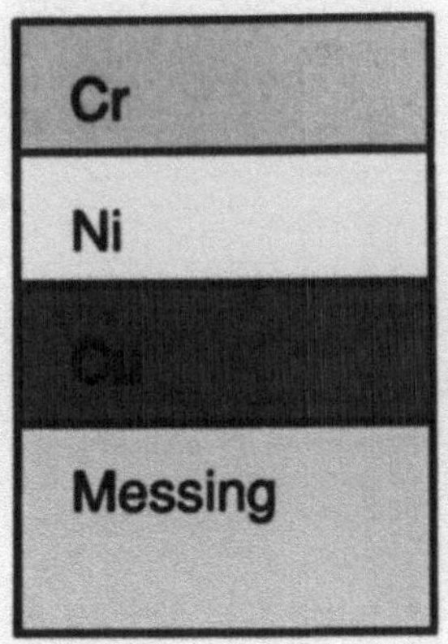

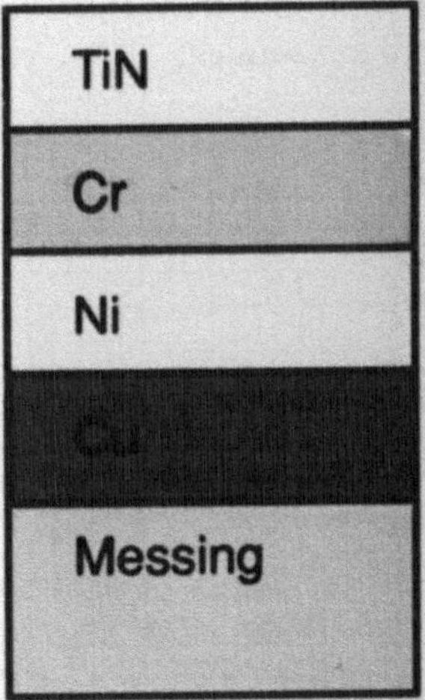

Bild 9: Einfluß elektrochemischer Potentiale auf die Korrosionsbeständigkeit von Schichtsystemen

3.3 Korrosionsschutzschicht mittels PVD

Nun ist die Notwendigkeit einer mittels Galvanik aufgebrachten Korrosionsschutzschicht fertigungstechnisch umständlich und daher wirtschaftlich aufwendig. Ein naheliegender Gedanke ist, die Korrosionsschutzschicht mittels
PVD abzuscheiden, weil dann der gesamte Schichtaufbau (Korrosionsschutzschicht + farbgebende Hartstoffschicht) in einer Anlage aufgebracht werden
könnte, was den Fertigungsaufwand beträchtlich vereinfachte, so daß eine
wirtschaftlich äußerst attraktive Alternative entstünde. Nun ist die Aufgabenstellung zwar einfach formuliert, ihre Lösung wird jedoch von mehreren
Faktoren erschwert:

- Wegen des gerichteten Schichtwachstums wirken PVD-Schichten nicht
  einebnend, so daß bei zu kleinen Schichtdicken Mikroporen den Korrosionsangriff auf das Grundmaterial ermöglichen.

- Größere Schichtdicken könnten Abhilfe schaffen, weil dann die Mikroporen abgedeckt würden. Wegen der relativ geringen Beschichtungsraten
  muß jedoch die Schichtdicke begrenzt bleiben, um noch eine wirtschaftlich sinnvolle Lösung zu ermöglichen. Allerdings können die Beschrän-
  kungen in diesem Punkt angesichts neuer Entwicklungen deutlich abge-
  mildert werden.

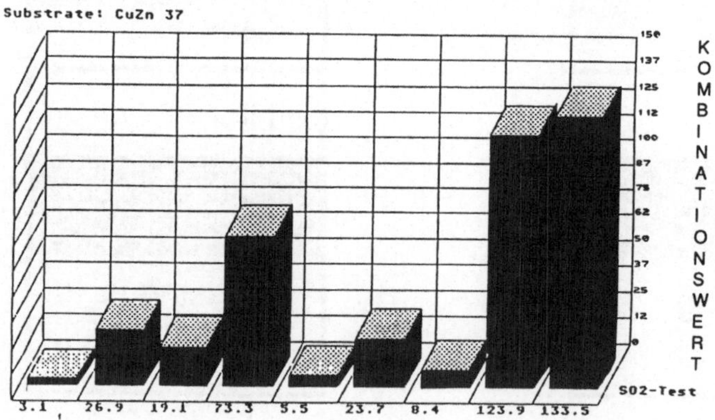

k = Kombinationswert
h = n/N * 100% Häufigkeit
f = größenabhängiger Faktor

k = (1+f) * h

Bild 10: Korrosionsverhalten der Systeme

- Ebenfalls ist von Bedeutung, daß in vielen Fällen die Teile während der Beschichtung nicht zu stark erwärmt werden dürfen, um die mechanischen Eigenschaften des Substratwerkstoffs (z. B. Federeigenschaften) noch zu gewährleisten. Größere Schichtdicken bedeuten aber – wie bereits gesehen – einen größeren Energieeintrag und damit eine stärkere Erwärmung des Substrats.

Eine technisch und wirtschaftlich befriedigende Korrosionsschutzschicht mittels PVD ist noch nicht bekannt. Ein Zwischenergebnis ist in Bild 10 dargestellt. Hier wurden auf Messingsubstraten verschiedene Materialien (z. B. Chrom, Chromnickel, Titan-Molybdän) mit einer Schichtdicke von 2 μm abgeschieden, und anschließend wurde eine dünne Goldschicht aufgebracht, um das große elektrochemische Potential der Hartstoffe zu simulieren. Als Merkmal für die Stärke des Korrosionsangriffs wurde die Fläche der Korrosionsflecken aufgetragen. Die gezeigten Ergebnisse stellen Mittelwerte aus mehreren Korrosionstests dar. Markante Unterschiede sind erkennbar; diese sind zum Teil auf das betreffende Material, zum Teil aber auch auf die Beschichtungsbedingungen zurückzuführen.

3.4 Materialauswahl bei PVD-Beschichtungen – der Systemaspekt

Gerade bei der Betrachtung der Korrosionseigenschaften mit dekorativen Schichten versehener Substrate wird deutlich, daß man die Qualität der Beschichtung nicht von der des Substrats trennen kann. Leider werden genau an dieser Stelle viele Chancen vertan. Oft genug werden dekorative harte Schichten auf Teilen nachgefragt, die nur ungenügende Voraussetzungen für eine Beschichtung mittels PVD-Verfahren bieten. Und oft genug würde auch eine geringfügige Änderung in der Herstellung des betreffenden Teils ausreichen, um ein Endprodukt hoher Qualität zu ermöglichen.

Betrachten wir konkret die Beschichtung eines Teils, das aus einer Kupferlegierung besteht, z. B. ein Brillengestell. Wenn dieses Teil mit einer dekorativen harten Schicht versehen werden soll, dann wird es in einer Regel zunächst galvanisch und anschließend mit dem PVD-Verfahren beschichtet. Dieser Lösungsweg ist sehr aufwendig und findet daher nur in speziellen Fällen Anwendung. Die andere Möglichkeit besteht jedoch darin, das Teil aus korrosionsbeständigem Material herzustellen. Natürlich ist das zunächst aufwendiger, weil sich derartige Materialien (Edelstahl, Titan) schwerer bearbeiten lassen. Jedoch wird die Oberflächenveredelung andererseits beträchtlich vereinfacht, weil die Teile direkt beschichtet werden können. Entscheidend sollte sein, ob die gesamte Herstellung des Teils, d. h. mechanische Fertigung

einschließlich Oberflächenbehandlung, kostengünstiger ist oder nicht. Ein
typisches Beispiel hierfür sind Brillengestelle aus Titan, die in Japan in großen Stückzahlen hergestellt und mit PVD-Verfahren beschichtet werden.
Dieses Beispiel ist so instruktiv, daß wir weiter unten näher darauf eingehen
wollen.

PVD-Verfahren ermöglichen neuartige Möglichkeiten der Produktgestal-
tung. Dazu ist jedoch erforderlich, daß bei der Konzipierung des Teils von
vornherein die abschließende PVD-Beschichtung mit berücksichtigt wird.
Leider wird oft das Gegenteil beobachtet: da sollen Teile beschichtet werden,
die mit Blick auf eine völlig andere Art der Oberflächenbehandlung gefertigt
wurden. Da die PVD-Beschichtung stets den letzten Fertigungsschritt darstellt, werden etwaige Qualitätsmängel immer der Beschichtung zugerechnet,
obgleich der wahre Grund darin besteht, daß entweder vorher bei der Fertigung Mängel auftraten oder daß schlichtweg das Teil in seiner vorliegenden
Form nicht beschichtbar ist. Bild 11 veranschaulicht noch einmal den
„Systemaspekt": zwar stellt die PVD-Beschichtung stets den letzten Fertigungsschritt dar, jedoch kann jeder der vorausgehenden und später erfolgenden Teilschritte in der Lebensgeschichte eines Substrats die Qualität des
Endprodukts nachhaltig beeinflussen.

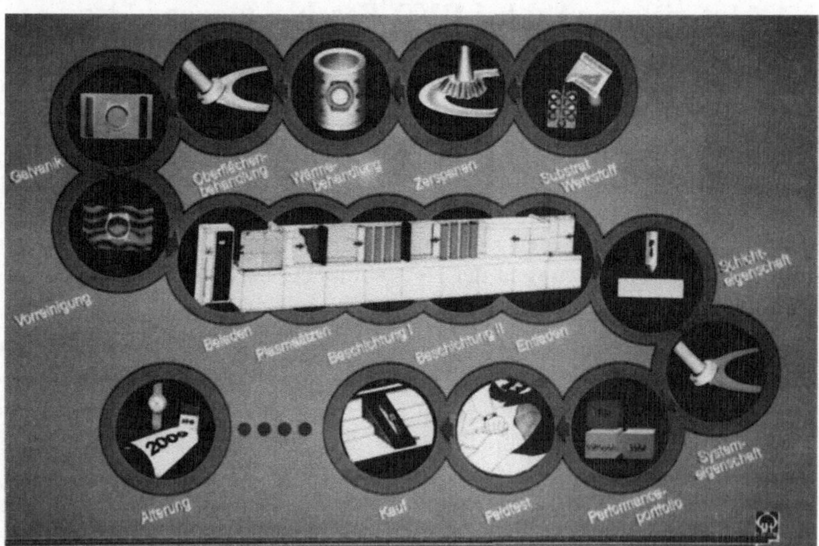

Bild 11: Fertigungsablauf dekorativ beschichteter Konsumgüter

4 Verschleißbeständigkeit

Auch Konsumgüter unterliegen beim Gebrauch einem Verschleiß, z. B. durch das Reiben von Textilmaterialien auf der Oberfläche von Armbanduhren, wobei zwischen Textil und Uhr kleine Staubkörner eingeschlossen sein können, oder durch das Reinigen von Haushaltsgeräten (z. B. Bestecke) mit Reinigungsmitteln. Die Beispiele zeigen, daß die Art des Verschleißes abhängig ist von der Art des jeweiligen Teils und seinem Gebrauch. Die Stärke des Verschleißes wird von einer Fülle von Einflußgrößen bestimmt: Material und Oberflächenbeschaffenheit des Reibpartners, Auflagekraft und Relativgeschwindigkeit des Reibpartners, Vorhandensein und Natur eines Zwischenmediums („Schmiermittel"), Oberfläche und Material des verschleißbeanspruchten Teils usw.

Diese Komplexität ist in Bild 12 veranschaulicht. Entsprechend stellt bei einem beschichteten Gegenstand die Schicht selbst nur einen von mehreren Faktoren dar, welche Art und Stärke des Verschleißes bestimmen. Daraus folgt:

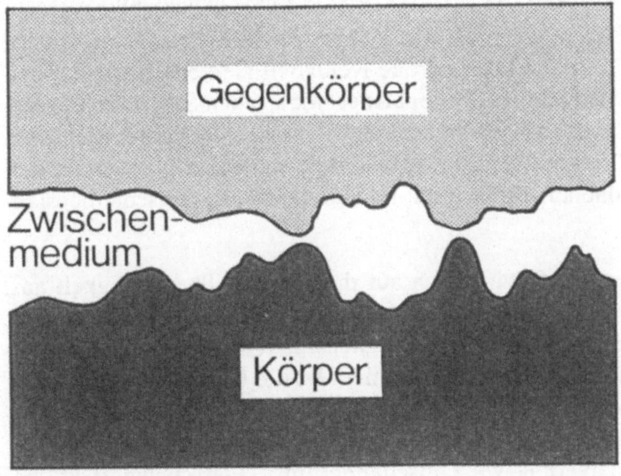

Bild 12: Schema des Tribosystems

- Über die von einer Beschichtung bewirkte Erhöhung der Verschleißbeständigkeit können allgemeine Angaben nicht gemacht, sondern jede Aussage muß auf die spezielle Beanspruchungsbedingung bezogen werden.

- Die optimale Beurteilung der Verschleißbeständigkeit erfolgt in einem Gebrauchstest, da hierbei naturgemäß die richtigen Verschleißbedingungen vorliegen. Nun fordert man bei hochwertigen Konsumgütern, daß sie auch nach einem Gebrauch über mindestens fünf Jahre ihr Aussehen aufgrund von natürlichem Verschleiß und natürlicher Korrosion nicht ändern. Das bedeutet u. a. bei einer Beschichtung, daß sie in diesem Zeitraum auch nicht stellenweise abgerieben wurde und das Grundmaterial zum Vorschein kommt.

Infolgedessen gibt es zur Bestimmung der Verschleißbeständigkeit eine Reihe unterschiedlicher Prüfverfahren, die den Verschleiß im Gebrauch beschleunigt simulieren sollen. Die Brauchbarkeit derartiger Tests wurde empirisch bestätigt, sollte aber – insbesondere bei grundlegenden Änderungen der Verschleißbedingungen (z. B. neue Werkstoffe oder Reibpartner) stets durch „echte" Gebrauchstests überprüft werden.

Intuitiv mag man von Gegenständen, die mit dekorativen harten Schichten überzogen wurden, erwarten, daß sie besonders gut einem Verschleiß widerstehen. Das ist auch oft so, muß aber nicht immer so sein. Dazu zwei extreme Beispiele:

- Schon eine weniger als 0,1 μm dicke TiN-Schicht weist eine erstaunliche Abriebbeständigkeit beim Reiben gegen eine Polierscheibe auf.

- Andererseits besitzen viele der für dekorative Schichten eingesetzten Hartstoffe wie TiN oder TiAlN große Reibkoeffizienten gegeneinander. Wenn die Oberflächen beider Reibpartner mit solchen Schichten überzogen sind, ist ein übermäßiger Verschleiß die Folge. Dieses Beispiel zeigt, daß Härte und Verschleißbeständigkeit unterschiedliche Eigenschaften bezeichnen und daß aus Härte nicht notwendigerweise Verschleißbeständigkeit folgt.

Auch der Substratwerkstoff wirkt sich auf die Verschleißbeständigkeit aus. Da die aufgebrachten dekorativen Schichten zwar sehr hart, aber auch recht dünn sind, sollte die Unterlage bereits möglichst hart sein, um die Hartstoffschicht bei Beanspruchung stützen zu können. Ist die Unterlage weich, dann kann bei hoher Flächenpressung (z. B. durch Kratzen mit spitzem Gegenstand) der Substratwerkstoff nachgeben, so daß die dünne harte Schicht einbricht. Dieser Sachverhalt wird anschaulich mit „Eierschaleneffekt" bezeichnet.

Die deutlich bessere Verschleißbeständigkeit von dekorativen harten Schichten gegenüber herkömmlichen Beschichtungen soll anhand von zwei Beispielen gezeigt werden. Bild 13 zeigt zusammen mit einigen Erläuterungen schematisch das Prinzip des Taber-Abraser-Tests. Nimmt man als Maß für den Verschleiß den Volumenverlust, der nach einer bestimmten Versuchsdauer beobachtet wurde, dann erhält man Ergebnisse, wie sie in Bild 14 wiedergegeben sind:

- Mit PVD-Verfahren abgeschiedene (metallische) Goldschichten weisen die gleiche Verschleißbeständigkeit auf wie galvanisch abgeschiedene Goldschichten. Offenkundig gibt es spezielle Bäder, mit denen es gelingt, die Verschleißbeständigkeit zu erhöhen.

- Der Volumenverlust, der bei dekorativen harten Schichten beobachtet wird, ist um zwei Größenordnungen kleiner, im Vergleich zu galvanischen Nickelschichten aber immer noch um mehr als eine Größenordnung.

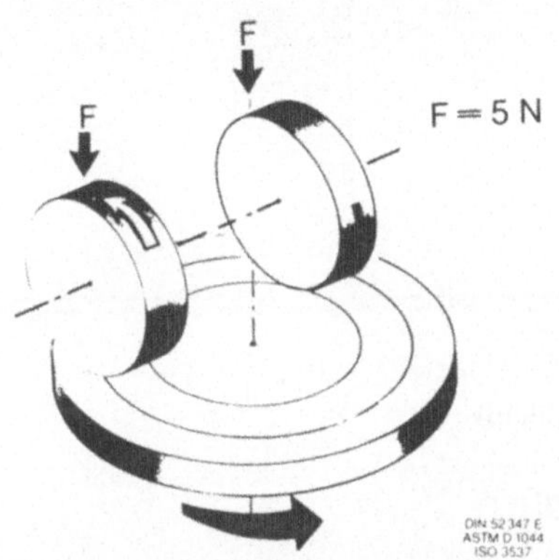

100 Umdreh./min. — Rollenmaterial: CS-10

Auswerteverfahren:	Einflußgrößen:	Fehlermöglich-keiten:
Visuelle Beurteilung des Schichtzustandes	Auflagegewicht der Rolle	Alter und Zustand der Rollen
Messung der Verschleißtiefe	Typ der Rollen	Abrieb wird nicht entfernt
Messung des Masseverlusts	Anzahl der Umdrehungen	Luftfeuchtigkeit
Streulichtmessung		Umgebungstemperatur

Bild 13: Arbeitsprinzip des Taber Abraser (schematisch)

Das Prinzip eines anderen (u. a. in der Uhrenindustrie eingesetzten) Verfahrens zur Messung der Verschleißbeständigkeit ist in Bild 15 dargestellt. Wiederum dient der Volumenverlust als Maß für die Abriebbeständigkeit. Er ist in Bild 16 in Abhängigkeit von der Versuchsdauer für einige Beschichtungen wiedergegeben. Offenkundig werden die Ergebnisse in Bild 14 bestätigt: Selbst gegenüber der im Hinblick auf Verschleißbeständigkeit besten galvanischen Goldschicht ist der Volumenverlust, den dekorative harte Schichten bei diesem Prüfverfahren erleiden, um mehr als eine Größenordnung kleiner.

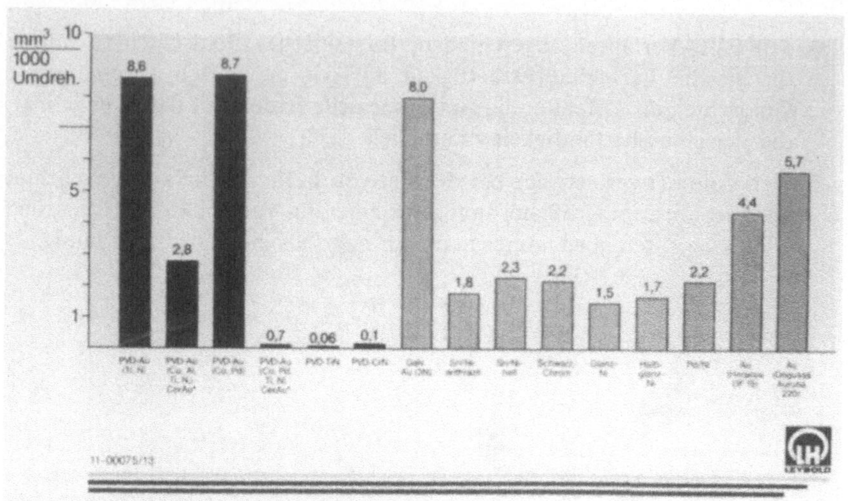

Bild 14: Taber-Index (Volumenverschleiß)

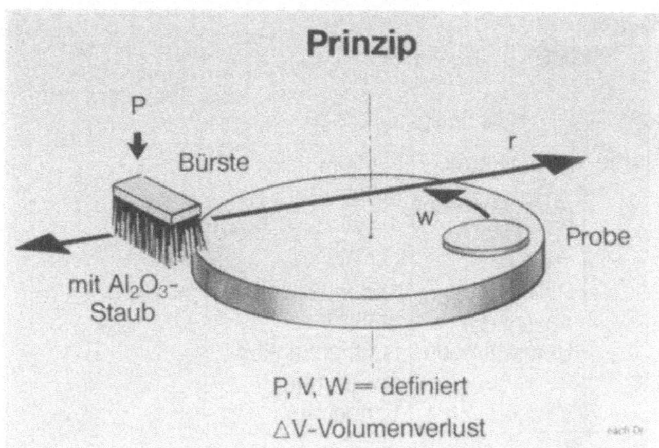

Bild 15: Verfahren zum Messen der Verschleißbeständigkeit

Bei gleichen Proben ist der Volumenverlust ein Maß für die Dicke der abgeriebenen Schicht. Folglich kann die Schichtdicke von dekorativen harten Schichten um etwa den Faktor 10 kleiner sein als die von galvanisch aufgebrachten Schichten. Diese Aussage bestätigt zwar die weiter oben (vgl. Abschnitt 2.1.3) zitierte Faustregel. Ihre Gültigkeit ist aber zunächst nur auf den Rahmen der beiden geschilderten Prüfverfahren beschränkt. Tatsächlich zeigt sich, daß diese kleinen Schichtdicken auch in der praktischen Anwen-

72

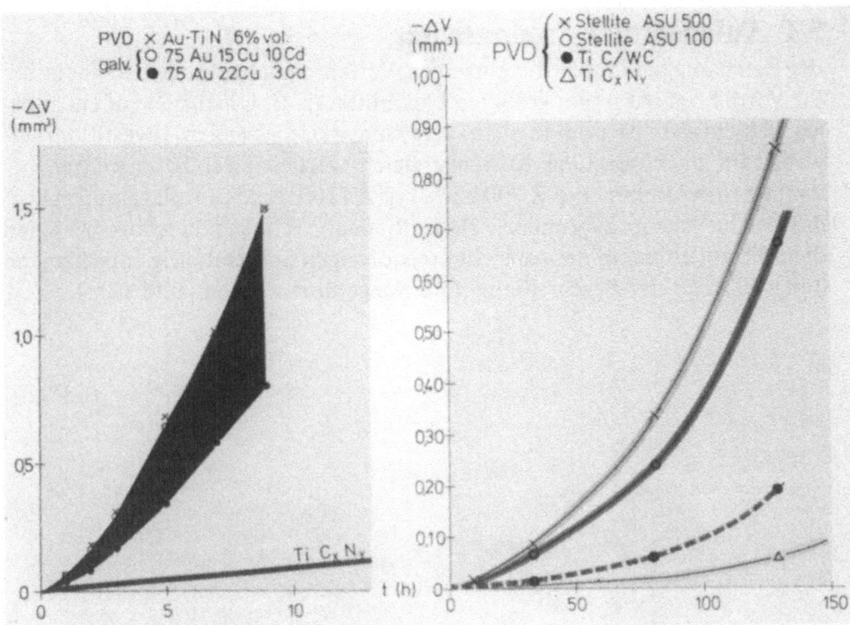

Bild 16: links: Volumetrischer Verschleiß von galvanischen Schichten im Vergleich zu TiC$_x$N$_y$ (rechts)

dung ausreichend sind: bei Brillengestellen und Schreibgeräteteilen sind die Schichten typisch 0,3 µm dick, bei Uhrenbändern und -gehäusen 0,5 ... 0,7 µm.

5 Wirtschaftlichkeit

Die wichtigsten Kriterien, nach denen entschieden wird, ob eine Art der Oberflächenveredelung zur Anwendung gelangt oder nicht, sind Kosten und Qualität. Wenn wir nun die Kosten eingehender betrachten, dann sollte stets in Erinnerung bleiben, daß es sich um Beschichtungen hoher Qualität handelt. Weitere Faktoren sind

● die besondere Umweltverträglichkeit der PVD-Verfahren, die sich kostenwirksam im Fehlen jeglicher Aufbereitungsmaßnahmen äußert,

● oft auch der reduzierte Personalaufwand, der mit dem Einsatz der PVD-Technik einhergeht,

● das große Entwicklungspotential, das PVD-Verfahren aufweisen.

5.1 Anlagen und Produktivität

Bei Batchanlagen laufen die einzelnen Verfahrensschritte nacheinander ab. Ihr Vorteil besteht in der größeren Flexibilität (z. B. Umrüsten auf ein anderes Schichtsystem) und in dem vergleichsweise geringen Investitionsaufwand. Im nachfolgenden Kostenvergleich werden zwei Batchanlagen betrachtet: die Anlagen Typ Z 700 bzw. Typ Z 1100. Beiden Anlagentypen liegt das gleiche Schema zugrunde: je ein Kathodenpaar links und rechts, zwischen dem die auf einem in der Aufsicht kreisförmigen Substratkäfig aufgehängten Teile während der Beschichtung hindurchgeführt werden (Bild 17).

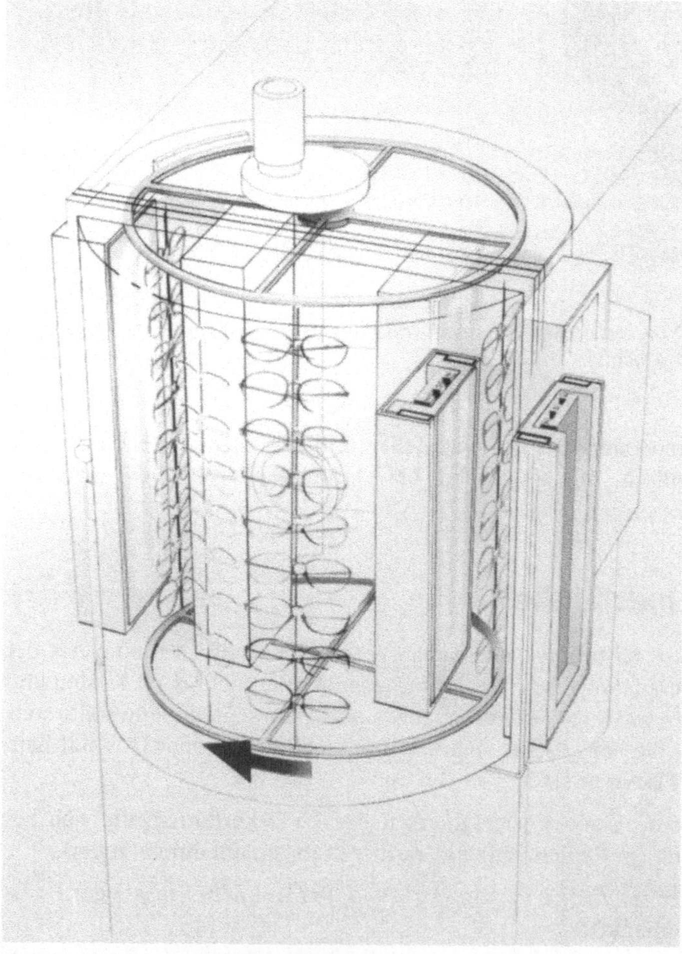

Bild 17: Schnitt durch eine Z 1100

Beide Anlagentypen unterscheiden sich im wesentlichen in der Größe. Tabelle 1 gibt Auskunft über wichtige Abmessungen und über die Zahl der Teile, die pro Charge in die Anlage gebracht werden können. Dabei ist zu beachten, daß es sich um Mittelwerte handelt. Die genauen Zahlen hängen ab von den jeweiligen Abmessungen, der speziellen Art der Aufhängung und gelegentlich auch von der Beschichtung selbst bzw. von den Anforderungen an die Beschichtungsqualität. Bei der Halterung hat sich bewährt, den Substratkäfig in Segmente zu unterteilen. Damit wird erreicht, daß die Segmente beladen werden und die Vorreinigung durchlaufen. Das Beladen besteht dann nur noch aus dem Austausch der beschichteten gegen die unbeschichteten Segmente und kann bei optimaler Gestaltung weniger als eine Minute betragen. Normalerweise liegen die Chargendauern bei beiden Anlagentypen zwischen 70 und 90 Minuten; der genaue Wert hängt dabei ab von Schichtart und -dicke, vom Substrat und dessen Material usw. In der letzten Spalte von Tabelle 1 wurden außerdem entsprechende Werte für eine Durchlaufanlage (Anlagentyp ZV 1200) aufgeführt. Kennzeichen von Durchlaufanlagen ist es, daß einige Verfahrensschritte zeitgleich in unterschiedlichen, über Vakuumschleusen verbundenen Rezipienten stattfinden. Derartige Anlagen sind in der Regel modular aufgebaut und können somit speziellen Erfordernissen optimal angepaßt werden.

Tabelle 1:

Anlagentyp	Z 700	Z 1100	ZV 1200
Durchmesser des Substratkäfigs nutzbare Beschichtungshöhe nutzbare Beladefläche	560 mm 400 mm ca. 60 dm^2	930 mm 600 mm ca. 150 dm^2	– 600 mm ca. 40 dm^2
Kathodentyp Targetabmessungen	PK 500 488 mm x 88 mm	PK 750/5″ 748 mm x 122 mm	PK 750/88 748 mm x 88 mm
Beladung pro Charge Herren-Uhrenbänder (komplett) Damen-Uhrenbänder (komplett) Herren-Uhrenschalen Damen-Uhrenschalen Schreibgerätehülsen Brillengestelle	 70 120 250 400 300 48	 155 270 560 900 675 108	 70 110 200 300 300 40
typische Chargendauer	70 ... 90 min	70 ... 90 min	8 ... 12 min

Bild 18 zeigt schematisch das Anlagenkonzept, das sich für dekorative Beschichtungen als am zweckmäßigsten erwiesen hat. Zu unterscheiden sind 7 Stationen, die von einem Substratträger während eines kompletten Prozesses zu durchlaufen sind:

1. Bereitstellungsstation (mit Quertransport)

2. Einschleuskammer für Evakuieren und Ionenätzen des Substrats (mittels HF)

3. Beschichtungsmodul mit kontinuierlichem Substratfluß: hier durchläuft der Substratträger die Beschichtungszone einmal mit kleiner Transportgeschwindigkeit, welche der erforderlichen Schichtdicke angepaßt ist

4. Beschichtungsmodul für Fortsetzung der Hartstoffbeschichtung und für anschließende Goldbeschichtung (beispielsweise); hier wird der Substratträger mehrmals mit höherer Geschwindigkeit durch die Beschichtungszone hin und her bewegt, wobei die Hartstoffbeschichtung und die Goldbeschichtung nacheinander erfolgen.

5. Abkühlungs- und Belüftungsmodul

6. Austrittstation (mit Quertransport)

7. Rücktransport für Substratträger

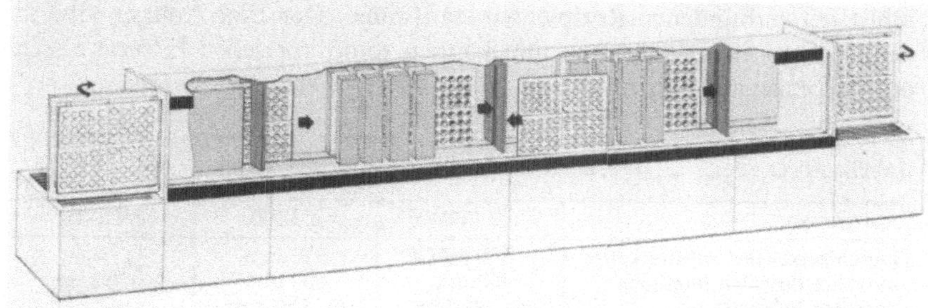

Bild 18: Schema einer ZV 1200

Da die Taktzeit um zehn Minuten beträgt, ist ein Rücktransport der Substratträger innerhalb des Anlagensystems zweckmäßig. Der Fluß der Substratträger durch die Anlage wird ebenso wie der gesamte Prozeß von einem Rechner gesteuert und überwacht.

Durchlaufanlagen besitzen zwar einen deutlich höheren Investitionsbedarf als Batchanlagen. Da jedoch die Taktzeit vom kürzesten Teilschritt bestimmt wird, ist der Durchsatz bei Durchlaufanlagen um ein Mehrfaches größer als bei Batchanlagen. Sie sind besonders geeignet, wenn gleichartige Teile in großer Stückzahl mit der gleichen Beschichtung versehen werden sollen. Ein weiterer Vorteil besteht darin, daß die Beschichtungskammern ständig evakuiert sind, so daß der Restgasdruck besonders niedrig ist, was sich vorteilhaft auf die Schichtqualität auswirkt.

5.2 Kostenbetrachtungen

Kostenvergleiche sind immer problematisch, weil oft unklar ist, ob von gleichen Voraussetzungen ausgegangen wurde. Wenn im folgenden Vollkostenrechnungen für verschiedene Anlagentypen und Schichtsysteme vorgestellt werden, dann geht es vorrangig darum, eine Vorstellung über die Größenordnung der Beschichtungskosten zu vermitteln. In jedem Fall müssen einige Fakten berücksichtigt werden:

- Die Kalkulationen erstrecken sich ausschließlich auf die Beschichtung. Nicht enthalten sind die Aufwendungen für Vorreinigung, „Handling", Qualitätskontrolle usw. oder für zusätzliche Fertigungsschritte, die z. B. bei selektiver Beschichtung erforderlich sind. Genausowenig sind Gemeinkosten berücksichtigt.

- Es wurde von einer durchschnittlichen Auslastung von 83,3 % ausgegangen. Zwar erlauben die Anlagen durchaus eine größere up time, jedoch ist insbesondere bei den hochproduktiven in-line-Anlagen nicht immer sichergestellt, ob sie im vorgesehenen Maße ausgelastet werden können.

- Weiterhin wird von einer „erfahrenen" Bedienung ausgegangen, welche die Lernkurve bereits durchlaufen hat.

- Schließlich wollen Lohnveredler auch verdienen; die dargestellten Kosten sind sozusagen direkte Kosten für eine in-house-Fertigung. Die gängigen Marktpreise für derartige Beschichtungen sind dementsprechend höher.

Außerdem gilt es, folgende für den Einsatz von PVD-Techniken typische Tatsachen zu berücksichtigen:

- PVD-Verfahren bedingen zunächst einmal hohe Investitionen: die Bereitstellung von Vakuum ist mit Aufwendungen verbunden. Allerdings sind die Investitionen nicht signifikant höher als beispielsweise jene, die mit modernen Galvanikautomaten verbunden sind. Um den Einfluß der Investitionen auf das Kostengefüge zu verdeutlichen, ist der Fixkostenanteil, der fast ausschließlich von der Investition herrührt, gesondert ausgewiesen.

- Die Kosten bei PVD-Verfahren werden nicht von der tatsächlichen Oberfläche des jeweiligen Substrats bestimmt, sondern vom Raum, den es zusammen mit der Aufhängung in der Anlage beansprucht. Genau genommen ist es seine projizierte Fläche. Da von einer beidseitigen Beschichtung ausgegangen wird, sind die dm^2-Preise folgendermaßen zu verstehen: ist die projizierte Fläche eines Teils 1 dm^2, was in etwa auf ein Brillengestell zutrifft, dann müssen die angegebenen Kosten mit einem Faktor 2 (doppelseitige Beschichtung) beaufschlagt werden.

● Bei den Kosten, die mit der Abscheidung einer Goldauflage verbunden sind, wurde der Einfachheit halber angenommen, daß alles vom Target abgestäubte Gold entweder auf das Substrat gelangt oder verloren ist. Das ist unrealistisch, da sehr wohl ein Teil des in der Anlage abgeschiedenen Golds wiedergewonnen werden kann. Da der Anteil, der mit wirtschaftlich vertretbarem Aufwand wiedergewonnen werden kann, aber von vielen Einzelheiten abhängt, wurde er in der Kostenberechnung nicht berücksichtigt.

Beide Berechnungsbeispiele gehen von Verhältnissen in Westeuropa aus: 250 Arbeitstage pro Jahr, 2-Schicht-Betrieb, Abschreibungen linear über 5 Jahre. Es werden die Kosten einer Beschichtung mit 0,5 μm TiN_xC_y und 0,1 μm Goldlegierung abgeschätzt (Bild 19).

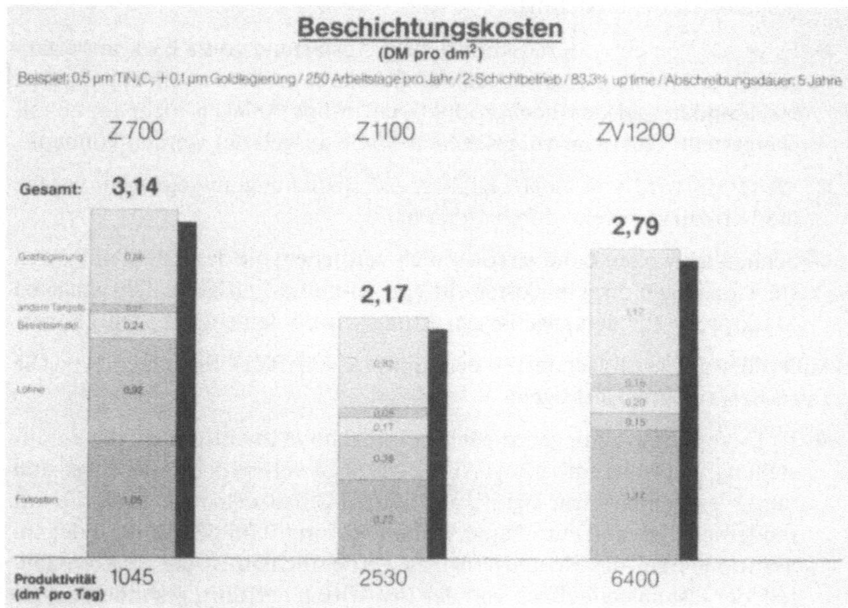

Bild 19: Beschichtungskosten (DM pro dm²)

Eigenspannungmessungen an Hartstoffschichten – derzeitiger Stand und Probleme

T. Hirsch und P. Mayr

1 Einleitung

Die Erzeugung dünner Schichten auf Substratwerkstoffen verschiedenster chemischer Zusammensetzung führt in der Regel zur Entstehung von Eigenspannungen in der Schicht und im Substrat. Die Eigenspannungen in der Schicht werden zusammenfassend als Deckschichteigenspannungen bezeichnet. Trotz der Vielzahl von Untersuchungsergebnissen, die inzwischen an kommerziell genutzten Hartstoffschichtsystemen vorliegen, ist ein deutlicher Mangel an Erkenntnis hinsichtlich der Entstehungsursachen dieser Eigenspannungssysteme und ihrer Auswirkungen festzustellen [vergl. z. B. 1-14]. Dieser wird durch die Vielzahl veränderbarer und wechselwirkender Prozeßparameter bei der Schichterzeugung verursacht. Daher ist eine umfassende Deutung der entstandenen Eigenspannungen in Hartstoffschichten bisher nicht möglich.

Nach einer kurzen Definition der Eigenspannungen I., II. und III. Art wird im Folgenden auf mögliche Entstehungsursachen von Deckschichteigenspannungen dünner, im Vakuum abgeschiedener Hartstoffschichten eingegangen. Im weiteren werden Fragen der zur Eigenspannungsbestimmung verwendeten Meßtechnik diskutiert und der Einfluß von Beschichtungsparametern auf den Eigenspannungszustand vorgestellt. Zuletzt werden einige Ergebnisse von Messungen an durch äußere Lastspannungen beanspruchten Schicht-Verbundsystemen wiedergegeben.

2 Definition und Auswirkungen von Eigenspannungen

Die für Deckschichteigenspannungen im Schrifttum mitgeteilten Ergebnisse beinhalten meist nur Aussagen über Eigenspannungen I. Art. Eigenspannungen I. Art oder „Makroeigenspannungen" sind über größere Werkstoffbereiche homogen und die mit ihnen verbundenen Kräfte und Momente gleichen sich über jede Fläche bzw. bezüglich jeder Achse aus [22]. Mit den Eigenspannungen I. Art entstehen jedoch auch Eigenspannungen II. und III. Art („Mikroeigenspannungen") [22]. Diese sind über ein Korn oder Kornbereiche (II. Art) bzw. nur über Atomabstände (III. Art) inhomogen.

Eigenspannungen I. Art können unter der Voraussetzung elastischen Werkstoffverhaltens linear mit den Lastspannungen superponiert werden (vergl. z. B. 23). Damit sind im Versagensfall „Bruch" bei spröden Werkstoffzuständen (z. B. Hartstoffschichten) die Eigenspannungen mit ihrer vollen Wirkung zu berücksichtigen, wie das einfache Schema in Bild 1 zeigt. Es ist unstrittig, daß bei Schichtdelaminationen ohne die Einwirkung äußerer Lasten die Eigenspannungen versagenskritisch wirken.

Versagensfall	Werkstoffzustand	
	duktil	spröd
Einsetzende plastische Verformung	Volle ES-Wirkung	Volle ES-Wirkung
Bruch	vernach- lässigbare ES-Wirkung	Volle ES-Wirkung

Bild 1: Wirkung von Eigenspannungen beim Versagen duktiler und spröder Werkstoffzustände [23]

3 Entstehungsursachen von Deckschichteigenspannungen

Das Bild 2 gibt einen stark schematisierten und vereinfachten Überblick über
mögliche Ursachen der Eigenspannungsentstehung bei dünnen im Vakuum
oder bei Unterdruck abgeschiedenen Schichten. Eigenspannungmessungen
nach dem Beschichten enthalten einen thermischen und einen athermischen
Spannungsanteil [19]. Der thermische Spannungsanteil entsteht aus den Unterschieden in den thermischen Ausdehnungskoeffizienten von Schicht und
Substrat. Da in der Regel die thermischen Ausdehnungskoeffizienten der
verschiedensten Werkstoffe gut bekannt sind, ist dieser Spannungsanteil
auch quantitativ gut abschätzbar. Die Größe des athermischen Spannungsan-
teils wird dagegen durch gestörte bzw. ungestörte Ordnungsprozesse beim
Schichtwachstum bestimmt und ist dadurch praktisch nicht vorhersagbar.
Die Wachstumsprozesse der Schicht lassen einen starken Einfluß der Schicht-
struktur auf den thermischen Spannungsanteil erwarten. Daraus folgt eine
Abhängigkeit der Eigenspannungen von der Art des Substratwerkstoffs, der
Schichtdicke, der Abscheiderate und der Beschichtungstemperatur.

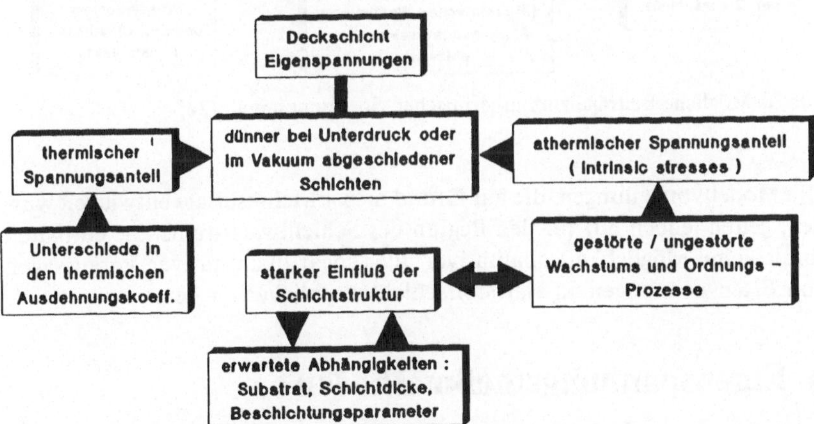

Bild 2: Ursachen für thermische und athermische Eigenspannungsanteile bei Deckschichteigenspannungen von dünnen, im Vakuum abgeschiedenen Schichten

Wie Bild 3 belegt, werden der Übergang von einer amorphen zur kristallinen
Phase in der Grenzschicht [14], Einflüsse der Oberflächenspannung in der
Grenzschicht, Unterschiede in den Netzebenenabständen von Schicht und
Substrat beim epitaktischen Wachstum und Anpassungsversetzungsnetzwer-
ke als zum athermischen Spannungsanteil beitragende Mechanismen disku-

tiert. Im weiteren kann der Einbau von Trägergas- (Inertgas-) bzw. Prozeßatomen sowie prozeßbedingte Punktdefekte, makroskopische und mikroskopische Poren, sowie die nach der Beschichtung erfolgenden Oxidations- und/ oder Korrosionsangriffe unter Normaldruck und einer Luftfeuchte von 70 % zu athermischen Eigenspannungsanteilen führen [24].

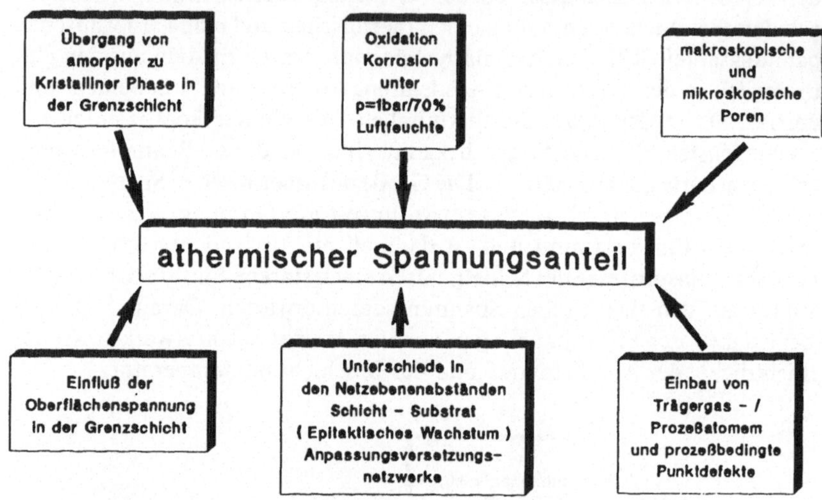

Bild 3: Mögliche Beiträge zum athermischen Spannungsanteil [24]

Die Modellvorstellungen, die auf Grund dieser Meßresultate entwickelt wurden, gelten jedoch nur für den Beginn des Schichtwachstums. Sie enthalten somit keine Möglichkeit qualitativer oder sogar quantitativer Voraussagen von Eigenspannungen an Hartstoffschichten üblicher Dicken.

4 Eigenspannungsmeßmethoden

Bild 4 gibt einen Überblick über die im Schrifttum aufgeführten Eigenspannungsmeßmethoden an dünnen Schichten. So wurden zunächst vielfach mechanische Methoden zur Eigenspannungsmessung eingesetzt. Dabei wird nahezu ausschließlich das Biegepfeilverfahren, d. h. die Durchbiegung einseitig beschichteter dünner Plättchen bei einseitiger Einspannung verwendet. Die Ermittlung der Durchbiegung erfolgte durch optische, kapazitive und interferometrische Meßmethoden. In den letzten 10 Jahren wird eine starke Zunahme des Einsatzes der röntgenographischen Spannungsmeßtechnik festgestellt [vergleiche z. B. 3, 14, 21 und 25].

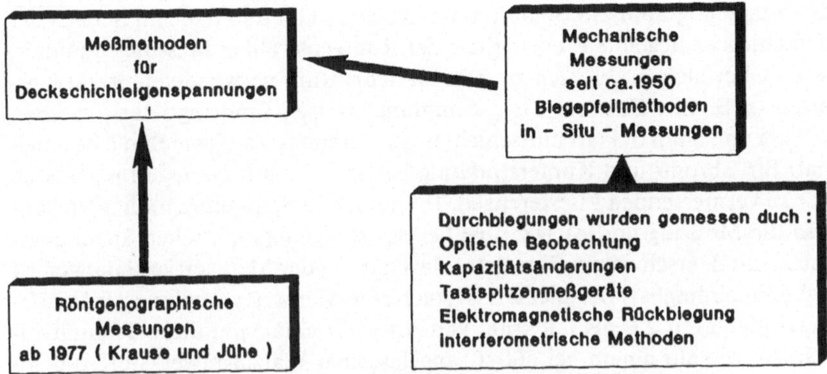

Bild 4: Übersicht über die Meßmethoden für Deckschichteigenspannungen

Bei der Auswahl eines mechanischen Meßsystems zur Eigenspannungsbestimmung muß berücksichtigt werden, daß nur relativ dicke Schichten (mehrere μm) auf sehr dünnen Substraten (zehntel Millimeter) zu größeren Durchbiegungen führen. Die Gegenüberstellung in Bild 5 belegt, daß mit der Durchbiegung eines Biegebalkens nur eine Hauptspannung an dünnen Probekörpern bestimmt werden kann. Es gilt hier die Annahme, daß die Eigenspannungen über der Schichtdicke konstant sind und eine Schicht mit isotropen Eigenschaften vorliegt.

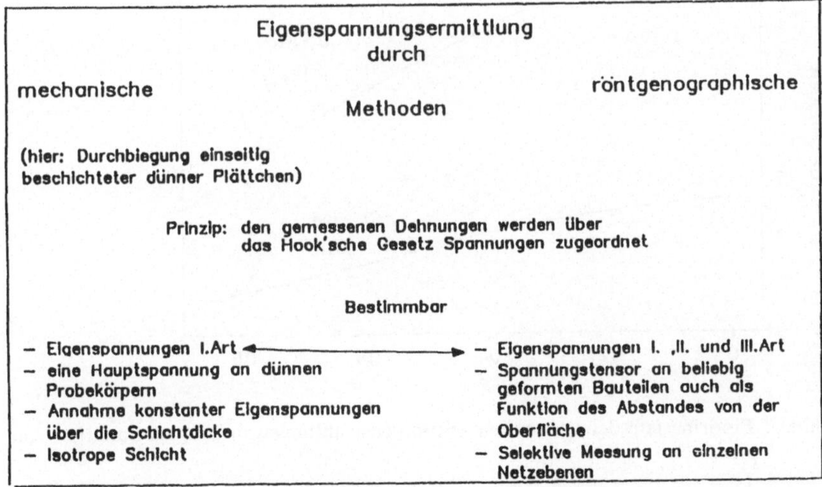

Bild 5: Vergleich mechanischer und röntgenographischer Eigenspannungmeßmethoden

Die röntgenographische Spannungsmeßtechnik läßt durch die im Bereich der Schichtdicke liegende Eindringtiefe der Röntgenstrahlen Messungen in dünnsten Oberflächenschichten zu. Die im Schrifttum verwendeten Strahlungsarten (z. B. Cr-, Co- und $Cu_{K\alpha}$-Strahlung) weisen Eindringtiefen zwischen 1,7 μm und 5 μm in Hartstoffschichten auf Titanbasis auf, wie Bild 6 beispielhaft für Chrom- und Kupferstrahlung belegt [14, 26]. Geringe Intensitäten der zu vermessenden Interferenzen, Texturen und Spannungsgradienten können die Messung und Auswertung bei der röntgenographischen Spannungsmeßtechnik erschweren. Eine gute Absicherung der Meßwertverteilungen ist daher unabdingbar. Beispielhaft ist solch eine Meßwertverteilung der Interferenzlinienlagen 2 Θ als Funktion von $\sin^2\psi$ für eine 5 μm dicke Titannitridschicht, die auf einem bei 500 °C angelassenen Wälzlagerwerkstoff 100Cr6 erzeugt wurde, in Bild 7 dargestellt. Die Interferenzen wurden dabei bis zu ψ-Winkeln von 70° aufgenommen. Beide mit unterschiedlichen Strahlungsarten ermittelten Verteilungen sind ausreichend linear. Die beim Schichtwachstum auftretenden Texturen führen offensichtlich auf Grund der weitgehenden Isotropie des Titannitrids nicht zu Abweichungen von der Linearität.

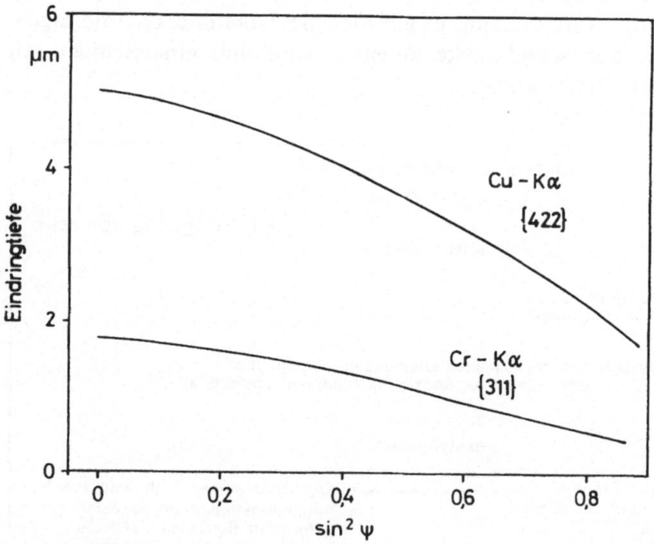

Bild 6: Eindringtiefe der verwendeten Röntgenstrahlungen in TiN als Funktion von $\sin^2\psi$

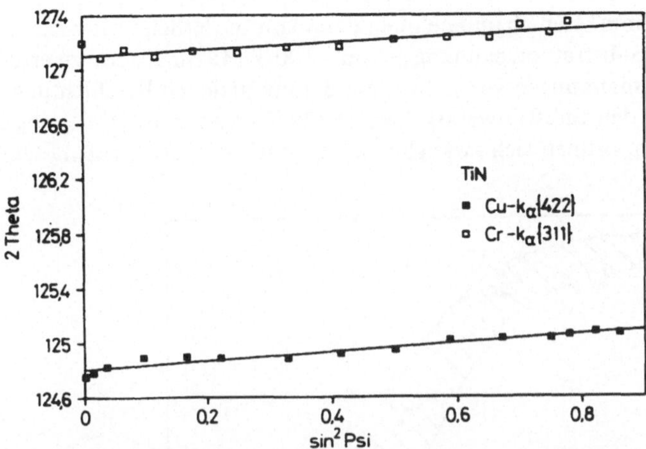

Bild 7: Meßwertverteilungen für Kupfer- und Chromstrahlung einer auf 100Cr6 abgeschiedenen 5 μm dicken Titannitridschicht

Mit der röntgenographischen Spannungsmeßtechnik können mehrachsige Spannungzustände an Bauteilen ermittelt werden (siehe Bild 5). Die Anwendung dieser und einer mechanischen Meßmethode erlaubt es darüber hinaus, die Eigenspannungen I. und höherer Art zu trennen.

5 Deckschichteigenspannungen bei einer Variation der Beschichtungsparameter

5.1 PVD-Titannitridschichten

Die folgenden Beispiele sollen nun den starken Einfluß der Beschichtungsparameter auf die Eigenspannungsausbildung belegen. Durch die bei der PVD-Beschichtung wirkende niedrige Beschichtungstemperatur treten überwiegend athermische Spannungsanteile auf. Die chemische Zusammensetzung der Schichten, die mit der Glimmentladungsspektroskopie überprüft wurde, war konstant. Es wurden stöchiometrische Schichten bei einer konstanten Beschichtungstemperatur von etwa 430 °C erzeugt. Als Substratwerkstoff wurde der Wälzlagerstahl 100Cr6 in einem bei 500 °C angelassenen Vergütungszustand eingesetzt. Beispielhaft werden auch Ergebnisse von anderen Substratwerkstoffen mitgeteilt.

Das Bild 8 zeigt den Einfluß einer zunehmenden negativen Substratvorspannung während der Beschichtung auf die nach der Beschichtung vorliegenden Eigenspannungen. Diese fallen für Vorspannungswerte größer als − 40 V von

Werten um 0 N/mm² steil ab und nehmen dann kontinuierlich weiter zu, um bei den größten Substratvorspannungen von – 100 V Maximalwerte zu erreichen. Die Eigenspannungen von Schichten, die mit gleichen Beschichtungsparametern auf den Substratwerkstoffen 16 MnCr 5egh und S 6-5-2 abgeschieden wurden, ordnen sich zwanglos in ein gemeinsames Streuband ein.

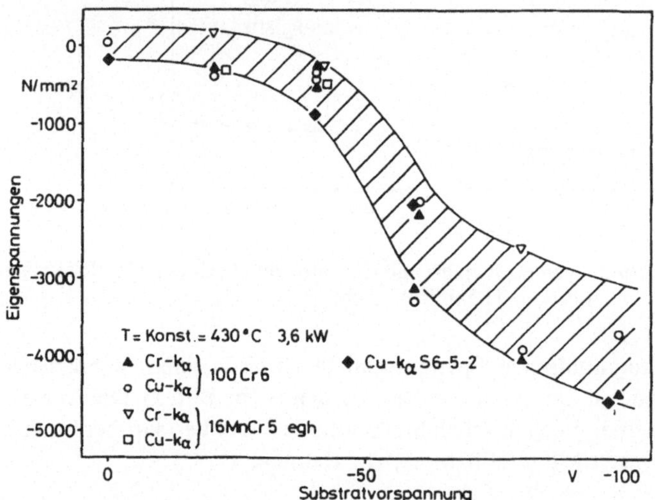

Bild 8: Eigenspannungen von Titannitridschichten als Funktion der negativen HF-Substratvorspannung (Substratwerkstoffe: Stähle)

Praktisch gleichartige Ergebnisse wurden mit einem Biegepfeilverfahren an TiN-Schichten auf Glas von [5] ermittelt (siehe Bild 9). Dies belegt, daß die röntgenographisch ermittelten Eigenspannungen überwiegend I. Art sind und offenbar für die beschriebenen Ergebnisse nur eine geringe Abhängigkeit vom Substratwerkstoff auftritt.

Mit ansteigendem Bias ist auch eine starke Zunahme der Halbwertsbreiten zu beobachten (siehe Bild 10). Die Halbwertsbreite der Röntgeninterferenzlinien ist ein Maß für die Eigenspannungen II. und III. Art. Rasterelektronenmikroskopische Aufnahmen belegen, daß mit steigender Substratvorspannung die Kristallitgröße in der Schicht abnimmt [27]. Zusätzlich sind interstitielle Gas- und Metallatome in der Schicht und ein Beschuß der wachsenden Schicht mit Atomen aus dem Reaktionsraum bei zunehmendem Bias zu erwarten. Dies wird sowohl zu einem Anstieg der Eigenspannungen I. Art wie auch der Eigenspannungen II. Art führen. Die eindeutige Abhängigkeit der Eigenspannungen und Halbwertsbreite vom Bias ist darauf zurückzuführen,

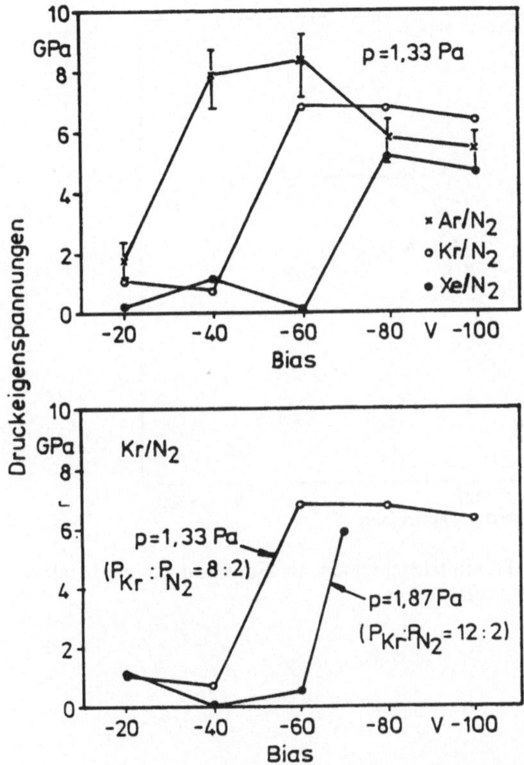

Bild 9: Eigenspannungen von Titannitridschichten als Funktion der Substratvorspannung und unterschiedlicher Sputtergase (Substratwerkstoff: Glas)

daß in diesem Fall nur ein Beschichtungsparameter unabhängig von den anderen verändert werden kann.

Vielfach werden heute bei Hartstoffschichten Schichtdicken zwischen 2 μm und 4 μm eingesetzt. Bei Schichtdicken oberhalb 10 μm kann Schichtversagen durch Delamination auftreten. Die Ermittlung von Eigenspannungen bei unterschiedlichen Schichtdicken ist daher von zentraler Bedeutung. Das folgende Bild 11 stellt die Eigenspannungen und Halbwertsbreiten als Funktion der Schichtdicke dar. Die Schichten wurden dabei nur durch eine Variation der Beschichtungszeit bei sonst konstanten Beschichtungsparametern (Substratwerkstoff 100Cr6, Beschichtungstemperatur 430 °C und Substratvorspannung – 100 V) hergestellt. Sehr kleine Schichtdicken von 0,5 μm und 1 μm weisen nur geringe Eigenspannungen und kleine Halbwertsbreiten auf. Für Schichtdicken größer 2 μm wird dann eine starke Zunahme der Eigen-

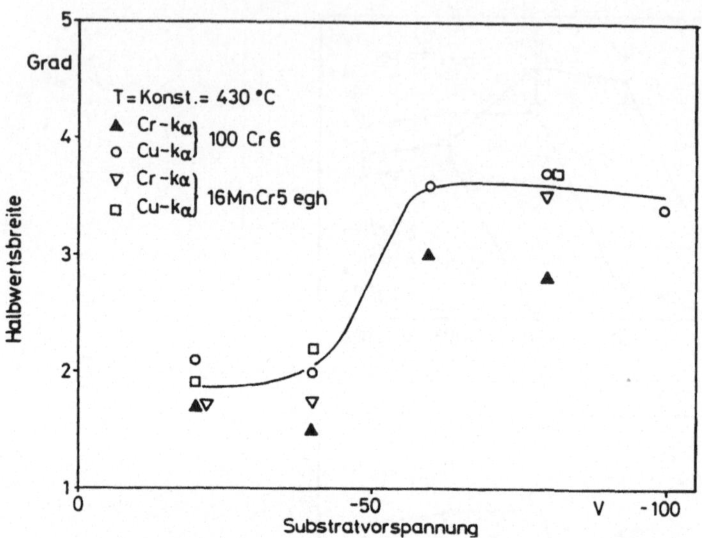

Bild 10: Halbwertsbreiten von Titannitridschichten als Funktion der Substratvor-spannung (Substratwerkstoffe: Stähle)

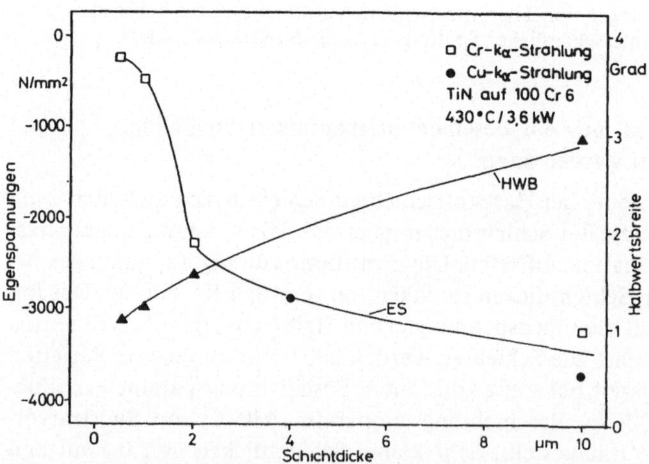

Bild 11: Eigenspannungen und Halbwertsbreite als Funktion der Schichtdicke (Titan-nitrid auf 100Cr6)

spannungen beobachtet. Diese verändern sich dann zu größeren Schichtdicken nur noch wenig. Die größte Schichtdicke weist gleichzeitig die größte Halbwertsbreite auf. Unter Berücksichtigung des thermischen Eigenspannungsanteils der bei 430 °C etwa 950 N/mm² beträgt, weisen die 0,5 μm und 1 μm dicken Schichten vor dem Abkühlen Zugeigenspannungen auf. Dies wäre in Einklang mit vielen Beobachtungen des Schrifttums. Die dünnen Schichten sind kompakt und ohne erkennbare Struktur.

Wird die Oberfläche durch Ionenätzen abgetragen, so kann über die direkt an der Oberfläche gemessenen Eigenspannungen hinaus auch die Tiefenverteilung der Eigenspannungen ermittelt werden. Zur Herstellung einer relativ dicken Schicht von 12 μm wurde das Substrat vor der Kathode gedreht. Die übrigen Beschichtungsbedingungen entsprechen denen der Proben aus Bild 11. Durch die Probendrehung ergaben sich trotz der großen Schichtdicke nur Oberflächeneigenspannungen von -650 N/mm². In Oberflächennähe lag eine deutlich größere Porosität vor, als bei den ohne Drehung beschichteten Proben aus den Bildern 8, 10 und 11 [27]. Die Eigenspannungen als Funktion des Oberflächenabstandes dieser beidseitig beschichteten Probe sind in Bild 12 dargestellt. Die sowohl mit $Cu_{k\alpha}$ wie mit $Cr_{k\alpha}$ ermittelten Eigenspannungen verlaufen von der Oberfläche bis in eine Tiefe von etwa 6 μm konstant.

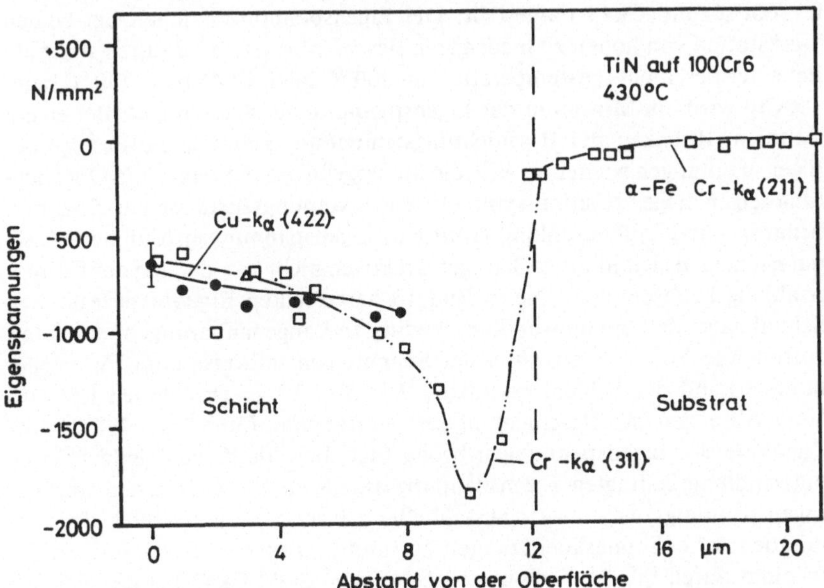

Bild 12: Tiefenverteilung der Eigenspannungen in Schicht und Substrat (Titannitrid auf 100Cr6, Probe vor der Kathode gedreht)

Auf Grund der zunehmenden Eigenstrahlung des Eisensubstrats war die Eigenspannungsermittlung mit der Kupferstrahlung für Tiefenabträge größer 8 μm nicht mehr möglich. Die zu größeren Tiefen nur noch mit der Chromstrahlung ermittelten Werte steigen innerhalb von 2 μm von $-$ 1000 N/mm^2 auf $-$ 2000 N/mm^2 an und fallen zum Interface auf geringe Druckeigenspannungsbeträge ab. Obwohl zwischen dem vorangegangenen Bild über die Schichtdickenvariation und dem vorliegenden Bild der Unterschied einseitiger und zweiseitiger Beschichtung besteht, liegt eine Ähnlichkeit hinsichtlich des Druckeigenspannungsaufbaus in der Nähe des Interface – dies entspricht kleinen Schichtdicken – vor. Zu größeren Schichtdicken kann die größere Porosität für die Entstehung und Übertragung geringer Eigenspannungsbeträge verantwortlich sein.

5.2 CVD-Titancarbonitridschichten

Für die CVD-Beschichtung wurden die Titancarbonitridschichten ausgewählt, da sie sich über einen weiten Temperaturbereich mit konstanter chemischer Zusammensetzung abscheiden lassen. Es wurden Zusammensetzungen der Form Ti $(C_{0.58}N_{0.42})_{0.9}$ beobachtet. In Bild 13 sind die Eigenspannungen als Funktion der Beschichtungstemperatur für die zwei Substratwerkstoffe 100Cr6 und Ck45 dargestellt. Die Eigenspannungen fallen bei beiden Werkstoffen von hohen zu niedrigeren Beschichtungstemperaturen stetig ab. Bei einer Beschichtungstemperatur von 800 °C beim Ck45 bzw. 750 °C beim 100Cr6 wird ein Minimum der Eigenspannungsbeträge erreicht. Bei einem weiteren Absenken der Beschichtungstemperatur nehmen die Beträge der Eigenspannungen wieder zu. Wie die Meßergebnisse in Längs- und Querrichtung zeigen, liegen rotationssymmetrische Spannungszustände vor. Stichprobenartig mit Kupferstrahlung ermittelte Eigenspannungen (dunkle Kreise) unterscheiden sich in ihren Beträgen praktisch nicht von den bei der Chromstrahlung beobachteten. Die in Bild 13 dargestellten Ergebnisse legen den Schluß nahe, daß die umwandlungsbedingten Längenänderungen und damit auftretende Vorzeichenwechsel der Spannungen teilweise zum Eigenspannungszustand der Schicht beitragen. Wie Bild 13 zu entnehmen ist, wird beim Absenken der Beschichtungstemperatur von 750 °C auf 700 °C eine Zunahme der Eigenspannungen beobachtet. Bei 700 °C sind jedoch keine umwandlungsbedingten Eigenspannungsanteile mehr zu erwarten und der Eigenspannungszustand wird ausschließlich durch die Unterschiede der thermischen Ausdehnungskoeffizienten bestimmt. Dieser Sachverhalt wird unterstützt durch die Beobachtung, daß bei dem Stahl Ck45 bei der gleichen Beschichtungstemperatur unterhalb des α-γ-Umwandlungspunktes praktisch die gleichen Eigenspannungsbeträge auftreten. Oberhalb der Ac3-Temperatur scheinen die umwandlungsbedingten Längenzunahmen, die der thermisch bedingten Verkürzung entgegenwirken, den Eigenspannungszustand in der Schicht teilweise zu verringern [6].

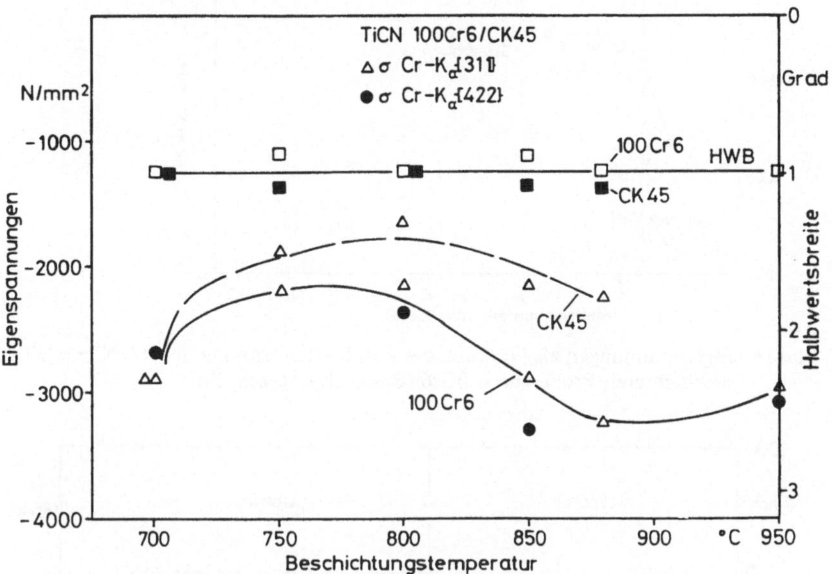

Bild 13: Eigenspannungen als Funktion der Beschichtungstemperatur (CVD-TiCN-Beschichtung auf 100Cr6 und Ck45)

Die Bilder 14 bis 17 geben Tiefenverteilungen der Eigenspannungen CVD-beschichteter Proben in Schicht und Substrat wieder. In den Bildern 14 und 15 sind die Eigenspannungstiefenverteilungen direkt nach dem Beschichtungsprozeß dargestellt. Die Bilder 16 und 17 stellen gleichartige Ergebnisse nach einer martensitischen Härtung (830 °C 15′/Öl 60 °C) der in den Bildern 14 und 15 vorgestellten Proben vor. Die beiden Probenserien in Bild 14 und 16 bzw. 15 und 17 unterscheiden sich durch die Schichtdicke von etwa 3 μm bzw. 9 μm. Der Probenabtrag zur Aufnahme der Tiefenverteilungen erfolgte, wie angesprochen, durch Ionenbeschuß. Für die bei 700 °C abgeschiedenen TiCN-Schichten ergeben sich mit der gering eindringenden Chromstrahlung praktisch konstante Druckeigenspannungen von – 3000 N/mm² über die Schichtdicke (Bilder 14 und 16). Im Interface Schicht-Substrat treten steile Gradienten auf. Die Eigenspannungen im Substrat unter der Schicht verlaufen konstant bei Werten um Null. Die Halbwertsbreiten weisen in der CVD-Schicht relativ niedrige Werte um 1 Grad auf, die über die Schichtdicke konstant verlaufen. Im Interfacebereich steigen die Halbwertsbreiten bei der

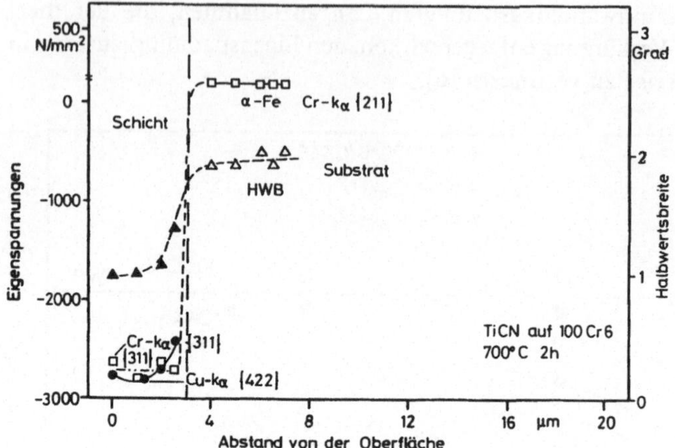

Bild 14: Eigenspannungen als Funktion des Randabstandes einer bei 700 °C mit TiCN beschichteten Probe aus 100Cr6 (Beschichtungszeit 2h)

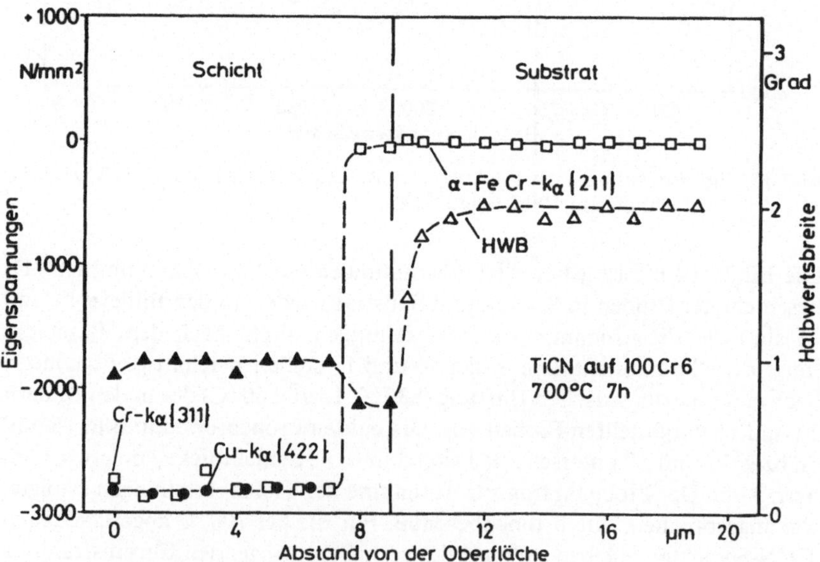

Bild 15: Eigenspannungen als Funktion des Randabstandes einer bei 700 °C mit TiCN beschichteten Probe aus 100Cr6 (Beschichtungszeit 7h)

92

7 Stunden beschichteten Probe im Substrat kontinuierlich auf Werte von 2 Grad an. Diese Beträge sind charakteristisch für normalisierte Stähle (Bild 16).

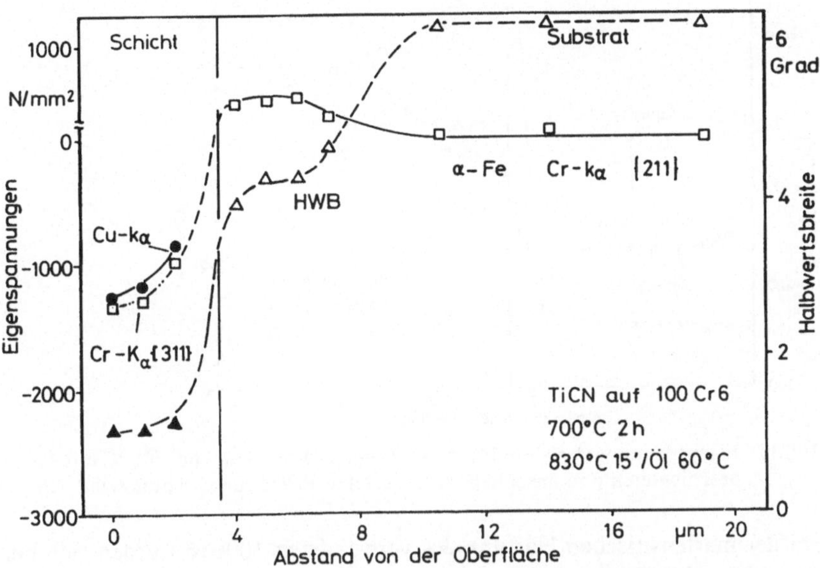

Bild 16: Eigenspannungen als Funktion des Randabstandes einer bei 700 °C mit TiCN beschichteten und anschließend gehärteten Probe (Beschichtungszeit 2h)

Werden die in den Bildern 14 und 16 vermessenen Proben der angegebenen Härtung unterzogen, so verschieben sich die Eigenspannungen in Schicht und Substrat zu positiveren Werten (Bilder 15 und 17). So liegen in beiden Schichten wieder praktisch konstante Eigenspannungen vor, die gegenüber der nicht gehärteten Probe um 1300 bis 1500 N/mm² geringere Beträge aufweisen. Im Substrat ergeben sich für die Probe mit einer Schichtdicke von 3 μm Zugeigenspannungen von 200 N/mm² (Bild 15). Diese fallen innerhalb weniger μm zu Null ab. Zugeigenspannungen von 1000 N/mm² liegen dagegen im Substrat der Probe mit der dickeren Titancarbonitridschicht vor (Bild 17). Dadurch trat bei Abtragschritten größer 4 μm ein Schichtversagen durch Abplatzung auf. Die Halbwertsbreiten der Schicht weisen auch nach der Wärmebehandlung unveränderte Werte auf. Im Substrat werden in größeren Oberflächenabständen mit Werten von 6 Grad charakteristische Beträge für gehärtete Werkstoffzustände beobachtet. Die im Interfacebereich vorliegenden niedrigen Halbwertsbreiten im Substrat geben Hinweise auf mikrostrukturelle Änderungen, wie beispielsweise eine leichte Entkohlung der Substrat-

93

oberfläche. Dadurch wird das Werkstoffverhalten von Schicht und Substrat zusätzlich beeinflußt.

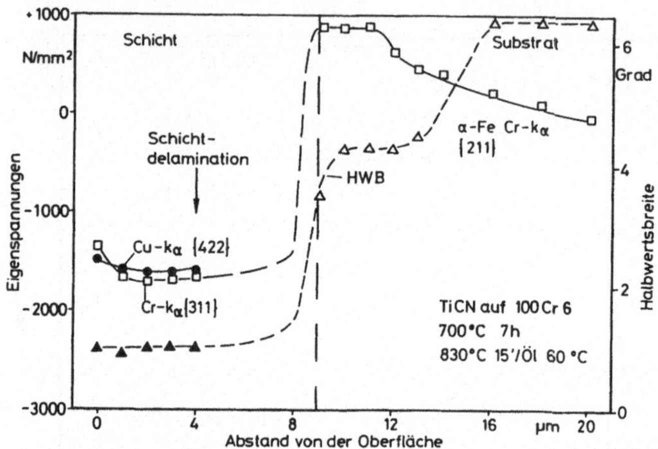

Bild 17: Eigenspannungen als Funktion des Randabstandes einer bei 700 °C mit TiCN beschichteten und anschließend gehärteten Probe (Beschichtungszeit 7h)

Bei der martensitischen Härtung des verwendeten 100Cr6 werden sich bei der infolge der Martensitbildung auftretenden Verlängerung, die zuerst am Rand des Substrats erfolgt, eventuelle Druckspannungen in der Schicht verringern. In der Randzone des Substrats bauen sich daher auf Grund des kürzeren Substratkerns Druckspannungen auf. Nach der Umwandlung des Kerns liegen im Substratrand Zugspannungen vor, die sich während der weiteren Abkühlung durch Unterschiede in den thermischen Ausdehnungskoeffizienten zwischen Schicht und Substrat noch verstärken. Bei Raumtemperatur liegen diese Spannungen als Eigenspannungen vor. Dies erklärt qualitativ den Verlauf der Eigenspannungen in Bild 15 und 17. Offenbar werden durch die auf dem Substrat abgeschiedene Schicht nur geringere Oberflächenbereiche des Substrats beeinflußt, wie die in wenigen µm auf Null abfallenden Zugeigenspannungen im Substrat belegen.

6 Einfluß äußerer mechanischer Beanspruchungen auf den Eigenspannungszustand der Schicht

In diesem Abschnitt sollen Ergebnisse des Zusammenwirkens äußerer Beanspruchungen mit den Deckschichteigenspannungen in Hartstoffschichten

94

aufgezeigt werden. Das Bild 18 zeigt die Summe aus Last- und Eigenspannungen als Funktion der Lastspannung im Zug- und im Biegeversuch. In beiden Fällen steigen die gemessenen Gesamtspannungen annähernd linear mit der Lastspannung an. Die Ergebnisse des Zug- und des Biegeversuchs stimmen entsprechend den Erwartungen an der Oberfläche überein. Das Verformungsverhalten dieses Verbundkörpers einer harten, eigenspannungsbehafteten Randschicht und eines weicheren Kerns kann durch einfache Modellvorstellungen beschrieben werden. Im Druckversuch wurde überprüft, inwieweit auch bei den dünnen Schichten Eigenspannungsänderungen im Experiment mit den Modellvorstellungen korrelierbar sind. Die Ergebnisse sind im Bild 19 dargestellt. In der Schicht werden bis zu Drucklastspannungen von 500 N/mm^2 keine Eigenspannungsänderungen beobachtet. Zu größeren Lastspannungen treten im Substrat geringe Zugeigenspannungen und in der Schicht zunehmende Druckeigenspannungen auf. Dies belegt, daß, wie erwartet, das Substrat sich plastisch deformiert und in der sich noch elastisch verkürzenden Schicht höhere Druckeigenspannungen erzeugt. Bei größeren plastischen Deformationen des Substrats versagt die Schicht durch Rißbildung. Die experimentellen Befunde stimmen somit qualitativ gut mit den Voraussagen überein. Dabei wird dem Modell eine gegenüber der des Substrats wesentlich höhere Streckgrenze der Schicht zugrunde gelegt.

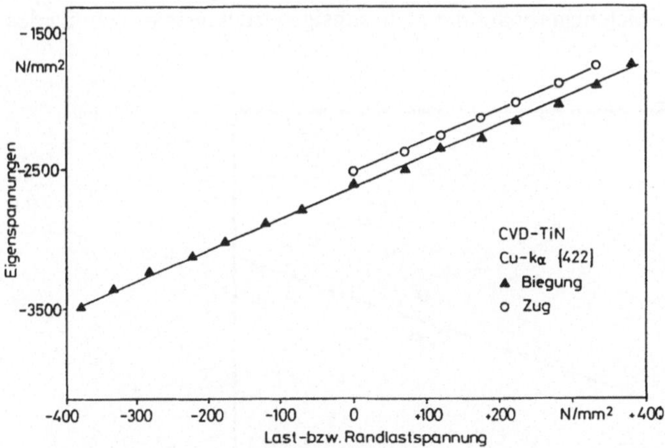

Bild 18: Last- und Eigenspannungen als Funktion der Lastspannung im Biege- und Zugversuch (CVD-Titannitrid auf 100Cr6)

Zur Auswirkung von Deckschichteigenspannungen in Hartstoffschichten liegen praktisch keine weiterführenden Untersuchungen vor. Lediglich der Einfluß von Eigenspannungen auf den Ritztest wird untersucht, wie das folgende

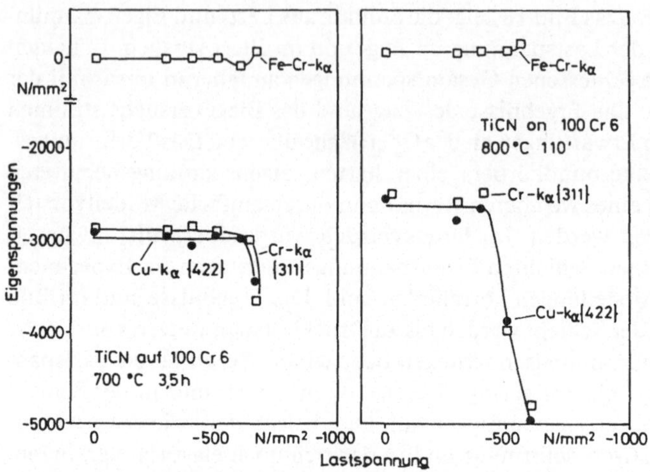

Bild 19: Eigenspannungen als Funktion der Lastspannungen im Druckversuch (CVD-Titancarbonitrid auf 100Cr6)

Beispiel an Schichten auf Titanbasis zeigt [4, 17]. Dabei wird eine Abnahme der kritischen Last mit steigenden Druckeigenspannungsbeträgen beobachtet (siehe Bild 20). Dies wird mit der zusätzlich gespeicherten elastischen Energie begründet, die sich negativ auf die mehrachsige Druckbeanspruchung des

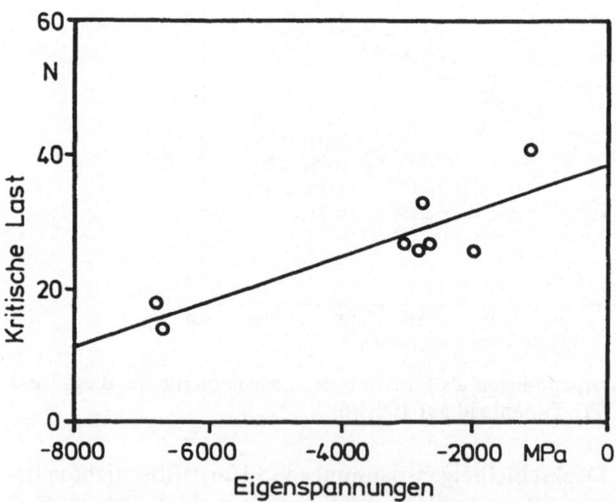

Bild 20: Kritische Last im Ritztest als Funktion der Schichteigenspannungen [17]

Ritztests auswirken soll [4, 17]. Ähnliche Experimente an Aluminiumoxid-schichten führen jedoch zu gegenteiligen Aussagen [8]. Hier steigt die kritische Last im Ritztest bei zunehmenden Druckeigenspannungen an.

7 Zusammenfassung

Der thermische Spannungsanteil von Deckschichteigenspannungen bei Unterdruck oder im Vakuum hergestellter Schichten wird auch quantitativ gut beherrscht. Unterschiede zwischen Rechnung und Experiment können durch mikrostrukturelle Einflüsse gedeutet werden.

Zum athermischen Eigenspannungsanteil liegen zwei quantitativ formulierte Modelle vor, die aber nur für Metall-Metall Aufdampfschichten in den ersten Nanometern des Wachstums Gültigkeit haben.

Für die mit den hochenergetischen PVD-Techniken (Ion Plating und Magnetron Sputtern) erzeugten Schichten besteht Übereinkunft, daß der dabei erfolgende Beschuß mit geladenen Teilchen und der Einbau von Gasen zu Druckeigenspannungen führt (ansteigendes Bias).

Es besteht ein weitgehender Erkenntnismangel in den Einflüssen des Substrats (chemische Zusammensetzung, Oberflächenzustand, Textur), weiterer Verfahrensparameter bei der PVD-Beschichtung (z. B. N_2-Partialdruck), des Schichtwachstums und des Porenanteils auf die Eigenspannungen.

Hinsichtlich der Auswirkungen von Eigenspannungen bei mechanischer Beanspruchung liegen für Hartstoffschichten ebenfalls keine systematischen Untersuchungen vor.

8 Literatur

[1] *Blachman, A. G.:* „Stress and resistivity control in sputtered molybdenum films and comparison with sputtered gold", Metallurgical Transactions, Vol. 2, 1971, S. 699–709

[2] *Kopacz, U.* und *Jehn, H.:* „Einige Aspekte der Abscheidung von Hartstoffen auf Schnellarbeitsstahlbohrern", Arbeitsbericht MPI /83/ W5, Stuttgart, 1984

[3] *Perry, A. J.:* „Tempering effects in ion-plated TiN-films: texture, residual stresses, adhesion and colour", Thin Solid Films, 146, 1987, S. 165–174

[4] *Rickerby, D. S.:* „Internal stress and adherence of titanium nitride coatings", J. Vac. Sci. Technol., A 4(6), 1986, S. 2809–2814

[5] *Kattelus, H. P.; Tandon, J. L.; Sala, C.* and *Nicolet, M.-A.:* „Bias-induced stress transitions in sputtered TiN films“, J. Vac. Sci. Technol. A4(4), 1986, S. 1850–1854

[6] *Bergmann, E.* and *Vogel, J.:* „Influence of composition and process parameters on their internal stress of carbides of tungsten, chromium and titanium“, J. Vac. Sci. Technol A5(1), 1987, S. 70–74

[7] *Kamachi, K; Ho, T.* and *Yamamoto, T.:* „A comparison of residual stresses in cemented carbide cutting tips coated with TiN by the CVD and PVD processes and their effect on failure resistance“, Surface Journal International, Vol. 1, No. 3, 1986, S. 82–86

[8] *Roth, Th; Broszeit, E.* und *Kloos, K.-H.:* „Eigenspannungen, Haftfestigkeit und Verschleißeigenschaften von gesputterten, amorphen Aluminiumoxidschichten“, Z. Werkstofftech., 18, 1987, S. 375–380

[9] *Sloof, W. G.; Delhez, R.; de Keijser, Th. H.* and *Mittemeijer, E. J.:* „Development and partial relaxation of internal stresses in thin TiC layers chemically vapour deposited on Fe-C substrates“, Journal of Materials Science, 22, 1987, S. 1701–1706

[10] *Sloof, W. G.; Rijpkema, H. J. M.; Delhez, R.; de Keijser, Th. H.* and *Mittemeijer, E. J.:* „Prediction and measurement of compressive and tensile stresses in coatings of TiC and TiN chemically vapour deposited on various substrates“, Surface Engineering, Vol. 3, No. 1, 1987, S. 59–63

[11] *Paulat, E.:* „Beitrag zur Realstruktur von Carbidschichten auf Stahl“, Dissertation, Technische Hochschule Karl-Marx-Stadt, 1983

[12] *Behnken, H.; Hauk, V.:* „Ermittlung der Eigenspannungen in Cr_7Cr_3-Schichten mit Röntgenstrahlen“, Härt.Techn.Mitteil., 42, 1, 1987, S. 17–22

[13] *Perry, A. J.* and *Chollet, L.:* „States of residual stresses both in films and in their substrates“, J. Vac. Sci. Technol., A4(6), 1986, S. 2801–2808

[14] *Bauer, H. J.* und *Buckel, W.:* „Homogene mechanische Spannungen in aufgedampften Schichten“, Z.Physik, 220, 1969, S. 293–304

[15] *Holleck, H.:* „Möglichkeiten und Grenzen einer gezielten Stoffauswahl für verschleißmindernde Hartstoffschichten“, in Hartstoffschichten zur Verschleißminderung, DGM-Verlag, Oberursel, 1987, S. 25–44

[16] *Rickerby, D. S., Jones, A. M.* and *Perry, A. J.:* „Structure of Titanium Nitride Coatings deposited by Physical Vapour Deposition: A unified structure model“, Proc.Conf. 15th Int. Conf. on Metallurgical Coatings, Elsevier, London, 1989, S. 631–646

[17] *Chollet, L., Lauffenburger, A.* and *Biselli, C.:* Relation between residual stresses and adhesion of hard coatings, Proc.Conf. 2nd Int. Conf. on Residual Stresses, Elsevier, London, 1989, S. 901–906

[18] *Perry, A. J.:* „The relationship between residual stress, X-ray elastic constants and Lattice Parameters in TiN films made by Physical Vapour Deposition", Thin Solid Films, 170, 1989, S. 63–70

[19] *Hoffman, R. W.:* „Mechanical Properties of non-metallic thin films", Nato Advanced Study Institutes, Series B 14, Plenum Press, 1975

[20] *Török, E.; Perry, A. J.; Chollet, L.* and *Sproul, W. D.:* „Young's modulus of TiN, TiC, ZrN and HfN", Thin Solid Films, 153, 1987, S. 37–43

[21] *Röser, K.:* Erzeugung von Verschleiß-Schutzschichten mit dem CVD-Verfahren; Bestimmung von Eigenspannungen und Texturen, Härt. Tech. Mitteil., 40, 6, 1985, S. 276–282

[22] *Macherauch, E.* und *Müller, P.:* „Zur zweckmäßigen Definition von Eigenspannungen", Härt.Techn.Mitteil., 28, 3, 1973, S. 201–211

[23] *Macherauch, E.* und *Kloos, K.-H.:* „Bewertung von Eigenspannungen", in Eigenspannungen und Lastspannungen – Moderne Ermittlung – Ergebnisse – Bewertung, Carl Hanser Verlag, München, 1982, S. 175–193

[24] *Hoffman, R. W.:* „The mechanical properties of thin condensed films", Physics Of Thin Films, 3, 1966, S. 211–273

[25] *Krause, H.* und *Jühe, H. H.:* „Röntgenographische Eigenspannungsmessungen an aus der Gasphase abgeschiedenen Titancarbidschichten", Härt.Techn.Mitteil., 32, 6, 1977, S. 302–307

[26] *Hirsch, T.* und *Mayr, P.:* „Eigenspannungsmessungen an TiCN- und TiN-Hartstoffschichten", Härt.Techn.Mitteil., 43, 4, 1988, S. 212–218

[27] *Hirsch, T.* und *Mayr, P.:* „PVD-Beschichtung bei niedrigen Temperaturen", Abschlußbericht zum Verbundvorhaben des BMFT, Stiftung Institut für Werkstofftechnik, Bremen, 1988

Probleme in der Lohnbeschichtung: Qualitätssicherung

T. Leyendecker; O. Lemmer; S. Esser

1 Einleitung

Neben der Grundwerkstoffqualität und der Geometrie hat die Oberflächengüte bzw. Beschichtung den weitaus größten Einfluß auf die Qualität eines hochentwickelten Bauteils.

Mindestens 50 % der Gesamtqualität werden bei einem Werkzeug durch den Fertigungsschritt „PVD-Beschichtung" erreicht. Damit wird dieser letzte Fertigungsschritt bei der Herstellung eines Bauteils zum wichtigsten Arbeitsgang in der gesamten Produktionslinie. Die PVD-Beschichtungsproduktion ist eine junge Technologie mit sehr komplexen Problemen hinsichtlich Prozeßsicherheit und Qualitätskontrolle. Im folgenden wurden die Maßnahmen zur Qualitätssicherung in einer modernen PVD-Produktion beschrieben und ihre Vorteile gegenüber herkömmlicher Technologie dargestellt.

2 Qualitätssicherung in der PVD-Fertigung

Die Qualitätssicherung in der PVD-Fertigung verfolgt zwei Ziele:

1. Die Sicherstellung einer Mindestqualität des fertigen Bauteils nach dem letzten Produktionsschritt.

2. Die Minimierung der Verluste, die dadurch entstehen, daß weitgehend fertig bearbeitete Bauteile im letzten Fertigungsschritt zerstört werden.

Darüber hinaus wird durch die Dokumentation der unterschiedlichen Schritte eine Produktgarantie und damit die Produkthaftung erst möglich.

Die Qualitätssicherung in der PVD-Fertigung wird im folgenden unterteilt in Qualitätskontrolle und Produktionssicherheit.

3 Qualitätskontrolle in der modernen Lohnbeschichtung

Die Vielfalt der Bauteile, die in einer PVD-Beschichterei veredelt werden, erfordern ein verläßliches, eingefahrenes Qualitätskontrollsystem. Jedes Bauteil, das mit PVD beschichtet wird, hat im späteren Einsatz eine andere Aufgabe. Entsprechend unterschiedlich sind die Verfahren der Qualitätskontrolle. Die moderne PVD-Produktion hat ein zwischen Kunde und Beschichter abgesprochenes, einheitliches Qualitätskontrollsystem. Damit kann sowohl das Ausgangsprodukt als auch das Endprodukt von Kunde und Beschichter gleichermaßen beurteilt werden.

Aufgrund der Vielfalt der Kontrollmöglichkeiten soll hierauf nicht näher eingegangen werden.

4 Produktionssicherheit in der modernen PVD-Produktion

In der konventionellen PVD-Produktion von Werkzeugen existieren z. T. große Unsicherheiten bei der Herstellung von funktionsfähigen Schichten. Dies resultiert einerseits aus der Unsicherheit über den richtigen Fertigungsablauf, andererseits aus unzuverlässigen PVD-Maschinen, deren Prozeß noch teilweise von Hand oder auch durch Computerunterstützung Schritt für Schritt vom Bedienungspersonal gefahren werden muß.

Die meisten gebräuchlichen Maschinen sind nicht weit über den Prototypstatus hinaus entwickelt. Entsprechend labormäßig wird die heutige PVD-Produktion betrieben. Durch konsequente Fehleranalyse und Weiterentwicklung konnte in unserem Hause eine moderne PVD-Produktion aufgebaut werden, deren Kernstück aus vollautomatischen CC 800-PVD-Maschinen besteht.

Mit Hilfe dieses neuen Fertigungskonzepts konnte die Fertigungsqualität erheblich gesteigert, gleichzeitig aber auch die Wirtschaftlichkeit wesentlich verbessert werden. Im folgenden werden die wesentlichen Schritte im Fertigungsablauf kurz beschrieben:

4.1 Vorbereitung des Ausgangsproduktes

In der konventionellen Lohnbeschichterei passieren immer wieder Fehler durch eine wenig sachgerechte Vorbehandlung des Ausgangsproduktes Werkzeug beispielsweise bei der Beseitigung von Rückständen aus der Fertigung wie Passivierungsschichten oder Schleifrückständen. Als Beispiel seien hier das Strahlen der Oberfläche und das Behandeln mit Chemikalien genannt. Beide Methoden sollen die Haftung der anschließenden PVD-Beschichtung verbessern. Häufig werden die Bauteile bzw. Werkzeuge durch solche Methoden jedoch völlig zerstört.

In der modernen PVD-Lohnfertigung werden solche vorbereitenden Maßnahmen, wenn erforderlich, vom Kunden ausgeführt. Da der Hersteller des Produktes wesentlich genauer über die beste Oberfläche und Geometrie des Produktes informiert ist, ergeben sich so weniger Fehlermöglichkeiten.

4.2 Reinigung des Ausgangsproduktes

Auch bei der Reinigung des Ausgangsproduktes existieren in der konventionellen Lohnbeschichterei zahlreiche Rezepturen, die oft mehr zerstörende als fördernde Wirkung haben. Die Behandlung mit Chemikalien, die z. T. eine erhebliche Umweltbelastung darstellen, wird sicherlich in Zukunft völlig wegfallen oder erfordert hohe Entsorgungskosten. Auf jedem Bauteil oder Werkzeug bilden sich in der mechanischen Fertigung beim Zerspanen oder Schleifen an der Oberfläche mehr oder minder dicke Reaktionsschichten.

Um eine PVD-Beschichtung haftfest aufwachsen zu lassen, müssen diese Reaktionsschichten beseitigt werden. Die von uns eingesetzten PVD-Maschinen benutzen dazu eine integrierte Hochfrequenzreinigungsstufe, die es ermöglicht, auch oxidische Reaktionsschichten einfach abzutragen. Hierdurch wird die Vorbehandlung der Bauteile wesentlich vereinfacht. Eine einfache Entfettung genügt. Aufwendige Bäder in z. T. toxischen oder FCKW-haltigen Chemikalien zur Beseitigung der Reaktionsschichten entfallen. In der Folge entfallen viele Fehler, die durch diese Bäder an der Oberfläche des Werkzeuges aufgrund von Lokalelementbildung, interkristalline Korrosion etc. verursacht werden. Weiterhin wird die Produktion wesentlich wirtschaftlicher, da Kosten für Chemikalien und insbesondere deren Entsorgung nicht mehr entstehen.

4.3 PVD-Beschichtung des Ausgangsproduktes

Die zentrale Produktionseinheit in einer Lohnbeschichtung ist die PVD-Maschine. Während in der konventionellen Fertigung der gesamte Prozeßablauf per Hand oder mit Computerunterstützung gefahren wird, läuft die moderne Produktion vollautomatisch ab. Damit ist die Fertigung weniger personalintensiv, insbesondere aber wesentlich sicherer und wird erheblich genauer kontrollierbar.

4.3.1 Chargierung

Die Chargierung einer PVD-Anlage beansprucht etwa 10 – 15 min. Ein Vorteil gegenüber der konventionellen Fertigung ist die Möglichkeit, in der modernen Anlage Teile mit unterschiedlichen Massen zusammenzustellen. Dies stellt eine Vereinfachung der Chargierung und der Chargenplanung dar. Da kleine und große Teile zusammengestellt werden können, ist eine solche Maschine in der Lohnbeschichtung wesentlich wirtschaftlicher.

4.3.2 Prozeßvorbereitung

Zu Beginn des Prozesses wird bei herkömmlichen Maschinen manuell Wasser aufgedreht, die Gase aufgedreht, und die Gasflaschen müssen auf Füllung kontrolliert werden. Oft sind noch weitere Ventile zum Prozeßbeginn zu betätigen. Diese notwendigen Maßnahmen vor Prozeßbeginn führen zu Fehlern, wodurch ganze Chargen zerstört werden können.

Die vollautomatische PVD-Maschine betätigt und kontrolliert alle prozeßvorbereitenden Maßnahmen selbst. Bei einem Mangel bei der Zuführung von Gas, Wasser oder Strom wird eine Fehlermeldung gegeben und der Prozeß nicht gestartet. Die Überprüfung des Vakuumsystems stellt z. B. ein Loch in der Maschine fest. Bei entsprechender Fehlermeldung muß erst das Loch beseitigt werden. Der Start mit einem fehlerhaften Vakuumsystem ist auf der vollautomatischen Maschine im Gegensatz zur konventionellen nicht möglich.

Dies gilt auch für alle wichtigen Aggregate der Maschine, die vor dem Prozeß kurz auf Funktionsfähigkeit überprüft wurden. Vorher erkennbare Fehler treten dann nicht während des Prozesses auf und müssen behoben werden, bevor der Prozeß gestartet wird. Diese Maßnahmen erhöhen so die Produktionssicherheit wesentlich.

4.3.3 Prozeßablauf

In der konventionellen Fertigung fährt und kontrolliert sehr gut ausgebildetes Personal – meist mit Ingenieurstudium – den Prozeß. Da ein PVD-Prozeß aus bis zu 50 Teilschritten einer genauen zeitlichen Abfolge besteht, ist dieser Mann für diese Aufgabe insbesondere hinsichtlich Reproduzierbarkeit überfordert. Selbst eine Vereinfachung der Schritte durch Computerunterstützung schützt nicht vor Fehlern. Die Reproduzierbarkeit der Prozesse und damit die Reproduzierbarkeit der Schichtqualität ist mangelhaft.

Die moderne Fertigung arbeitet mit vollautomatischen PVD-Maschinen. Nach Auswahl des Prozesses wird nur gestartet. Die Maschine fährt den kompletten Prozeß selbständig bis zum Dechargieren. Das Personal hat nur die Aufgabe: Dechargieren und Chargieren. Dies macht die Produktion nicht nur erheblich sicherer, sondern ist auch eine Rationalisierungsmaßnahme, die die Produktion wesentlich wirtschaftlicher macht. Weiterhin werden automatisch über ein Data-Logging-System alle wichtigen Daten des Prozesses gespeichert und in Protokollform ausgegeben. Dies ist eine notwendige Maßnahme der Qualitätssicherung, um die Produkthaftung zu ermöglichen.

4.3.4 Prozeßkontrolle

In der konventionellen Fertigung wird die Prozeßkontrolle durch die Überwachung der Maschine durch den Maschinenführer gewährleistet. Die zeitliche Abfolge wird über Uhren mit Weckeinrichtung oder Hupen erleichtert. Die Prozeßkontrolle geschieht durch häufigeres Ablesen der wichtigsten Parameter und Nachregeln.

All dies entfällt bei der automatischen CC800-Maschine. Der Prozeßablauf ist zeitlich absolut reproduzierbar. Die Parameter werden im Millisekundentakt kontrolliert und nachgeregelt. Eine Reihe von Fehlermöglichkeiten entfällt.

4.3.5 Prozeßstörung

Die PVD-Produktionsmaschinen sind aus zahlreichen hochkomplizierten Komponenten aufgebaut. Kleine Fehler in diesen Komponenten haben oft die Zerstörung einer kompletten Charge zur Folge. Die Kontrolle der Aggregate geschieht bei den herkömmlichen Maschinen durch Ablesen der Betriebsparameter durch den Maschinenführer. Fehler in den Aggregaten werden, wenn überhaupt, viel zu spät erkannt. Der Maschinenführer muß dann sehr schnell entscheiden, welche Maßnahmen ergriffen werden müssen, um die Charge nicht zu gefährden.

Die vollautomatische Maschine kontrolliert ihre Aggregate im Millisekundentakt. Fehler werden sofort erkannt. Durch eine hochentwickelte Software werden sofort Maßnahmen eingeleitet. Die Maschine entscheidet, ob der Prozeß weiterläuft oder abgebrochen werden muß.

Nach dem Abbruch des Prozesses ist bis dahin kein Fehler in der Beschichtungsqualität geschehen. Der Prozeß kann nach Behebung des Fehlers im gleichen Betriebspunkt wieder angefahren werden. Damit werden Fehlerquellen, die durch Prozeßstörungen verursacht werden, minimiert und die Produktionssicherheit erheblich verbessert.

4.3.6 Wartung der PVD-Maschine

Durch konsequente Weiterentwicklung der PVD-Technologie wurden die Wartungszyklen systematisch vergrößert. Gegenüber einer konventionellen Maschine kann mit einer modernen Maschine die 3fache Chargenanzahl ohne Reinigung gefahren werden.

Zum Reinigen werden mit der gut zugänglichen modernen Anlage nur Schutzbleche ausgetauscht, was etwa eine einstündige Stillstandzeit der Maschine erfordert. Anschließend wird vollautomatisch eine sogenannte Wartungsfahrt durchgeführt. Hierbei wird die Vollständigkeit der Arbeiten automatisch überprüft.

Die Wartung der Aggregate wie Ölwechsel der Pumpen, Auswechseln der Targets (nach Verbrauch) und Erneuerung der Gasflaschen werden von der modernen Maschine angezeigt und kontrolliert.

Fehler in der Produktionssicherheit, die durch nachlässige Wartung in der konventionellen Fertigung immer wieder auftauchen, werden so durch eine moderne Maschinenkonzeption drastisch minimiert.

5 Zusammenfassung

Durch konsequente Fehleranalyse und Weiterentwicklung der einzelnen Fertigungsschritte konnte die Qualität einer modernen PVD-Produktion erheblich verbessert werden.

Kernstück dieser Maßnahmen ist die Verwendung von vollautomatischen PVD-Maschinen (CC 800). Durch Einsatz dieser Maschinen wurde die Produktionssicherheit wesentlich erhöht und die Fertigung rationeller und wirtschaftlicher.

Durch eine maschinenintegrierte Hochfrequenzreinigungsstufe und durch den damit verbundenen Wegfall von FCKW-haltigen Chemikalien wird die PVD-Produktion darüber hinaus zu einem der wenigen umweltfreundlichen Fertigungsverfahren.

Die PVD-Beschichtung aus Sicht des Werkzeugherstellers

J. Ebberink

1 Einleitung und Zusammenfassung

Für eine Anwendung in der Industrie bedeuten gute PVD-Beschichtungsprozesse (Physical Vapour Deposition) nicht immer gut beschichtete Substrate. Gute Beschichtungen resultieren erst aus der Zusammenarbeit zwischen Beschichtern, Substratherstellern und Substratanwendern. Am Beispiel des zerspanenden Werkzeuges wird die Aufgabenverteilung zwischen Beschichtern und Werkzeugherstellern dargelegt.

Dabei übernimmt der Werkzeughersteller zwei Aufgaben:

– Einerseits muß der Werkzeughersteller dem Beschichter ein beschichtungsgerechtes Werkzeug gewährleisten. Hierzu muß der Fertigungsprozeß auf den letzten Arbeitsgang „die Beschichtung" hin optimiert werden. Dies beinhaltet sowohl die Auswahl beschichtungsfreundlicher Fertigungsverfahren und die Auswahl der richtigen Produktionsmittel als auch die Anpassung der Werkzeuggeometrie bei der Werkzeugkonstruktion.

– Andererseits soll der Werkzeughersteller den Anwendern beim Einsatz des Werkzeuges beratend zur Seite stehen. Es kann nicht behauptet werden, daß die Beschichtung eines Werkzeugs z. B. mit TiN die Standzeit eines Werkzeuges automatisch erhöht. Es gibt Fälle, bei denen eine Beschichtung mit Titannitrid eine Standzeitreduzierung hervorruft. Beschichtete Werkzeuge verlangen andere Einsatzparameter, geänderte Geometrien und gegebenenfalls völlig neue Schneidstoffe und Werkzeugtypen. Außerdem muß die richtige Oberflächenbehandlung für den Schneidstoff und den Einsatzfall ausgewählt werden. Gerade in letzter Zeit ist diese Auswahl durch die Vielzahl von neuen Beschichtungen (TiN, TiAlN, TiCN, Ti_2N etc.) und die Vielzahl von Beschichtungstechniken nicht einfacher geworden.

Auf diesem Gebiet darf der Anwender nicht allein gelassen werden. Er braucht in vielen Fällen die zerspanungstechnische Erfahrung des Werkzeugherstellers für den richtigen Einsatz des beschichteten Werkzeuges.

2 Die Werkzeugherstellung vor der Beschichtung

2.1 Anforderungen an den Werkzeugwerkstoff

2.1.1 Schnellarbeitsstahl

Beschichtet werden in der Werkzeugindustrie Kalt- und Warmarbeitsstähle, schmelzmetallurgische Schnellarbeitsstähle und Sinterwerkstoffe wie Hartmetalle und pulvermetallurgische Schnellarbeitsstähle. Des öfteren besteht ein Werkzeug aus einer Kombination dieser Werkstoffe.

Am unkompliziertesten zu beschichten sind die Schnellarbeitsstähle. Die Anlaßtemperaturen sind hoch (> 530 °C) und die angebotenen Sorten sind meist von guter Qualität. Trotzdem ist bei diesen Sorten eine Stahleingangskontrolle notwendig. Neben offensichtlichen Fehlern wie Risse, Lunker und Seigerungen kann eine Abkohlung im Randbereich vorliegen. Diese Abkohlung kann bei der Erzeugung des Rohprodukts z. B. beim Walzen eines Stabes oder während der notwendigen Zwischenglühungen im Stahlwerk entstehen. Ein Härteabfall an der Oberfläche bei der Wärmebehandlung ist die Folge. Ist der Bereich des Härteabfalls größer als das Fertigungsaufmaß, dann verbleibt eine Zone mit einem Härtegradienten. Die Zonen mit geringer Härte wirken wie eine Weichhaut unterhalb einer späteren Beschichtung. Die Beschichtung wird abgerieben.

Tabelle 1 zeigt einige oft verwendete Schnellarbeitsstähle in der Werkzeugindustrie

Werkstoff-Nr.	neue DIN-Bezeichnung	alte Bezeichnung	US-Bezeichnung
1.3343	S 6-5-2	DM05	M2
1.3348	S 2-9-2	BM09V	M7
1.3344	S 6-5-3	EMO5V3	M3/2
1.3202	S 12-1-4-5	EV4Co	T15
1.3207	S 10-4-3-10	EW9Co10	
1.3243	S 6-5-2-5	EMO5Co5	M35
1.3247	S 2-10-1-8		M42
1.3346	S 2-9-1	BM09	

Wie bereits die „neue Bezeichnung" zeigt, unterscheiden sich diese Stähle in dem Gehalt an Wolfram, Molybdän, Vanadium und Kobalt. Z. B. besitzt S 2-10-1-8 ca. 2 Gew.-% W, 10 % Mo, 1 % V und 8 % Co. Die Beschichtung dieser Werkstoffe ist unproblematisch.

2.1.2 Kalt- und Warmarbeitsstähle

In der zerspanenden Werkzeugindustrie liegen diese Werkzeugstähle meist nur als Schaft oder Trägerwerkstoff vor. Die Anlaßtemperatur dieser Stähle liegt oft unterhalb 300 °C und ist damit sehr niedrig. Eine Ausnahme bildet der Werkstoff 1.2379. Sind diese Stähle vergütet bzw. einsatzgehärtet, dann ist eine Beschichtung meist mit einem Härteabfall verbunden. Einige der PVD-Beschichtungsverfahren sind imstande, diese Stähle bei Temperaturen unterhalb der Anlaßtemperatur, d. h. bei ca. 180 bis 200 °C, zu beschichten. Die Haftfestigkeit und Rauheit der Beschichtung wird bei niedrigen Temperaturen jedoch meist beeinträchtigt.

Sind die Schaft- und Trägerwerkstoffe nicht vergütet, dann können diese Stähle in der Regel einwandfrei beschichtet werden. Allerdings wird die Beschichtung keine Funktion übernehmen, weil der Untergrund keine ausreichende Stützwirkung besitzt.

2.1.3 Hartmetall

Nicht einfach ist dagegen die Beschichtung von Hartmetall. Hartmetall ist ein Sammelbegriff von sehr vielen verschiedenen Sinterwerkstoffen. Dabei sind die Zusammensetzungen nicht genormt, so daß jeder Hersteller eigene Qualitäten anbietet.

Die Folge ist, daß jede Hartmetallsorte von jedem Hersteller gesondert betrachtet werden muß.

Ähnliche Probleme wie beim Löten von Hartmetall gibt es auch bei dessen PVD-Beschichtung. Nicht jede Sorte läßt sich gleich gut löten oder beschichten. Eine Anpassung des Beschichtungsprozesses an die Hartmetallqualität ist erforderlich. Eine einfache Übertragung der Beschichtungsparameter von Schnellarbeitsstahl auf Hartmetall wird nur in den seltensten Fällen erfolgreich sein.

Die Schwierigkeiten ergeben sich durch die unterschiedlichen Gewichtsanteile an Kohlenstoff, an den Karbiden (WC, TiC, TaC und NbC) und an der Bindephase Kobalt unmittelbar an der Oberfläche. Die Ursachen liegen im Herstellprozeß von Hartmetall beim Hartmetallhersteller begründet. Einige dieser fertigungsbedingten Ursachen, ohne näher darauf einzugehen, sind z. B. die Atmosphäre während der Sinterung, das heißisostatische Pressen der Rohlinge während oder nach der Sinterung und die Art der verwendeten Auflage während des Sinterprozesses. Diese Faktoren beeinflussen die Güte der Oberfläche des Hartmetalls und kommen insbesondere dann zum Tragen, wenn die Rohoberfläche beschichtet wird oder wenn das Aufmaß zu gering ausfällt.

Desweiteren können Fehler im Gefüge des Hartmetalls zu einem Versagen der Beschichtung führen. Solche Fehler sind Porosität, große Karbide, Inhomogenitäten, Co-Anreicherungen, Eta-Phase und freier Kohlenstoff.

Viele Hartmetallsorten erfahren während oder nach der Sinterung keine zusätzliche heißisostatische Verdichtung. Die Folge ist eine gewisse Restporosität. Die Poren besitzen in der Regel eine Größe bis 25 μm (A- und B-Porosität). Der Volumenanteil in handelsüblichen Qualitäten liegt in der Größenordnung von 0,1 %, kann aber auch wesentlich größer sein. Zwangsläufig befinden sich diese Poren auch an der zu beschichtenden Oberfläche. Diese engen Poren können nicht gereinigt werden. Durch Kapillarwirkung verbleiben auch nach Trocknung noch Reinigungsflüssigkeiten in den Poren der Oberfläche. Werden diese Werkzeuge ins Vakuum gebracht, dann gasen diese Poren aus. Die Atmosphäre in der Beschichtungsanlage wird verunreinigt. Nicht selten kann man die Poren nach der Beschichtung an der Oberfläche sehr deutlich erkennen.

Große Karbide an den Werkzeugschneiden, Verunreinigungen von anderen Hartmetallsorten, Co-Anreicherungen und Eta-Phase bzw. freier Kohlenstoff an der Oberfläche sind Hartmetallfehler, die zu einem sehr frühen Abplatzen der Beschichtung führen. Das Schadensbild zeigt nach dem Ersteinsatz eine abgeplatzte oder abgeriebene Schicht. Nur eingehende metallografische Untersuchungen zeigen, daß hier eine fehlerhafte Hartmetalloberfläche vorlag und nicht ein Beschichtungsfehler. Solche Fehler können nur beim Werkzeughersteller durch eine gute Eingangskontrolle des Hartmetalls vermieden werden.

2.2 Anforderungen an die Geometrie

Lediglich eine TiN-Beschichtung garantiert noch kein funktionsfähiges Werkzeug. Die Geometrie des Werkzeuges muß an die Beschichtung angepaßt werden. Beispiele bei Spiralbohrern sind die Ausspitzung (Bild 1) und die geänderte Verjüngung.

Bild 2 zeigt die Änderung der Vorschubkraft bei Änderung der Ausspitzung beim Bohren.

Wird ein Bohrer nicht ausgespitzt, dann kann es vorkommen, daß die Schnittkräfte für die Beschichtung zu hoch sind. Dies führt zu einem vorzeitigen Erliegen der Beschichtung. Auch Sonderbohrer, die beschichtet werden, sind in der Regel immer geometrisch angepaßt.

Gewindebohrer sind komplexere Werkzeuge als Spiralbohrer. Deshalb können keineswegs die gesammelten Erfahrungen bei der Beschichtung von Spi-

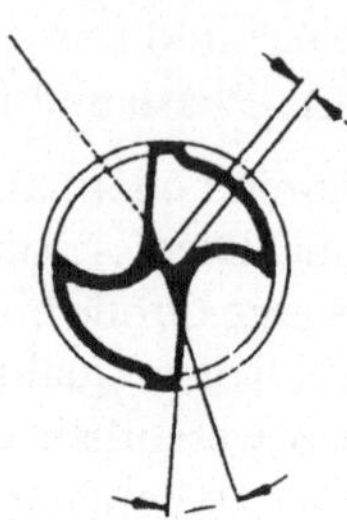

Bild 1: Ausgespitzter und nicht ausgespitzter Spiralbohrer

Bild 2: Schnittkräfte beim Bohren mit und ohne Ausspitzung

ralbohrern für die Beschichtung von Gewindebohrern einfach übernommen werden. Bei beschichteten Gewindebohrern ist z. B. im Vergleich zum unbeschichteten Gewindebohrer ein größerer Seitenspanwinkel sowie eine geringere Breite der Schneidstollen notwendig.

Insgesamt muß festgehalten werden: das Reibverhalten und damit das Spanablaufverhalten zwischen Werkstoff und Werkzeug wird durch die Beschichtung geändert. Eine einfache Übernahme der Geometrie der unbeschichteten Werkzeuge ist nicht empfehlenswert.

2.3 Anforderungen an die Fertigung

Eine wesentliche Aufgabe des Werkzeugherstellers ist die Anpassung seiner Fertigung an die zukünftige Beschichtung. Mitverantwortlich für eine erfolgreiche Beschichtung sind die Abtragsverfahren bzw. die Oberflächenbearbeitung, die verwendeten Hilfsstoffe während der Fertigung, die Ausbildung der Schneiden und die Fügeverfahren.

2.3.1 Abtragverfahren

Zur Formgebung der Zerspanungswerkzeuge gibt es verschiedene Verfahren. Beispiele sind: Schleifen, Fließpressen, Fräsen, Drehen, Walzen. Dieser Formgebung folgt einer Oberflächenbearbeitung wie der Polierschliff, das Hohnen, das Elektropolieren und das Gleitschleifen.

Bild 3 und 4 geben zwei Beispiele von verschiedenen Profilierverfahren für Spiralbohrer wieder.

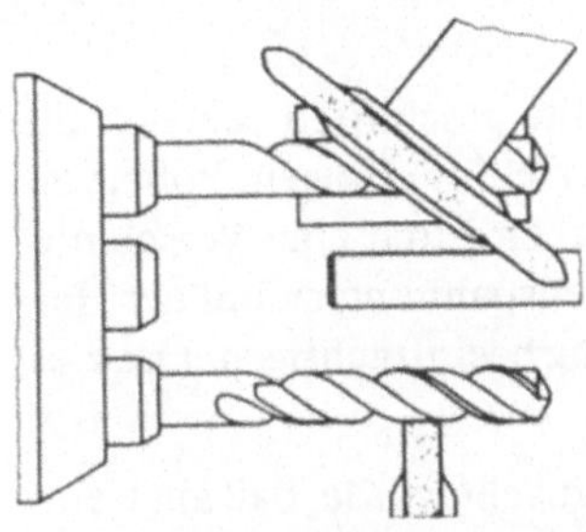

Bild 3: Profilierverfahren Schleifen

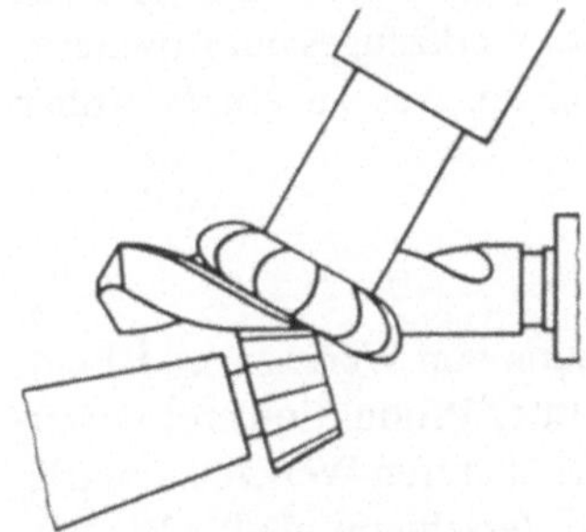

Bild 4: Profilierverfahren Fräsen

Diese Abtragverfahren führen zu unterschiedlichen Oberflächen. Sehr deutlich kann man diese unterschiedliche Oberflächenausbildung durch Anätzung der Oberfläche mit Säure zeigen. Als Beispiel sei hier der Unterschied einer geschliffenen und einer gefrästen Fläche erwähnt. Obwohl nur der Fachmann den Unterschied zwischen einer gut gefrästen und geschliffenen, metallisch glänzenden Oberfläche sieht, verfärbt sich die gefräste Oberfläche nach einer Ätzung mit Säure sofort. Dagegen bleibt die geschliffene Oberfläche längere Zeit metallisch blank. Es liegen offensichtlich zwei völlig unterschiedliche Oberflächen mit unterschiedlichen Spannungszuständen vor. Die Folge ist ein unterschiedlicher Angriff der Säure auf die Oberfläche.

Die Abtragsverfahren unterscheiden sich nach der Bearbeitung ebenfalls in der erzeugten Rauheit der Oberfläche. Die Rauheit zusammen mit der Art der erzeugten Oberfläche haben einen erheblichen Einfluß auf die Standzeit der Beschichtung. Eine geschliffene Oberfläche mit geringer Rauheit ist in allen Fällen vorzuziehen. Hinterdrehte Oberflächen z. B. von Fräsern sind nur selten für eine Beschichtung geeignet.

Die Art der erzeugten Oberfläche (z. B. mit oder ohne freiliegenden Karbiden) und die Rauheit können für Standzeitschwankungen von Werkzeugen verantwortlich sein.

Eine gute Funktionsfläche eines Werkzeuges sollte geschliffen sein. Ist die Rauheit zu groß, dann muß ein zusätzlicher Polierschliff erfolgen. Poliervorgänge sind nicht immer zu vermeiden, können aber durch eine Verschmierung der Oberflächen, den Aufbau von Oberflächenspannungen und der Haftung der Polierhilfsstoffe eine spätere Beschichtung beeinträchtigen. Das gleiche gilt für das Elektropolieren.

An dieser Stelle sei erwähnt, daß die Erfahrung gemacht wurde, daß auch eine Oberfläche mit geringster Rauheit ($R_z \ll 1\ \mu$m) nicht immer optimal im Vergleich zu Oberflächen mit einer gewissen Rauheit ($R_z = 1\ \mu$m) ist. Eine gewisse Rauheit beeinflußt die Haftung der Schicht positiv. Ist die Oberfläche wiederum zu rauh, dann erfolgt beim Einsatz des Werkzeuges ein Abscheren der Beschichtung über die Spitzen der Oberfläche, was zu einem frühen Ausfall der Beschichtung führt.

2.3.2 Produktionsmittel

Die Wahl der Produktionsmittel bei der Erzeugung von Werkzeugen ist entscheidend für eine erfolgreiche Beschichtung. Unter Produktionsmittel werden hier diejenigen Stoffe verstanden, die mit der späteren Werkzeugoberfläche in Berührung kommen oder die durch eine Verschleppung im Produktionsprozeß auf der Oberfläche haften bleiben.

Beispiele solcher Produktionsmittel sind: Härte und Anlaßsalze, Schleifscheiben, Schleiföle, Halterungen etc. Alle Produktionsmittel hier zu behandeln würde den Rahmen dieses Aufsatzes sprengen. Bei der Wahl der Produktionsmittel müssen aber einige grundsätzliche Prinzipien beachtet werden.

Die Halterungen und sonstige Hilfsvorrichtungen (z. B. Ladeautomaten, aber auch Richthammer etc.) sollen nicht auftragen. Ein Auftrag oder ein Verschmieren von weichen Metallen (z. B. Kupfer, Aluminium) und Kunststoffpartikeln führt bei der späteren Beschichtung zu Haftungsfehlern.

Schleiföl muß entfernbar sein. Das Schleiföl muß regelmäßig gereinigt werden, um Schmutz- und Schleifrückstände im Öl zu entfernen. Diese Rück-

112

stände setzen die Kühlwirkung des Öles herab. Hier sind erhebliche Investitionen des Werkzeugherstellers erforderlich. Einfache Ölreinigungsanlagen sind für Ansprüche, die an beschichtungsgerechte Oberflächen gestellt werden müssen, nicht mehr ausreichend.

Öl-Kieselgur-Reinigungsanlagen sind hier von Vorteil. Einerseits werden auch kleine Partikel ausgefiltert, andererseits ist das Kieselgur chemisch inert und beeinträchtigt die Oberfläche der zu beschichtenden Werkzeuge nicht.

Aber auch beim Einsatz guter Reinigungsanlagen altert das Schleiföl. Diese Alterung ist leider nicht zu vermeiden. Insbesondere in der Werkzeugindustrie, wo das Schleiföl infolge des Hochgeschwindigkeitsschleifens höchsten mechanischen und thermischen Belastungen ausgesetzt wird, tritt eine beschleunigte Alterung und Zersetzung ein. Ein Wechseln des Öles in regelmäßigen Abständen ist notwendig. Ein zersetztes, gecracktes Öl äußert sich durch schwarze Beläge auf der Oberfläche des Werkzeuges, insbesondere an den Schneiden. Die Reinigungsanlage und die regelmäßige Erneuerung des Schleiföles können jährlich sechsstellige Summen verschlingen.

Der Einfluß der Schleifscheibe auf die spätere Beschichtung ist sehr groß. Nach der Beschichtung können kleinste Fehler bei der Auswahl und beim Einsatz dieser Scheiben, die beim unbeschichteten Werkzeug erst gar nicht zum Tragen kommen, sofort zum Ausfall der Beschichtung führen. Eine nicht geeignete Schleifscheibe, falsche Schleifbedingungen, fehlende Abrichtvorgänge und/oder untaugliches Schleiföl verursachen Temperaturerhöhungen, die an der Grenzfläche Werkstoff/Öl zwei für die Beschichtung unerwünschte Effekte bewirken:

a) Es entstehen gecrackte Ölrückstände, die sich als Belag auf dem Werkzeug absetzen. Diese kohlenstoffhaltigen Beläge haben eine schwarze Farbe und sind nur durch eine mechanische oder intensive chemische Reinigung zu entfernen. Diese Beläge treten bevorzugt an den Schneiden und Kanten auf, d. h. an den späteren Funktionsflächen des Werkzeuges und müssen vor Beschichtung unbedingt entfernt werden.

b) Die Temperatur kann an der Oberfläche des Schnellarbeitsstahles Werte erreichen, die deutlich über der Anlaßtemperatur liegen. Eine thermische Schädigung der Oberfläche ist die Folge, die dann keinen ausreichend harten Untergrund für die Beschichtung bildet.

Durch die Wahl geeigneter Schleifscheiben und geeigneter Schleifbedingungen läßt sich eine unzulässige Wärmeentwicklung an der Oberfläche des Werkzeuges vermeiden.

2.3.3 Schneiden

Bei beschichteten Werkzeugen gelten andere Gesetze. Ist ein Werkzeug für die Beschichtung vorgesehen, dann müssen die Schneiden optimal sein, denn ein Glätten von schartigen Schneiden beim Ersteinsatz des Werkzeuges ist unwiderruflich mit einem Ausbrechen der Schicht verbunden. Die Beschichtungen verzeihen keine noch so kleinen Fehler an den Schneidkanten.

Die Ausbildung von guten Schneidkanten wird nicht nur durch ein optimales Schleifen der Schneide bestimmt, sondern beginnt bei der Wahl des Werkstoffes und der Hilfsmittel. Zum Beispiel muß die Karbidgröße bei Hartmetall sorgfältig ausgewählt werden. Zu große Karbide erzeugen zwangsläufig schartige Schneiden durch ein Ausbrechen der Karbide beim Schleifen der Schneidkante. Das gleiche gilt für Schleifscheiben, die zu rauhe Oberflächen erzeugen. Diese Scheiben erzeugen schartige Schneiden.

2.3.4 Fügeverfahren

Größere und kompliziertere Werkzeuge werden in der Regel aus verschiedenen Werkstoffen zusammengesetzt und z. B. durch Warmschrumpfen, Löten und Schweißen zum Werkzeug zusammengefügt.

Das Zusammenfügen der verschiedenen Werkstoffe wird einerseits aus wirtschaftlichen Gründen zur Einsparung der teuren Schneidstoffe, andererseits aus konstruktiven Gründen, z. B. zur Ausnutzung der besseren Zähigkeit, durchgeführt. Diese Verbindungen können Schwierigkeiten bei der Beschichtung verursachen.

Eine geschrumpfte Verbindung läßt sich nicht beschichten. Sie wird sich aufgrund der Temperaturen bei der Beschichtung lösen.

Eine gelötete Verbindung wird sich je nach Wahl des Lotes ebenfalls lösen. Darüber hinaus können die Elemente mit niedrigem Dampfdruck ausgasen und setzen sich auf den Meßsonden der Vakuumapparatur ab. Eine Falschanzeige der Meßapparatur ist die Folge.

Eine schlecht geschweißte Verbindung (Stumpf- oder Reibschweißverbindung) kann Mikrorisse und Mikroporen besitzen. Durch die Kapillarwirkung sammeln sich Verunreinigungen in diesen Mikrostellen, die bei der Beschichtung ähnlich wie bei den Hartmetallporen im Vakuum ausgasen.

Die sicherste Art, eine für die Beschichtung zufriedenstellende Lösung herzustellen, ist das Vakuumlöten. Hierbei liegt die Solidustemperatur deutlich über der Beschichtungstemperatur, und die Lote sind vakuumtauglich. Leider sind die Vakuumlötanlagen teuer und deshalb nicht sehr weit verbreitet.

2.4 Zwischenkonservierung, Verpackung

Zwischen Fertigung und Beschichtung verstreichen in der Regel wenige Stunden bis Tage. Auch sind die Beschichtungsanlagen nicht immer am Ort der Entstehung des Werkzeuges. Die Werkzeuge müssen für Transport und Lagerung vorbereitet werden.

Kleinste Transportschäden oder Handhabungsfehler verursachen Standzeitstreuungen beim späteren Einsatz. Deshalb ist eine gute Verpackung genauso wichtig wie die vorsichtige und richtige Handhabung der Werkzeuge.

Ein einfaches Stapeln der fertig geschliffenen Werkzeuge wird nur in den seltensten Fällen möglich sein. Um eine Beschädigung von Schneidkanten und Funktionsflächen zu vermeiden, sollte eine formschlüssige Verpackung gewählt werden. Bewährt haben sich verschließbare Kunststoffhülsen oder formschlüssige Zwischenlagen aus Kunststoff. Aus den Kunststoffen darf weder Chlor ausgasen, noch sollten sie Stoffe abgeben, die bei der späteren Reinigung der Werkzeuge nicht zu entfernen sind. Zum Beispiel kann das gern verwendete Silikon als Antihaftmittel auf Kunststofformen über die Kunststoffverpackung auf die zu beschichtenden Werkzeuge übertragen werden. Silikon läßt sich aber nur schwer von den Werkzeugen entfernen.

Tauchlack, ein Schutzüberzug für Werkzeuge, hat sich ebenfalls als problematisch erwiesen. Nicht immer sind Reste dieser Tauchlacke zu entfernen.

Eine Zwischenkonservierung der Werkzeuge ist erforderlich, damit Oxidationsbeläge auf den frisch geschliffenen Oberflächen vermieden werden. Die Zwischenkonservierung sollte mit einem gut entfernbaren Korrosionsschutzöl durchgeführt werden. Es muß verträglich mit den Transportverpackungen sein.

Eine Oxidationsschicht auf den Werkzeugen vor der Beschichtung sollte vermieden werden. Oxidationsschichten können sehr dünn ($< 1\ \mu$m) sein und sind dann nicht sichtbar. Die Oxidationsschicht hat in der Regel eine schlechte Haftung mit dem Untergrund und wirkt als Haut zwischen Substrat und Beschichtung. Nach der Beschichtung dieser Oberfläche reibt sich die Beschichtung beim Ersteinsatz des Werkzeuges ab, ohne daß ein erkennbarer Grund für den Abrieb vorliegt.

Nur mit teuren Analyseverfahren z. B. Augerspektroskopie, ESCA (Elektronenmikroskopie für chemische Analysen) lassen sich diese dünnen Schichten nachweisen. Diese Analysenapparatur steht den Beschichtern oder den Werkzeugherstellern meist nicht zur Verfügung.

2.5 Vorbehandlung der Werkzeuge vor der Beschichtung

2.5.1 Entgraten

Wird ein Werkzeug beschichtet, dann ist eine vorherige Entgratung ebenfalls notwendig. Unterläßt man die Entgratung, dann wird der vorhandene Grat an den Schneiden beschichtet. Der Grat bricht beim Ersteinsatz ab. Dabei reißt der beschichtete Grat, der durch die Beschichtung äußerst hart und spröde wird, einen Teil der Schneide mit sich. Damit ist nicht nur die Beschichtung beschädigt, sondern auch die Schneide. Ein vorzeitiges Versagen des Werkzeuges ist die Folge.

Auch beim unbeschichteten Werkzeug wird der Grat abgeschert. Doch wird hierbei nicht die Schneide in Mitleidenschaft gezogen. Unter dem Rasterelektronenmikroskop können die beiden unterschiedlich ausgebildeten Schneiden deutlich beobachtet werden.

Eine Entgratung des Werkzeuges ist nicht einfach. Es gibt verschiedene Möglichkeiten, Werkzeuge zu entgraten, sowohl chemisch als auch mechanisch.

Chemische Methoden sind z. B. die Elektropolierung, mechanische Methoden sind Läppstrahlen mit z. B. SiC, Glas oder Kokos. Eines haben alle Methoden gemeinsam: die Schneide wird mehr oder weniger verrundet. Es soll vielmehr versucht werden, die Gratbildung im Fertigungsprozeß, d. h. beim Schleifen auf ein Minimum zu reduzieren. Angepaßte Schleifscheiben und Schleifbedingungen erzielen diesen Effekt.

2.5.2 Reinigung

Ist der Fertigungsprozeß auf die Beschichtung optimiert, dann reicht eine Entfettung der Oberfläche, d. h. eine Entfernung des Korrosionsschutzmittels, als Reinigung aus.

Sind zusätzlich Reinigungsstufen durch eine nicht beschichtungsgerechte Fertigung erforderlich, dann sind alkalische Reinigungsmittel zu empfehlen, die handelsüblich mit den verschiedensten pH-Werten erhältlich sind.

Saure Medien sind nicht ratsam. Der Grund liegt im Werkzeugwerkstoff. Der Werkzeugstahl liegt im wärmebehandelten Zustand vor. Das Gefüge ist martensitisch mit vielen Primär- und Sekundär-Karbiden und mit mehr oder weniger Anteilen an Restaustenit.

Durch die Bearbeitung wird der Stahl noch mit zusätzlichen (Schleif-)Spannungen beaufschlagt. Wird ein derartiger Gefügezustand mit sauren Medien behandelt, dann ist die Gefahr der Rißbildung in Bereichen mit Spannungen sehr groß. Von einer sauren Reinigung muß deshalb abgeraten werden.

Eine mechanische Reinigung ist nur in den seltensten Fällen erfolgreich. Sie ist zumeist unkontrolliert und führt zu einer Beeinträchtigung der Schneiden.

3 Der Werkzeugeinsatz nach der Beschichtung

Das Leistungsvermögen von Beschichtungen ist von vielen Parametern abhängig. Bild 5 zeigt die verschiedenen Einflußgrößen in bezug auf Wirtschaftlichkeit und Leistungsvermögen von beschichteten Werkzeugen.

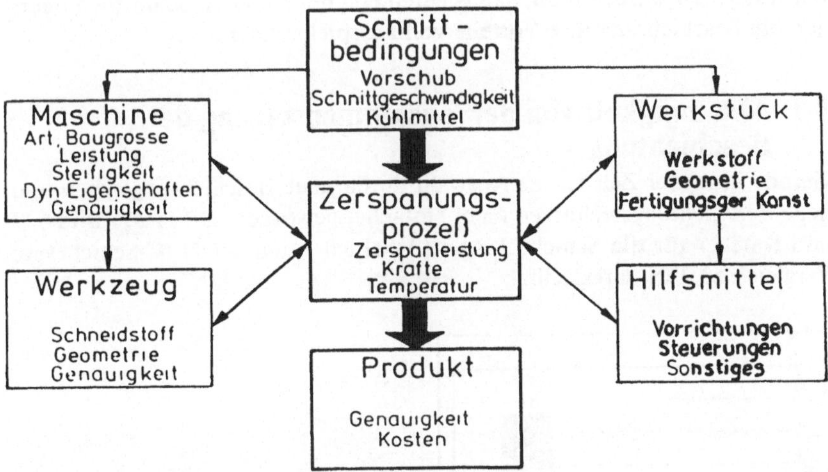

Bild 5: Einflußgrößen auf Wirtschaftlichkeit und Leistungsvermögen von beschichteten Bohrern

Wie Bild 5 zeigt, ist der Zerspanungsprozeß mit beschichteten Werkzeugen von vielen anwenderspezifischen Einflußgrößen abhängig. Allgemeingültige Aussagen hinsichtlich Mehrleistung von beschichteten gegenüber unbeschichteten Werkzeugen sind deshalb nicht möglich. Hier kommt besonders die Erfahrung des Werkzeugherstellers zum Tragen. Eine Anwenderberatung beim Ersteinsatz von beschichteten Werkzeugen ist deshalb wünschenswert.

Um Bild 5 zu verdeutlichen, ist die Abhängigkeit vom Werkstück in Tabelle 2 näher erläutert.

Tabelle 2: Leistungssteigerung von TiN-Bohrern gegenüber blanken Bohrern in verschiedenen Werkstoffen

Werkstoff	Leistungssteigerung gegenüber blanken Bohrern in Prozent
1.1221 Ck60	210
1.7225 42 CrMo 4	420
GG 25	300
1.4301 X5CrNi 18.9	220
1.4571 X10CrNiMo Ti 18.10	230
2.0380 CuZn39Pb2	310

Berücksichtigt werden muß, daß generell erst bei erhöhten Schnittbedingungen die Beschichtung ihre Vorteile voll ausspielen kann.

3.1 Abhängigkeit von der Zusammensetzung der Beschichtung

Gerade in letzter Zeit ist die Auswahl durch neue Beschichtungstypen und neue Beschichtungstechniken nicht einfacher geworden. Dies ist in Bild 6, 7 und 8 näher für die Schicht TiAlN (A-Schicht) und TiCN (C-Schicht) im Vergleich zu TiN dargestellt.

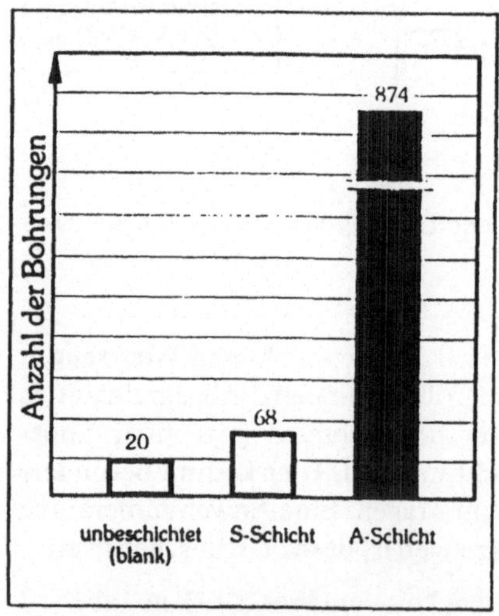

Bild 6: Einsatzergebnisse mit TiAlN im Vergleich zum unbeschichteten Werkzeug und TiN auf Spiralbohrern in GG 25 mit ca. 220 HB
Øm = 8,0 mm, Vorschub f = 0,4 mm/U
Schnittgeschwindigkeit v = 30 m/min
Bohrtiefe = 35 mm

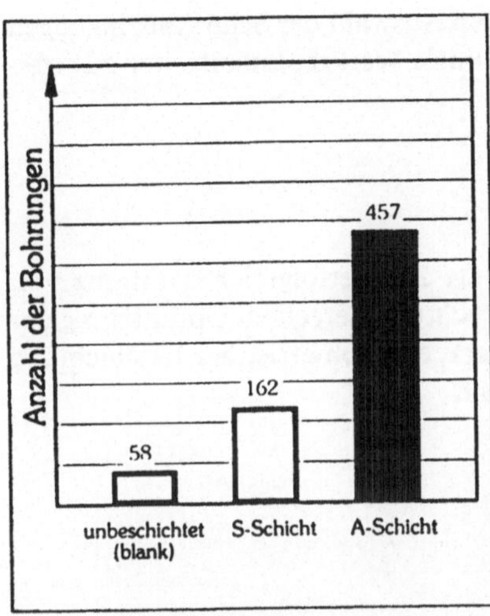

Bild 7: Einsatzergebnisse mit TiAlN im Vergleich zur unbeschichteten Oberfläche und
TiN in AlSi 18 CuNiMg (Silafon)
Spiralbohrer ⌀m = 8,0 mm, Vorschub f= 0,4 mm/U
Schnittgeschwindigkeit v = 50 m/min

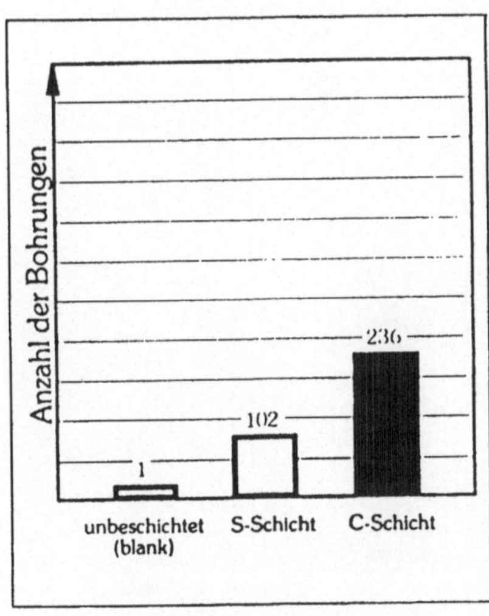

Bild 8: Einsatzergebnisse mit TiCN-Spiralbohrern aus HSS in Stahl unter erschwerten
Schnittbedingungen.
Vorschub f = 0,2 mm/U
Schnittgeschwindigkeit v = 30 m/min

Die Bilder zeigen, daß neben der richtigen Auswahl der Schnittbedingungen auch die Wahl der Beschichtung, um optimale Werkzeugstandzeiten zu erreichen, hinzukommt.

4 Schlußfolgerungen

Das Beschichten ist nur eine Teilleistung. Zum erfolgreichen Einsatz von Beschichtungen gehören neben der beschichtungsgerechten Optimierung der Produktion die richtige Auswahl der Werkzeuggeometrie, der Beschichtung und der Einsatzparameter für die Schicht.

Silbernes TiN durch Magnetronsputtern und seine Anwendungsbeispiele

C. Ribeiro

Zusammenfassung

Magnetronsputtern oder magnetfeldunterstützte Kathodenzerstäubung ist kein neues PVD-Beschichtungsverfahren, jedoch seine Anwendungen haben sich bisher fast ausschließlich auf die Herstellung von dekorativen Schichten beschränkt. Zunehmend wird dieses Verfahren auch bei der funktionellen Beschichtung, insbesondere von Werkzeugen und Maschinenteilen zum Schutz gegen Verschleiß und Korrosion angewandt. Silbernes TiN ist eine neue Beschichtung, die goldenes TiN nicht ersetzen wird, aber ihre Anwendungsmöglichkeiten erweitert, vor allem dort, wo abrasiver Verschleiß eintritt, und bei der Beschichtung von wärmeempfindlichen Werkstoffen.

1 Das Beschichtungsverfahren

Die Abscheidung von TiN-Schichten erfolgt in einer Vakuumanlage mit 3 Bearbeitungsstationen zum

- Vorheizen der Werkstücke
- Ionenätzen der Werkstückoberflächen und
- Beschichten.

Das Vorwärmen der Werkstücke dient hauptsächlich der Freisetzung von verdampfbaren Stoffen, die die Werkstückoberfläche eventuell belegen, und einer notwendigen Erwärmung vor dem Beschichtungsvorgang. Am Ende dieses Prozeßschrittes erreicht die Vakuumanlage die für dieses Verfahren notwendige Atmosphärenreinheit.

Das Ionenätzen erfolgt mittels Ionenbeschuß aus einer Gasentladung. Diese stammt aus zwei doppelstrahligen Ionenquellen, die parallel zu den Werkstücken angeordnet sind, so daß eine gleichmäßige Ätzung auch bei ungünstig geformten Teilen erreicht wird. Die Ionendichte, die den Ätzgrad bestimmt, kann auf verschiedene Art eingestellt werden:

- durch den Inertgasdurchfluß bzw. -druck
- durch die Leistung der Ionenquellen und/oder
- durch die an die Werkstücke angelegte Spannung.

Die Sättigung bzw. die maximal mögliche Ionenkonzentration ergibt sich aus dem Verhältnis zwischen Inertgasdurchfluß und -druck für die eingestellte Ionenquellenleistung. Dieser Zusammenhang ermöglicht die genaue Einstellung der Prozeßparameter in Abhängigkeit der geometrischen Gegebenheiten der Anlage, insbesondere der Ätzvorrichtung. Der Arbeitsbereich ist jedoch relativ begrenzt, da für eine wirkungsvolle Ätzung die Geschwindigkeit vom Materialabtrag aus der Werkstückoberfläche das Mehrfache der Oberflächenkontamination sein muß. Eine hohe Ätzgeschwindigkeit bedeutet gleichzeitig hohe Energien, die eine starke Zunahme der Werkstücktemperatur hervorrufen kann. Am Ende des Ätzvorganges sollen zwei Voraussetzungen für eine einwandfreie Beschichtung erfüllt sein:

- Oberflächenreinheit der Werkstücke und
- Beschichtungstemperatur.

Die Beschichtung erfolgt mittels Magnetronsputtern. Eine Anordnung mit zwei flachen Magnetronen in Verbindung mit einer Drehvorrichtung für die Werkstücke sorgt für die gleichmäßige Beschichtung. Die Kathoden besitzen eine dafür speziell konzipierte Magnetanordnung, die die gleichmäßige Abtragung von Titan aus dem Target steuert und sehr hohe Zerstäubungsraten erzeugt. Das Magnetfeld schränkt die Plasmaentladung auf den Bereich nahe der Targetoberfläche derart ein, daß der Entladungsbereich mit der höchsten Energie die Werkstückoberfläche nicht berührt. Dadurch wird eine eventuell nicht erwünschte Werkstückerwärmung während der Beschichtung vermieden. Drei Faktoren tragen hierzu bei:

- der Abstand zwischen Target- und Werkstückoberfläche,
- die Kathodenleistung und
- die Bias-Spannung.

Der Abstand Target zu Werkstück beeinflußt nicht nur die Werkstückerwärmung, sondern auch die Beschichtungsrate, den Streugrad des Beschichtungsmaterials und (in Abhängigkeit der geometrischen Anordnung und technischen Daten der Vakuumanlage) auch die chemische Zusammensetzung der bei reaktiver Prozeßführung abgeschiedenen Schichten. Die Kathodenleistung hat zwei Komponenten, Strom und Spannung, die sich auf den Beschichtungsprozeß unterschiedlich auswirken. Die Stromstärke bestimmt im wesentlichen die Zerstäubungsrate und die Spannung die Plasmaausdehnung und den Ionisierungsgrad. Bei diesem Verfahren wird eine speziell dafür entwickelte Kathodengeometrie verwendet, die es ermöglicht, die Spannung auf Werte weit unter 500 Volt und den Druck bis in den Bereich 1×10^{-3} mbar zu verringern. Der erwünschte Streugrad des Beschichtungsmaterials wird durch die hohen Beschichtungsraten erzielt. Diese liegen in der Größenordnung von 0,008 bis 0,015 mm/h für goldenes TiN und von 0,018 bis 0,025 mm/h für silbernes TiN. Bei der Beschichtung von zylindrischen Teilen werden sie einer gleichmäßigen Drehbewegung unterzogen, wobei eine Toleranz von + – 10 % eingehalten werden kann.

Die Prozeßführung erfolgt automatisch nach voreingestellten Parametern. Eine Rechnereinheit steuert den gesamten Prozeßablauf, wobei verschiedene Menüs zur Verfügung stehen:

- Standard-Prozesse für goldenes und silbernes TiN, TiCN, TiCON oder mehrlagige Schichtsysteme (z. B. Silber/Gold-TiN),

- Prozesse für die Herstellung von gradierten Schichten mit veränderter chemischer Zusammensetzung während der Abscheidung,

- manueller Eingriff in den Prozeßablauf (z. B. Veränderung der Beschichtungsrate, Bias-Spannung, Gesamt- oder Partialdrücke)

- Veränderung von Regelgrößen der Prozeßsteuerung, u. a.

Ergänzt werden diese Menüs mit Überwachungsparametern zur Fehlerdiagnose und Wartungsanzeige, sowie automatische Protokollierung der durchgeführten Prozesse. Insbesondere hat sich diese Steuereinheit bei der Herstellung von Schichten mit gleichbleibender Qualität und bei der Entwicklung von neuen Schichtsystemen bewährt.

2 Silberne Titannitrid-Schichten

Die Eigenschaften von gesputterten Schichten hängen sehr stark von den eingestellten Beschichtungsparametern ab, jedoch sind sie für das Magnetron-Sputterverfahren nicht charakteristisch. Bei Aufdampfverfahren sind die physikalischen Vorgänge ähnlich; im wesentlichen unterscheiden sie sich durch die Art, wie das Beschichtungsmaterial in die Gasphase überführt wird. Die Anlagengeometrie und die technischen Daten, wie das Saugvermögen des Pumpsystems oder die Kathodengeometrie, sind von größerer Bedeutung und bestimmen die Flexibilität des Verfahrens. Im Gegensatz zu anderen Auffassungen spielt das Verhältnis zwischen Argon- und Stickstoffpartialdruck bei diesem Verfahren keine besondere Rolle, sondern das Verhältnis zwischen Zerstäubungsrate und Stickstoffangebot.

Das Titan-Stickstoff-System wird seit langem intensiv untersucht, jedoch im Bereich der Dünnschichttechnik nehmen die goldenen TiN-Schichten den größten Anteil ein. Titan, mit hexagonaler Kristallstruktur, kann beträchtliche Mengen an Stickstoff aufnehmen. Das Gitter weitet sich mit zunehmender Stickstoffmenge, und ihre Struktur verändert sich. Die „ideale" Titan-Stickstoff-Verbindung besitzt tetragonale Kristallstruktur (Ti_2N) [1]. Die Härte dieses Hartstoffes liegt im Bereich 3000 bis 4000 Vickers. Eine weitere Zunahme des Stickstoffanteils in der Schicht führt zur Gefügeveränderung, und die Kristallstruktur wird kubisch flächenzentriert im stöchiometrischen Bereich (TiN). Die Härte dieser Schicht sinkt vergleichsweise bis auf Werte um 2200 Vickers.

Stöchiometrische TiN-Schichten (Gold-TiN) werden mittels dieses Verfahrens bei Beschichtungsraten zwischen 0,008 und 0,015 mm/h (für zylindrische Teile) abgeschieden. Der Vergleich mit unterstöchiometrischen Schichten (Silber-TiN), die bei Beschichtungsraten zwischen 0,015 und 0,025 mm/h abgeschieden werden, zeigt unter anderem den Nachteil, daß Gold-TiN-Schichten bei geringen Druckabweichungen ihre Farbe verändern. Silber-TiN zeigt eine silberne Farbe im gesamten Bereich bis zum Sättigungspunkt, Bildung einer Ti_2N-Phase in sehr engem Bereich [2] (Übergang zu Gold-TiN); d. h. unterschiedliche Beschichtungen für spezielle Anwendungsfälle können ihren äußerlichen Charakter konstant halten. Die Beschichtungsrate spielt bei der Herstellung von Silber-TiN eine wesentliche Rolle; bei gleichem Verhältnis Titan-Stickstoff-Angebot nehmen die Schichthärte und -dichte mit zunehmender Beschichtungsrate zu.

Da Silber-TiN ohne Stickstoff-Partialdruck abgeschieden wird, beschränken sich die Parameter auf die Regelung des Argon-Partialdruckes, des Stickstoff-Durchflußes und der Bias-Spannung. Diese Vereinfachung ist einer der Gründe für die extrem gute Reproduzierbarkeit dieser Schichten.

3 Anwendungsspezifische Schichtherstellung

Silber-TiN ist eine Schicht mit Mischstruktur; sie weist eine sehr gute Zähigkeit auf im Bereich von Härtewerten um 3000 Vickers, die aber mit zunehmender Härte sehr rasch abnimmt. Daher werden keine Silber-TiN-Schichten mit einheitlicher chemischer Zusammensetzung hergestellt. Eine hohe Oberflächenhärte bei geringer Schichtzähigkeit ist bei Anwendungen gegen abrasiven Verschleiß von Vorteil. Die Schicht muß dementsprechend gradiert werden, d. h. der Aufbau besteht aus einer ersten Schichtstruktur

– mit Eigenschaften, die an den zu beschichtenden Werkstoff angepaßt sind, einer zweiten Schichtstruktur

– mit Eigenschaften, die auf die funktionelle Oberfläche abgestimmt werden,

und einer dritten Schichtstruktur

– mit den gewünschten Eigenschaften zur Verschleiß- und/oder Korrosions-
 ·minderung.

Der Schichtaufbau richtet sich auch nach der aufzubringenden Schichtdicke;
dünnere Schichten besitzen eine einheitlichere Struktur als dickere.

Niedertemperaturbeschichtungen, im Bereich bis zu 300 Grad Celsius, sind
eher in silberner, als in goldener Ausführung abscheidbar. Die Schichtstruktur hängt mit der Beschichtungstemperatur zusammen, jedoch ist diese Abhängigkeit bei Silber-TiN von geringerer Bedeutung. Der Schichtaufbau muß
die zusätzlich auftretende Schichteigenspannungen berücksichtigen, wobei
die Parametereinstellung in einem anderen Bereich geschieht. Mehrlagige
Schichten sind mit diesem Verfahren einfach abzuscheiden. Nach Eingabe
des gewünschten Schichtsystems steht ein Menü zur Charakterisierung der
Eigenschaften jeder einzelnen Schicht zur Verfügung. Der Übergang zwischen zwei Schichten wird von einer optimierten Zwischenschicht dargestellt, wobei ihre Eigenschaften mit den der aufeinanderfolgenden Schichten
abgestimmt sind. Die zwei am meisten abgeschiedenen Schichtsysteme sind
Silber/Gold-TiN und Gold-TiN/TiCN.

4 Anwendungsbeispiele

Die funktionelle Silber-TiN-Schicht wird im allgemeinen für alle Anwendungsfälle im Bereich der spanabhebenden und der Umformwerkzeuge stan-
dardmäßig ausgeführt. Ein Unterschied wird insbesondere zwischen der Beschichtung von spanabhebenden Werkzeugen aus Schnellarbeitsstahl und aus
Hartmetall gemacht. Für die unterschiedlichen Werkzeugarten werden auch
unterschiedliche Schichtdicken aufgebracht:

– Spiral- und Gewindebohrer bekommen die dickeren Schichten
– Fräswerkzeuge etwa 80 % der Schichtdicke von Spiralbohrern
– Reib- und andere Feinschneidwerkzeuge etwa nur 50 %.

Zur Verringerung der Verklebneigung und des Verschleißes werden auch
Kunststoff-Spritzwerkzeuge beschichtet. Üblicherweise handelt es sich um
Stähle mit niedrigen Anlaßtemperaturen, so daß in jedem Fall höchstens 300
Grad Celsius erreicht werden dürfen. Da die Oberflächenbelastungen sehr
gering sind, darf die Schicht bis zu einer Dicke von 0,008 mm aufgebracht

werden. Da sehr häufig solche Werkzeuge nach dem Einsatz nachbeschichtet werden sollen, wird die Silber-TiN-Schicht für die Nachbeschichtung vorbereitet. Die Beschichtung von Maschinenteilen, insbesondere gegen Verschleiß, aber auch gegen Korrosion, findet zunehmend Anwendung. Hier sind in den meisten Fällen Niedertemperaturbeschichtungen durchzuführen. Die Verschleißursache ist im Normalfall auch die Abrasion. Hohe Oberflächenhärten sind einer hohen Schichtzähigkeit vorzuziehen. Gegen Korrosion sind PVD-galvanisch abgeschiedene Schichten unterlegen. Bekannterweise kann mit Gold-TiN kein ausreichender Korrosionsschutz erreicht werden. Ein weiterer Vorteil von Silber-TiN ist die Dichte und demzufolge die Korrosionsbeständigkeit. Eine Abscheidung von Silber-TiN auf galvanische Beschichtungen ist grundsätzlich möglich unter der Voraussetzung, daß die Grundschicht dicht genug ist und eine ausreichende Haftfestigkeit aufweist. Der Korrosionsschutz wirkt sich in diesem Fall sehr günstig aus.

4.1 Beschichtete Spiralbohrer

Mit Silber-TiN beschichtete Spiralbohrer werden insbesondere bei der Zerspanung von schwer zu bearbeitenden Werkstoffen eingesetzt. Bei der Bearbeitung von rostfreien und hochtemperaturbeständigen Edelstählen werden Standzeitverlängerungen von über 50 % gegenüber Gold-TiN beschichteten Spiralbohrern gemeldet. Eine Erhöhung der Schnittgeschwindigkeit ist von Fall zu Fall unterschiedlich möglich; dagegen sind höhere Vorschübe nicht empfehlenswert. Auch bei der Bearbeitung von Grauguß sind vorteilhafte Ergebnisse gegenüber Gold-TiN zu erreichen.

4.2 Beschichtete Gewindeschneid- und Umformwerkzeuge

Gewindebohrer für die Bearbeitung von rostfreien Edelstählen, Grauguß und Aluminium-Silizium-Legierungen werden heute sehr häufig mit Silber-TiN beschichtet. Die Vorteile sind:

- erhöhte Verschleißfestigkeit
- weitgehende Vermeidung von Aufbauschneiden
- wesentliche Standzeitverbesserungen
- höhere Schnittgeschwindigkeiten.

Bei der spanlosen Herstellung von Innengewinden kommt die optimale Oberflächengüte der Silber-TiN-Beschichtung besonders gut zum Tragen. Die Silber-TiN-Beschichtung bei Schneideisen zur Herstellung von Außengewinden bringt auf gleiche Weise Vorteile gegenüber der Gold-TiN-Beschichtung.

4.3 Fräswerkzeuge

Bei Fräswerkzeugen sollte der Vergleich zusätzlich auf die neue TiCN-Beschichtung ausgeweitet werden. Mit Silber-TiN beschichteten Schlichtfräsern werden bessere Standzeitergebnisse erzielt als mit TiCN. Das gilt nicht nur bei der Zerspanung von rostfreien Edelstählen oder Aluminium-Legierungen, sondern auch bei vergüteten Stählen. Bei der Schruppbearbeitung sind Standzeiterhöhungen in dieser Größenordnung noch nicht zufriedenstellend erreicht worden. Bei Fräswerkzeugen können die Vorteile der Silber-TiN-Beschichtung durch eine Anpassung der Werkzeuggeometrie verbessert werden, insbesondere im Hinblick auf die Abführung des zusätzlich zerspanten Materials.

4.4 Andere Anwendungen

Umformwerkzeuge werden heute in großem Maßstab mit Silber-TiN beschichtet; adhäsiver und Gleitverschleiß kann dadurch sehr stark vermindert werden. Maschinenteile wie Gleitlager, Wellen oder Führungen können ihre Lebensdauer durch die Silber-TiN-Beschichtung um das Mehrfache erhöhen. Zunehmend werden diese auch als Ersatz für galvanische Beschichtungen eingesetzt. Ein neues Einsatzgebiet ist die Beschichtung von galvanisch gebundenen Diamant- oder CBN-Schleifscheiben. Die Haftfestigkeit der Schleifkörner ist nicht das Hauptargument, sondern der Schutz der galvanischen Bindung (in den meisten Fällen eine Nickellegierung), d. h. die Verringerung des Verlustes von Schleifkörnern durch Abtrag der Bindung.

5 Ausblick auf die Weiterentwicklung

PVD-Schichten zählen heute zum Stand der Technik in sehr weiten Gebieten der industriellen Fertigung und der Gebrauchsgüter. Zunehmend werden neue Schichten entwickelt, jedoch nicht im Hinblick auf die Erfindung einer allgemein anwendbaren Schicht, sondern auf die Erweiterung der Einsatzgebiete. Die heutige Tendenz ist die Entwicklung von Schichtsystemen, die für einen spezifischen Anwendungsfall geeignet sind. Titan ist heute der am meisten verwendete Basiswerkstoff zur Herstellung von PVD-Schichten, jedoch Wolfram, Aluminium, Molybdän und Chrom können in naher Zukunft als Ausgangsmaterial verwendet werden.

Literatur:

[1] *W. Bosch:* Fortschrittberichte VDI, Reihe 5, Nr. 106, S. 27–30
[2] *A. Barimani:* Fortschrittberichte VDI, Reihe 5, Nr. 168, S. 49

Das unbalancierte Magnetron Stand der Entwicklung heute

W.-D. Münz

1 Einleitung

Die Magnetron-Kathodenzerstäubung gehört aus heutiger Sicht zu den erfolgreichsten PVD-Beschichtungsquellen. Eine exakte Steuerbarkeit im metallischen wie im reaktiven Betrieb, bei der Abscheidung von Metallen und Metallegierungen sowie bei der Abscheidung von Nitriden, Karbiden und Oxiden, zeichnen diese Quellen aus. Die Möglichkeit der Herstellung von oxidischen Schichten in engen Schichtdickentoleranzen über einen Ausdehnungsbereich von mehreren Metern haben diese Quelle insbesondere zur Anwendung bei der Architekturglasbeschichtung und Erzeugung optisch aktiver Mehrlagenschichten auf Kunststoffolien prädestiniert. Diese Anwendungen zeigen das gewaltige Anwendungspotential im Prinzip auch für die Hartstoffbeschichtung.

Auf dem Gebiet der Hartstoffbeschichtung, z. B. bei der Abscheidung des heute weithin bekannten goldfarbenen TiN, hat diese Technik, obwohl auch hier sehr exakte Prozesskontrolle gefragt wäre, nur auf einem begrenzten Gebiet, nämlich bei der dekorativen Beschichtung von hochwertigen Gebrauchsgegenständen wie Uhrenschalen, Schreibgeräten oder Brillengestellen, nachhaltigen Erfolg gezeigt [1,2]. Auf dem Gebiet der Werkzeugbeschichtung oder bei der Bauteilebeschichtung ist dieser Technik der breite Durchbruch bisher nicht gelungen. Die Gründe hierfür liegen vor allem bei der sehr niedrigen Ionisierung der Atmosphäre im unmittelbaren Bereich des Substrats, und der daraus folgenden Tatsache, daß die Ionisierung mit zunehmendem Abstand des zu beschichtenden Substrats steil abnimmt, wenn man Magnetronkathoden als Beschichtungsquellen benützt. Dies hat zur Folge, daß große dreidimensionale Teile nur sehr schwer zu beschichten sind. Niedrige Ionisierung und Abschattungseffekte bei der Beschichtung führen in der Regel zu porösen Schichtstrukturen und minderer Schichtqualität [3,4]

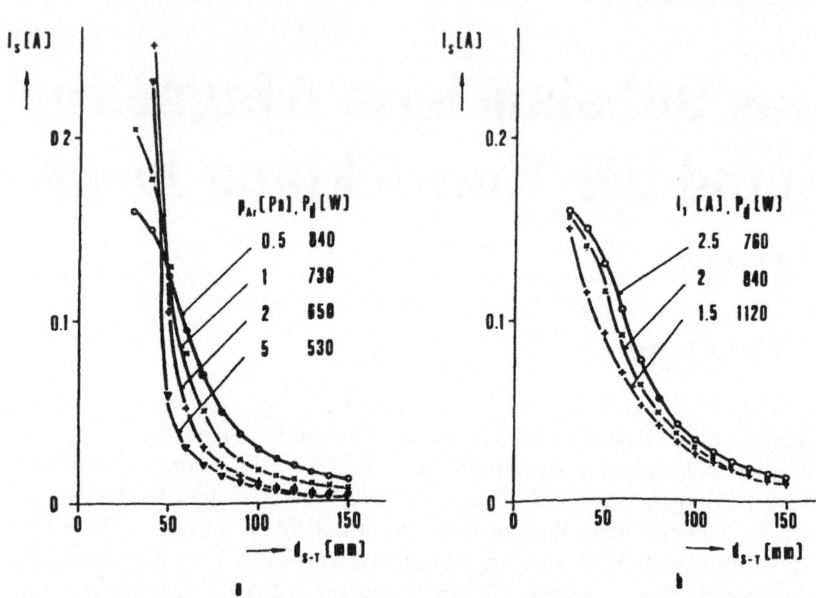

Bild 1: Einfluß von Gesamtdruck und Zerstäubungsleistung auf den Abfall des Bias-Stromes als Funktion des Abstands Target-Substrat

Bild 1 zeigt zwar, daß durch Variation der Zerstäubeleistung und des Druckes bei der Zerstäubung im unmittelbaren Kathodenbereich beachtliche Veränderungen erzielt werden können, in einem Bereich größer 10 cm jedoch sind diese Parametervariationen unwirksam.

Das unbalancierte Magnetron ist nun in der Lage diese Nachteile aufzuheben. Die ursprünglichen Arbeiten zu diesem Thema wurden am CSIRO-Institut (Dr. *Window* et al.) in Sidney durchgeführt [5,6,7]. Dieses Verfahren wurde dann sehr schnell an der Universität von Loughborough (Prof. *Howson*), England und an der Akademie der Wissenschaften in Prag (Dr. *Musil* et al.), CSFR, zur Herstellung dichter optischer Schichten [8] bzw. zur Abscheidung harter TiN-Schichten [9,10,11,12] herangezogen.

2 Was ist „Ion-Plating"?

Bevor auf das eigentliche Thema eingegangen werden soll, soll der Begriff des „Ion-Plating" aus historischer Sicht diskutiert werden. In der Beschichtungstechnik wird dieser Begriff normalerweise benützt, wenn mit Aufdampfquellen, wie Schiffchenverdampfer, Elektronenstrahlkanonen, Hohlkathoden oder Arc-Quellen in hochionisierter Atmosphäre, inert oder reaktiv, bei Oberflächenbeschichtungen, z. B. TiN abgeschieden wird. Der Begriff selbst stammt von Mattox aus dem Anfang der 70er Jahre [13]. Von Bunshah stammt die in Bild 2 dargestellte Definition [14]. Danach ist „Ion-Plating"

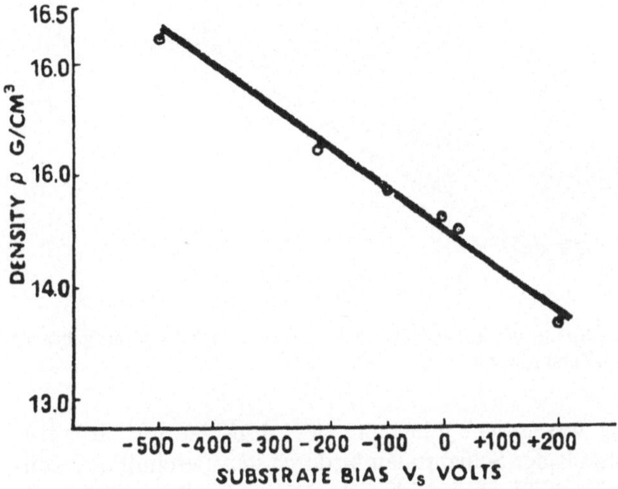

Bild 2: Definition des Begriffs „Ion-Plating" nach Prof. Bunshah, UCLA, Los Angeles, USA [14]

ein Effekt, der in der Hauptsache nur am Substrat stattfindet und im wesentlichen von der Quelle, die den Metalldampf erzeugt, unabhängig ist. Unter der Einwirkung energiereicher Teilchen kondensieren die Metall- und Gasatome zu dichteren und haftfesteren Oberflächenbelägen. Dabei spielt die Energie der Teilchen sowie deren Anzahl im Verhältnis zu den kondensierenden neutralen Metall- und Gasatomen eine wichtige Rolle.

In der Vergangenheit wurde von Vertretern der „Ion-Plating"-Technik die Kathodenzerstäubung oft als völlig anders gearteter Prozeß dargestellt, ohne eine differenzierte physikalische Erklärung dafür zu liefern. Doch schon Mattox et al. konnten zeigen [15], daß Ta, das einen ähnlichen Schmelzpunkt wie TiN besitzt, bei 300 °C dicht kondensiert, wenn man während der Kondensation eine negative Biasspannung anlegt. Bild 3 stellt die Dichte als Funktion der Biasspannung dar. Bei U_B gleich −300 V erreicht das Kondensat praktisch dieselbe Dichte, nämlich ca. 16 g/cm³, wie das Festmaterial. Macht man sich Bunshah's Argumentation zu eigen, so bedeutet dieses Resultat, daß die

131

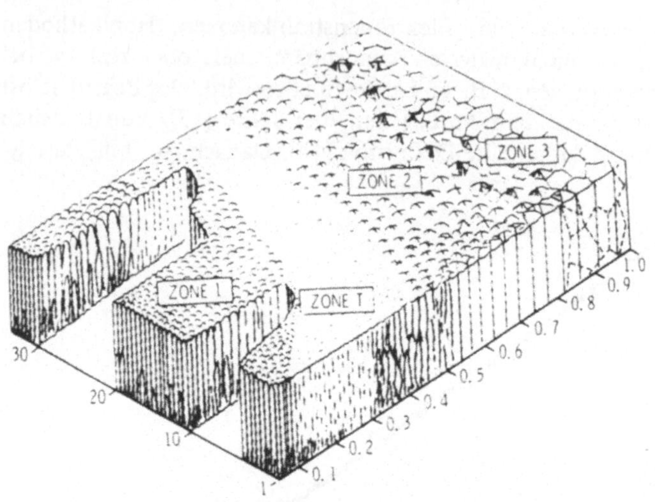

Bild 3: Einfluß der Bias-Spannung auf die Dicke von Tantal-Schichten, aufgebracht durch Kathoden-Zerstäubung

Kathodenzerstäubung wesentliche Elemente des „Ion-Platings" aufweist, z. B. die Beeinflußbarkeit der Schichtqualität durch den Beschuß des Kondensats mit energiereichen Teilchen. Neben der Dichte wurde vor allem die Haftfestigkeit angezweifelt. Diese negativen Aspekte stellten die anerkannten Vorteile der Kathodenzerstäubung in den Schatten, nämlich die Möglichkeit der Abscheidung von Legierungsschichten, wie TiAlN [16,17,18] oder TiZrN [18] usw.

In einer ausgedehnten Vergleichsstudie [19] konnte gezeigt werden, daß viele der physikalischen Eigenschaften von TiN sehr ähnlich sind, wenn man TiN mit unterschiedlichen industriellen „Ion-Plating"- und Kathodenzerstäubungsprozessen abscheidet. Dies gilt für allem für jene Resultate, die mit den üblicherweise allgemein zugänglichen mechanischen und optischen Meßmethoden, wie Mikrohärte, kritische Last, Reibungskoeffizient oder wie die Farbe, gemessen werden können. Gravierende Unterschiede ergaben sich allerdings in der kristallographischen Orientierung, im Aufbau des Interfaces Substrat/Schicht und beim einfach durchführbaren Rockwell-C-Eindruck-Test. Diese Resultate wurden erst kürzlich mit Resultaten verglichen, die mit dem unbalancierten Magnetron erzielt wurden [20].

Tabelle 1 stammt aus letztzitierter Studie und vergleicht die Prozessparameter der verschiedenen Beschichtungsverfahren. An Verfahren wurde das Niederspannungs-Elektronenstrahl-Aufdampf-Verfahren, LV-EB [21], das

132

Tabelle 1: Process Parameters

	LV-EB	Tri-EB	R-Arc	St-Arc	M–Sp	UBM-Sp-HP	UBM-Sp-LP
Preheat							
Temperature (°C)	450	No	450	450	250	500	500
Sputter-etch							
Type of ions	Ar+	Ar+	Ti+	Ti+	Ar+	Ar+	Ar+
Etching Voltage (V)	200	1 000	1 200	1 200	1 500	600	600
Etching Time (min.)	20	30	2	2	8	5	5
Etch. Pressure (10^{-3} mbar)	1.5	6	–	–	20	50	50
Max. Etching Temp. (°C)	450	400	400	400	350	500	500
Coating Process							
Gas	$Ar+N_2$	$Ar+N_2$	N_2	N_2	$Ar+N_2$	$Ar+N_2$	$Ar+N_2$
Total Pressure (10^{-3} mbar)	2	6	5	7	8	50	1
Deposition Temper. (°C)	450	500	425	425	350	500	500
Deposition Time (min.)	90	20	40	60	8	90	90
Dep. Thickness (μm)	5.2	3.0	5.7	2.9	2.5	5	4
Negative Bias Voltage (V)	50	110	100	100	85/100	83	60
Bias Current (mA/cm$_2$)	3–5	2	1.9	1.6	0.6	6	2.5
Deposition Rate (Å/sec.)	9	25	24	8	52	8	7
$V_{Ionized}/V_{Ti\ atoms}$	4.9	0.95	0.94	24	0.14	6.4	4.0

Trioden-Hochspannungs-Elektronenstrahl-Aufdampf-Verfahren, Tri-EB [22], das Random und Steered-Arc-Verfahren, R-Arc und St-Arc [23] das Doppelkathoden-Verfahren Sp [24] und das unbalancierte Magnetronverfahren bei hohem (UBI [9]) und niedrigem Druck (UBII [10]) miteinander verglichen. Unabhängig von der Art der Vorbehandlung im Vakuum und der Atmosphäre während der Beschichtung findet man nur relativ geringe Unterschiede in der Biasspannung, jedoch riesige Unterschiede in der Biasstromdichte. Die höchsten Werte für die Biasstromdichte wurden für das LV-EB-Verfahren und für das UBI-Verfahren ermittelt. Hinsichtlich der Beschichtungsrate liegt das Doppelkathoden-Verfahren an der Spitze. Bringt man die Biasstromdichte und die Kondensationsrate in eine mathematische Beziehung, so läßt sich das Verhältnis der während der Kondensation von TiN am Substrat aufschlagenden Ionen v_0 zu neutralen Atomen v_i berechnen:

$$\frac{v_i}{v_0} = \frac{Js}{R} \times 6{,}2$$

Js = Biasstromdichte [mA/cm^2]; R: Rate in Å/sek.

Auch bei dieser abgeleiteten Größe erkennt man deutliche Unterschiede bei den verschiedenen Beschichtungsverfahren. Besonders gravierend ist die Sonderstellung der Magnetron-Kathodenzerstäubung. Sieht man das v_i/v_0 als Maß für den „Ion-Plating"-Effekt an, dann ist das hier beschriebene Kathodenzerstäubungsverfahren in der Tat eine Beschichtungsmethode mit relativ geringem „Ion-Plating"-Effekt. Das unbalancierte Magnetron-Verfahren reiht sich jedoch nahtlos in die typischen „Ion-Plating"-Verfahren ein und übertrifft zumindest bei den in Tabelle 1 zusammengestellten Werten das eine oder andere Konkurrenzverfahren. Wichtig ist zu erwähnen, daß die in der Tabelle angegebenen Werte für die Stromdichte in beiden Fällen des unbalancierten Magnetrons bei einem Abstand Quelle zum Substrat von 200 mm gemessen wurden, also nicht im kathodennahen Bereich. Somit ergeben sich auch in geometrischer Hinsicht Aspekte, die die ursprünglichen Nachteile der Kathodenzerstäubung bereinigen. Das unbalancierte Magnetron-Verfahren besitzt somit auch im Hinblick auf die Beschichtbarkeit großer dreidimensionaler Teile die wesentlichen Merkmale der herkömmlichen „Ion-Plating"-Verfahren.

3 Einfluß des Ionenbeschusses auf die Mikrostruktur von harten Schichten

Die Mikrostruktur harter Schichten wird, wie bereits mehrfach angedeutet, wesentlich von den Kondensationsbedingungen und damit auch vom Ionenbeschuß während der Kondensation beeinflußt und kontrolliert. Sind energiereiche Teilchen in den Kondensationsprozess involviert, so erhöhen diese die Beweglichkeit der bereits adsorbierten Atome, sie erhöhen die Reaktivität des Kondensationsprozesses und sie tragen zur Erwärmung des Substrats bei. Vereinfacht ausgedrückt, rufen sie Verhältnisse hervor, wie sie nur bei erhöhten Temperaturen stattfinden. Bild 4 gibt Thornton's bekanntes Schema [25] des Temperatur- und Druckeinflusses auf die Struktur der kon-

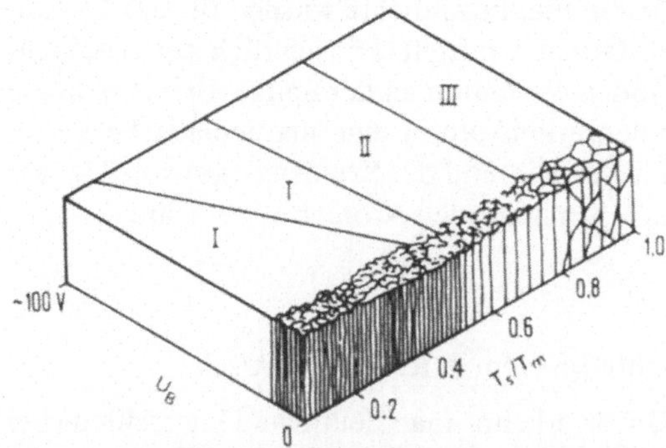

Bild 4: Schichtstruktur-Modell nach Thornton [25]
Einfluß von Substrattemperatur relativ zum Schmelzpunkt der Schicht und Einfluß des Druckes bei der Kathodenzerstäubung auf die Mikrostruktur von PVD-Schichten

densierenden Schicht wieder. Dichte kolumnare Schichten mit glatter Oberfläche erreicht man nur (Zone T und Zone II), wenn die Kondensationstemperatur in einem bestimmten, hinreichend hohen Bereich liegt. Je niedriger der Druck bei der Kathodenzerstäubung ist, um so niedriger ist die minimale Temperaturgrenze. Messier et al. [26] fand, daß auch mit zunehmender Biasspannung die für dichte, glatte Schichten minimalen Temperaturgrenzen sinken (Bild 5), was durch Bild 3 über das Verhalten von Ta-Schichten bereits angedeutet wurde.

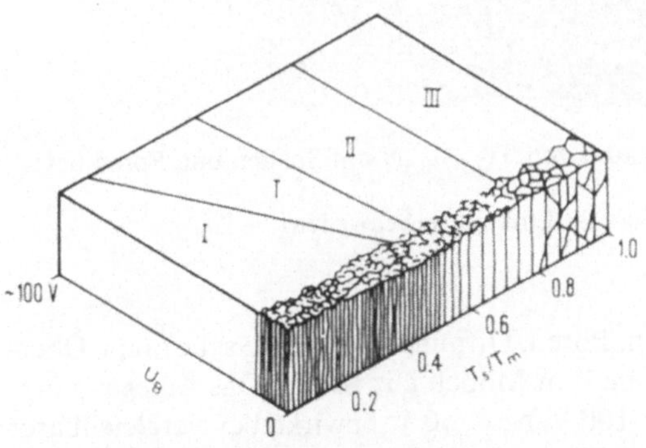

Bild 5: **Erweitertes Struktur-Modell von Messier et al. [26]**
Einfluß der Biasspannung auf das Gefüge von Schichten mit hohem Schmelzpunkt

X-TEM-Analysen bestätigen diese Modellvorstellungen. So zeigt Bild 6 eine TEM-Aufnahme einer $Ti_{0,5}Al_{0,5}N$-Schicht, wie sie mit einer Biasspannung U_B=0V bei ca. 400 °C kondensiert [27]. Säulenförmige Einkristalle wachsen vom Interface bis zur Schichtoberfläche. Die Schicht ist gekennzeichnet

Bild 6: Kolumnares Schichtwachstum von $Ti_{0,5}Al_{0,5}N$ mit Spalten und Poren bei $U_B = 0V$
(X-TEM-Aufnahme Universität Linköping, Schweden)

durch eine Vielfalt von Spalten, Poren, Öffnungen und eine sehr rauhe Oberfläche, sehr ähnlich wie in Zone I im Modell aus Bild 4. Das Anlegen einer negativen Biasspannung von 100 V bzw. 50 V bewirkt bei vergleichbarer Substrattemperatur von ca. 400 °C eine völlige Schließung (Bild 7) der Spalten und Poren, unabhängig ob es sich z. B. um $Ti_{0,5}Al_{0,5}N$ oder reines TiN handelt. Das kolumnare Schichtwachstum bleibt erhalten. Die Einkristalle sind jedoch wesentlich kürzer, ragen nicht mehr durch die gesamte Schicht, zeigen einen geringeren Durchmesser und lassen eine wesentlich glattere Oberfläche zu.

Weitere detaillierte Aufschlüsse über das Auftreten von Spalten und Poren in TiN liefern X-TEM-Analysen in [28]. Bei einer Substrattemperatur von

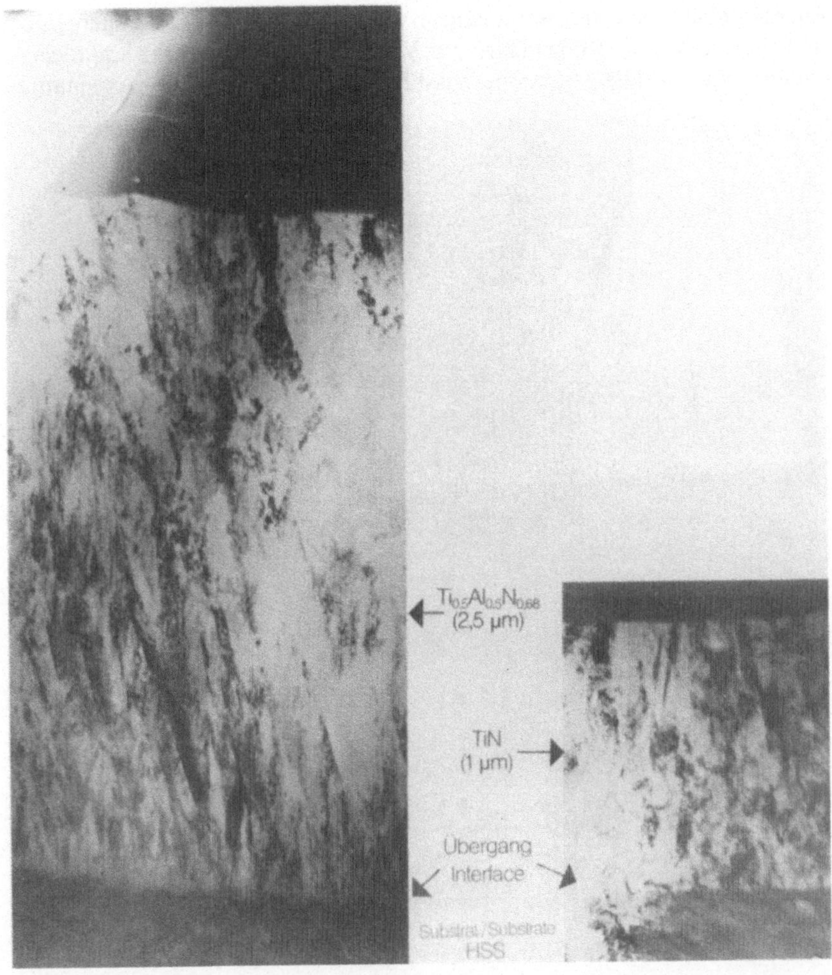

Bild 7: Vergleich einer dichten $Ti_{0,5}Al_{0,5}N_{0,68}$-Schicht und einer dichten TiN-Schicht
(TiAl)N: U_B = – 100 V (2,5 µm)
TiN: U_B = – 50 V (1   µm)
(X-TEM-Aufnahme Universität Linköping, Schweden)

450 °C wurden völlig dichte Schichten nur dann gefunden, wenn bei einer
Biasstromdichte von 0,5 mA/cm² die negative Biasspannung über 120 V lag.
Außerdem wurde aber gefunden, daß das „Porenschließen" mit entsprechend
hoher Biasspannung Nachteile mit sich bringt. Bei negativen Biasspannungen größer als 80 V entstehen nämlich durch Ionenbeschuß mit zunehmender
schrittweise erhöht. Ab –80 V erkennt man punktförmige mindestens 30 Å

Energie lokale Defekte, Versetzungen usw. Diese stören das Schichtgefüge und führen, wie die Praxis lehrt, zur Versprödung der Schicht. Bild 8 zeigt wieder eine X-TEM-Aufnahme aus [28]. Dabei wurde die Biasspannung

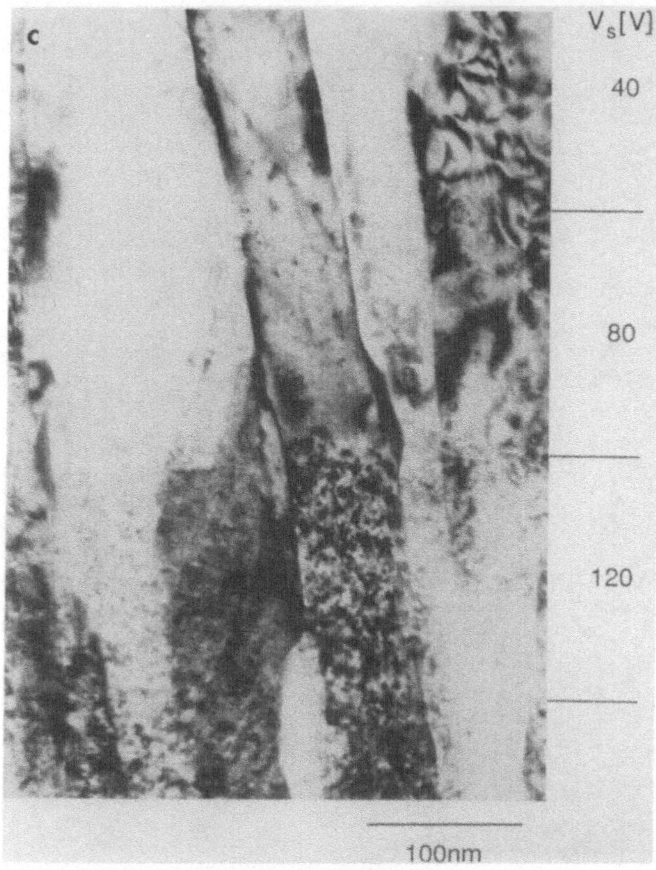

Bild 8: Einfluß der Biasspannung auf die Ausbildung lokaler punktförmiger Defekte bei der Abscheidung von TiN [28].
(X-TEM-Aufnahme Universität Linköping, Schweden)

große Defekte, die in ihrer Häufigkeit schlagartig zunehmen, wenn man die negative Biasspannung auf 120 V erhöht. Parallel dazu wurde von einer Reihe von Autoren gefunden, daß die Mikrohärte mit steigender Biasspannung ansteigt. HV-Werte von 3 000 wurden wiederholt gemessen [27,29,30].

Erst relativ spät wurde entdeckt [11,31,32], daß die Dichte und das Mikrogefüge der kondensierenden Hartstoffschichten neben der Biasspannung auch

138

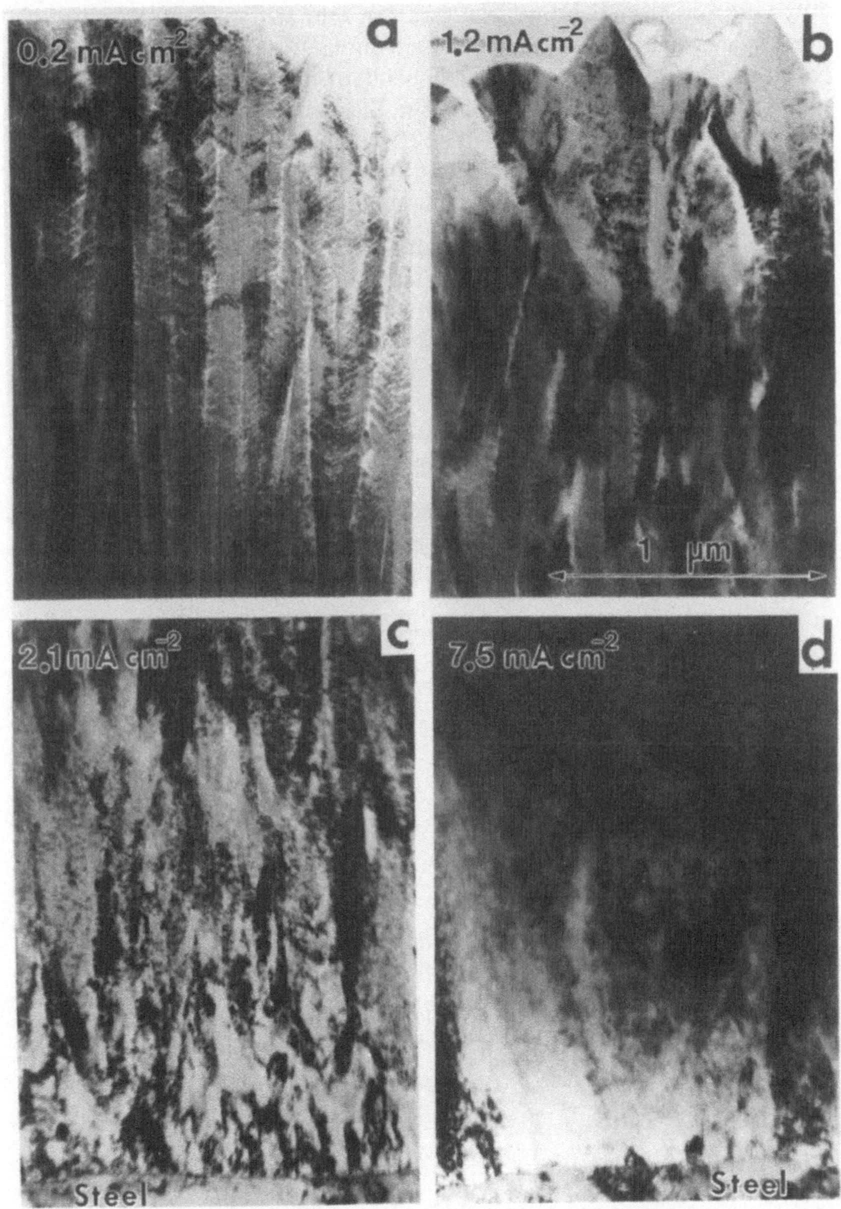

Bild 9: Einfluß der Biasstromdichte auf das Mikrogefüge von TiN [33]
(X-TEM-Aufnahme Northwestern University, Evanston, USA)

durch die Biasstromdichte gesteuert werden kann. Offene Strukturen werden dicht, wenn man bei konstanter Biasspannung die Biasstromdichte erhöht [11]. So wurde in [32] postuliert, daß bei den dort gegebenen Versuchsparametern dichte Schichten nur bei einer Biasstromdichte größer 2 mA/cm² aufwachsen. Zusätzlich wurde in [32] berichtet, daß bei derartig hohen Stromdichtewerten auch keine Wachstumsabhängigkeit vom Einfallswinkel der am Substrat auftreffenden Metallatome festzustellen ist.

Bild 9 gibt eine Serie von X-TEM-Aufnahmen wieder, die die Aussagen zur Gefügedichte unterstreichen [33]. Stengelförmige Strukturen und rauhe Oberflächen entstehen bei U_B= –100 V und niedrigen Stromdichtewerten von 0,2 bis 1 mA/cm²; sehr dichte Schichten und glatte Oberflächen jedoch bei Stromdichten größer 2 mA/cm². Bei 7,5 mA/cm² erkennt man ferner, daß die Korngröße im Bereich des Interfaces drastisch zunimmt. Ein Effekt wie er auch beim LV-EB-Verfahren gefunden wurde [19, 20], wo ebenfalls sehr hohe Stromdichtewerte vorherrschen (Tabelle 1).

Der Ionenbeschuß beeinflußt wie erwähnt die Mikrohärte von TiN. Dabei spielen sowohl die Auftreffenergie als auch die Biasstromdichte eine wesentliche Rolle. Bild 10 gibt den Einfluß der Biasspannung auf die Mikrohärte

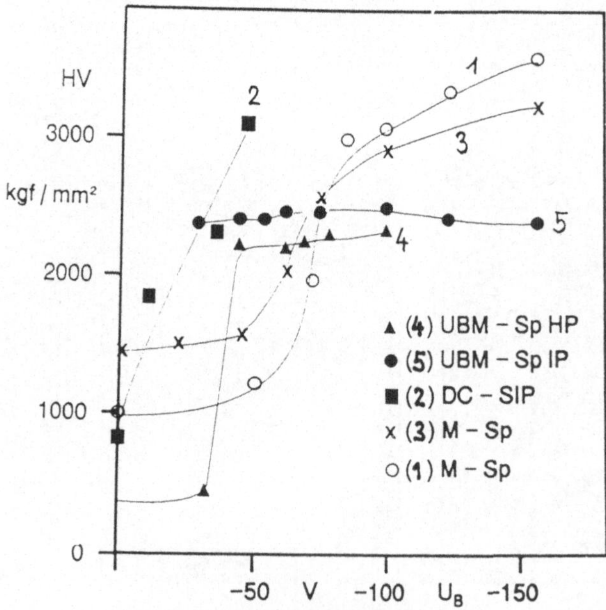

Bild 10: Mikrohärte als Funktion der Biasspannung für verschiedene Kathodenzerstäubungsverfahren mit unterschiedlicher Ionisierungsdichte des Plasmas

wieder. Die Verfahren mit schwacher Ionisierung (1) [27], (2) [29] und (3) [30] zeigen den oben erwähnten steilen Anstieg der Mikrohärte als Funktion der Biasspannung. Bei den hochionisierten Verfahren (unbalanciertes Magnetron) ist die Mikrohärte zunächst niedrig, wenn die Schichten bei hohem Druck, nämlich 5 Pa, abgeschieden werden (4) [9]. In diesem Bereich sind die Schichten porös [9]. Sobald die Schichten dicht werden, bei $U_B = -40$ V, steigt die Mikrohärte an und erreicht einen Wert von $HV_{0,01}2350$, der von der Biasspannung im weiteren unbeeinflußt bleibt. Arbeitet man bei niedrigem Druck, sind die Schichten bereits bei „floating-potential", nämlich bei $U_B = -24$ V, dicht [10]. Die Mikrohärte ist praktisch im gesamten beobachteten Bereich unabhängig von der Biasspannung. Diese Resultate bestätigen zum einen die Modellvorstellung von Thornton (Bild 4) – niedere Drücke, dichtere Schichten – und zum anderen die Annahme, daß unter dem Einfluß eines dichten Ionenbeschusses und der daraus resultierenden hohen Beweglichkeit der kondensierenden Atome Defekte, wie sie in schwach ionisierter Atmosphäre auftreten, vermieden bzw. reduziert oder durch „Resputter-Effekte" eliminiert werden. Die Prozesse LV-EB und UBI weisen z. B. in Tabelle 1 v_i/v_o-Werte größer 4 auf. Zusammenfassend kann aus diesem speziellen Resultat verallgemeinert werden, daß Schichten, die in hochionisierter Atmosphäre kondensieren, verfahrenstechnisch einfacher zu handhaben sind, ihre physikalischen Eigenschaften also weniger stark von den Beschichtungs-Parametern abhängen.

4 Aufbau und Funktion des unbalancierten Magnetrons

Wie in der Einleitung erwähnt, wurden die bahnbrechenden Arbeiten zum unbalancierten Magnetron von Window et al. [5,6,7] ausgeführt. Als balanciert wird dabei ein Magnetron angesehen, wenn die Intensitäten des magnetischen Flusses durch die Polflächen der Außenpole bzw. durch die Polfläche des Innenpols identisch bzw. vergleichbar sind. Eine bevorzugte Verstärkung bzw. Abschwächung einer der beteiligten Pole führt zur „Unbalanz". Im Falle des „balancierten" Magnetrons hat man es mit jener Magnetron-Generation zu tun, die Mitte der 70er Jahre die Halbleitermetallisierung so positiv beeinflußt hat [34] und wie sie heute z. B. in der Kunststoffbeschichtung und vielen anderen Gebieten eingesetzt wird. Das balancierte Magnetron ist gekennzeichnet durch das bekannte „confined" d. h. begrenzte Plasma bezogen auf den unmittelbaren Raum vor der Kathode. Bild 11 belegt diesen Sachverhalt. Das balancierte Magnetron gestattet daher relativ niedrige Substrattemperaturen, da die Substrate nicht mehr direkt bzw. in sehr reduziertem Maße von den Sekundärelektronen oder Ionen des Plasmas getroffen werden.

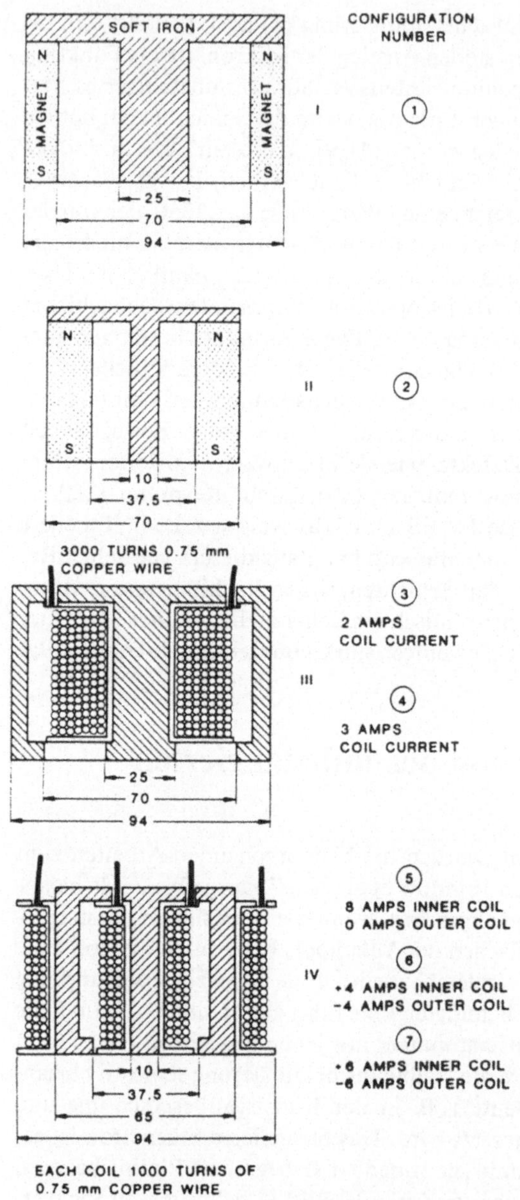

Bild 11: Verschiedene Ausbauformen von unbalancierten Magnetrons [5]

Unter einem unbalancierten Magnetron versteht man im engeren Sinne ein Magnetron mit verstärkten Außenpolen. Bild 11 zeigt verschiedene von Window et al. untersuchte Aufbauformen. Er verwendet Permanentmagnete, Weicheisenkerne und Elektromagnete mit unterschiedlicher Wirkung. Bild 12 zeigt Ergebnisse aus Sondenmessungen, die in der Mitte des Magne-

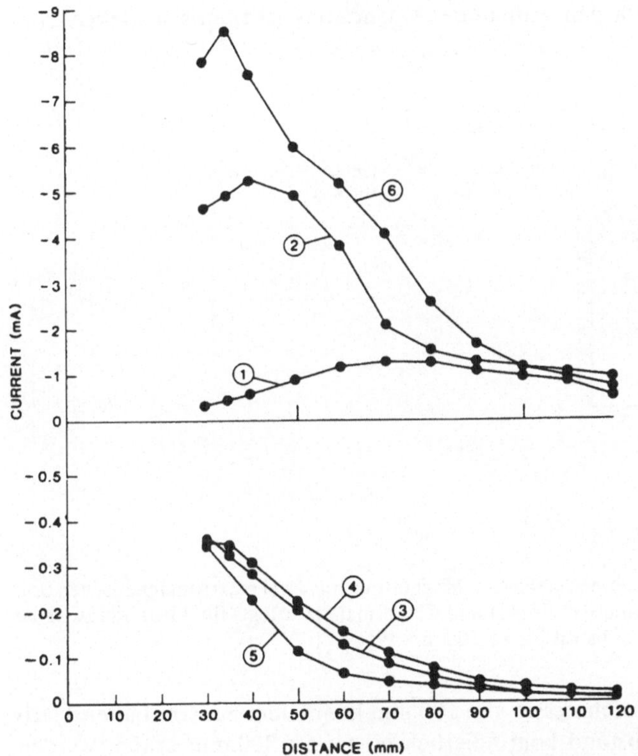

Bild 12: Langmuir-Sonden-Messungen an verschiedenen gestalteten unbalancierten Magnetrons. Biasspannung: – 100 V

trons als Funktion des Abstands zum Target ausgeführt wurden. Man erkennt deutlich, wie wechselhaft sich die Massenverhältnisse aus Permanentmagnet im Außenpol und Weicheisenmaterial im Innenpol auswirken, Beispiel (1) und (2), und wie unterschiedlich die Sondenströme bei den beiden in den Beispielen (3) und (4) bzw. (5), (6) und (7) aufgebauten Magnetrons mit Elektromagneten liegen. Beispiel (6) deutet an, daß sich die gemessenen Sondenströme, die ein Maß für den Grad der Ionisierung darstellen, um

mehr als eine Größenordnung unterscheiden können, je nachdem, wie man
die Magnetspulen betreibt.

Die in Bild 11 dargestellte Magnetanordnung mit 2 elektromagnetischen
Spulen wurde in [9] benutzt, um den Einfluß unterschiedlicher Polarisierung
auf die zu erwartende Biasstromdichte als Funktion des Substrat/Target-Ab-
stands und auf die Eigenschaften von TiN-Schichten systematisch zu untersuchen. Bild 13 gibt den Aufbau des Magnetrons schematisch wieder.

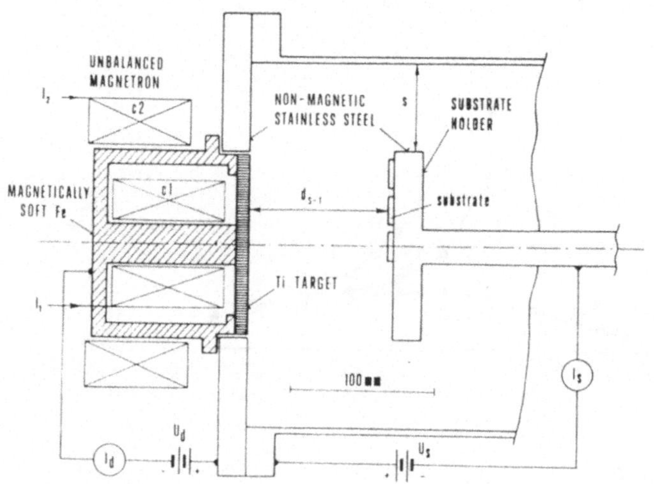

Bild 13: Aufbau eines unbalancierten Magnetrons mit zwei elektromagnetischen Spulen C1 (Magnetron-Effekt) und C2 (Unbalanz-Effekt) für Abstände zwischen
Target und Substrat bis zu 300 mm [9]

Bei einem Targetdurchmesser von 100 mm konnte der Substrathalter relativ
zum Target im Abstand kontinuierlich bis zu ca. 300 mm erhöht werden.
Bild 14 gibt die Resultate für den Biasstrom und für die parallel dazu gemessenen Magnetflüsse als Funktion des Abstands zum Target und für unterschiedliche Stromstärken in der Außenspule wieder. Die effektive Substratfläche betrug ca. 100 cm^2. Im Verlauf dieser Experimente wurde der Strom in
der Außenspule C_2 schrittweise von $I_S = 0$ A auf 10 A erhöht. Wie man aus
Bild 14 ablesen kann, beträgt die Biasstromdichte bei einem Substrat/Target-
Abstand von 190 mm erstaunlicherweise noch 4 mA/cm^2. Bei $I_S = 0$ liegt die
Biasstromdichte bei gleichem Abstand hingegen nur bei 0,05 mA/cm^2. Dies
bedeutet, daß die Biasstromdichte bei diesem Versuchsaufbau und in diesem
Abstandsbereich um den Faktor 80, d. h. beinahe um zwei Größenordnungen
angehoben wurde. Das Wechselspiel mit den Magnetfeldern lohnt sich dem-

144

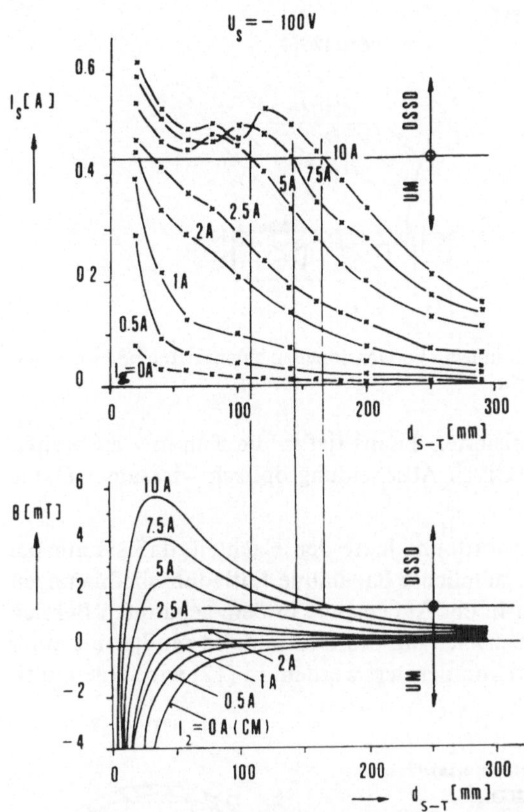

Bild 14: Substratstrom und Magnetron-Fluß beim unbalancierten Magnetron UBI als Funktion des Abstandes Target-Substrat für verschiedene Spulenströme C2 (Unbalanz-Effekt) [9]. Druck bei der Zerstäubung: 5 Pa.

nach. Es ist heute in vielen Laboratorien Gegenstand von Optimierungsversuchen, um das unbalancierte Magnetron im Sinne einer gezielten Beeinflussung der Mikrostruktur harter Schichten technisch nutzbar zu machen.

Bild 15 zeigt noch einmal die wesentlichen Unterschiede in der Plasmaausdehnung zwischen balanciertem und unbalanciertem Magnetron. Das begrenzte Plasma im Falle des balancierten steht dem sich trompetenförmig ausbreitenden Plasma des unbalancierten Magnetrons schematisch gegenüber. In der Beschichtungskammer erkennt man diese Unterschiede deutlich im Leuchterscheinen des Plasmas. Zerstäubt man z. B. Titan in Argon-Atmosphäre, so leuchtet das Plasma beim balancierten Magnetron intensiv blau nur im Kathodenbereich, während sich im Fall des unbalancierten Magne-

145

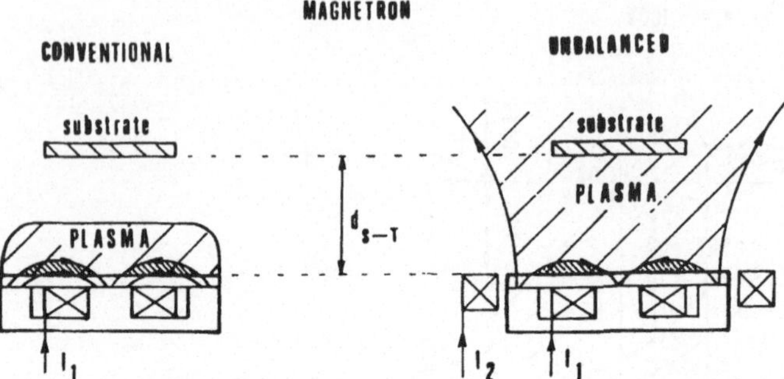

Bild 15: Typische Plasma-Ausdehnung im konventionellen balancierten und im neuen unbalancierten Magnetron

trons das blaue Licht des ionisierten Titans tief in die Kammer ausbreitet, wie schon in [8] bei der reaktiven Abscheidung optisch wirksamer Oxide beobachtet wurde.

Die im Bild 13 dargestellte Anordnung hatte den Nachteil, daß sie nur bei relativ hohem Gesamtdruck, nämlich 5 Pa, stabile Entladungsbedingungen zuließ, wenn man den Strom in der Außenspule in dem genannten Bereich variierte. Die zunehmende Schwächung des Zentralpoles mußte mit einer Erhöhung des Gesamtdruckes kompensiert werden. In [12] wird eine multi-

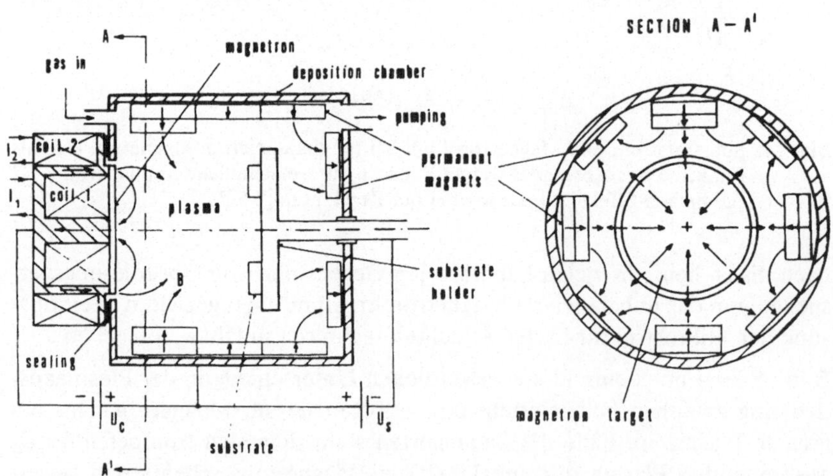

Bild 16: Unbalanciertes Magnetron geeignet für den Druckbereich von 10^{-4} bis 10^{-2} mbar mit zusätzlicher Magnetfokussierung (Multipolar-Magnetron) [10] Abstandsbereich Target-Substrat: bis 300 mm. Druck bei der Zerstäubung: 0,01 Pa

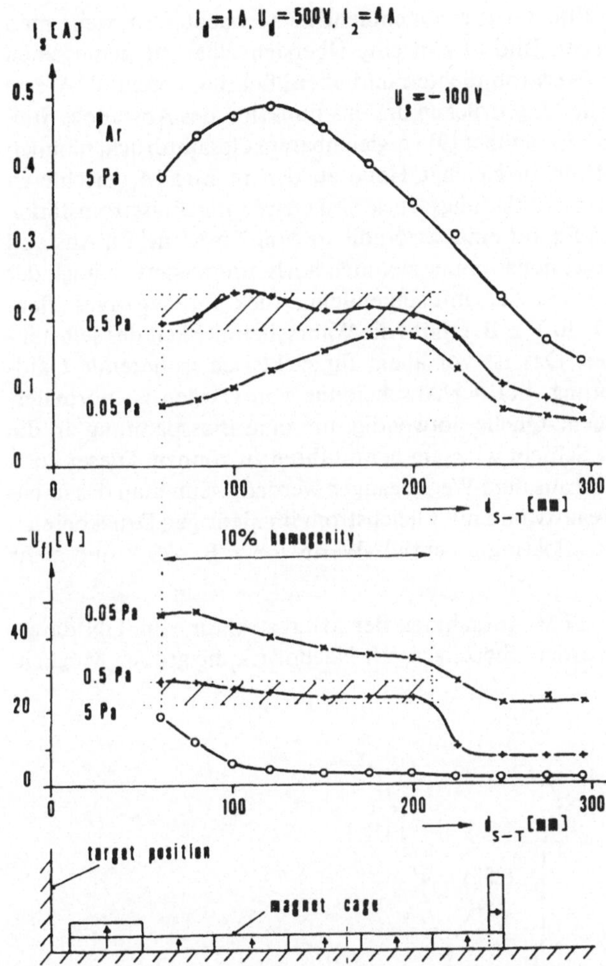

Bild 17: Substratstrom und Floating-Potential als Funktion des Abstandes Target-Substrat beim „Niederdruck" – Unbalancierten Magnetron (UB II) für verschiedene Druckbereiche [10]

polare Magnetron-Anordnung beschrieben, die reaktiv bereits bei $5 \cdot 10^{-4}$ mbar arbeiten kann. Die eigentliche Magnetronquelle ist gegenüber Bild 13 zwar identisch, nämlich hinsichtlich Target, Weicheisen und Spulenanordnung, der Rezipient ist jedoch mit zusätzlichen Permanent-Magneten ausgefüllt, wie in Bild 16 schematisch dargestellt ist. Mit Hilfe dieses magnetischen Käfigs [12] wird der Sekundär-Elektronenabfluß zu den Wänden des Rezipienten vermieden. Ein Effekt, wie er zunehmend zu beobachten ist, wenn man den Zentralpol schwächt. Bild 17 gibt eine Übersicht über die gemessenen Substratströme, über Biasstromdichten und über „floating-potential"-Werte bei verschiedenen Entladungsdrücken und als Funktion des Abstandes Substrat/Target wieder. Bei gegenüber [9] vergleichbarem Gesamtdruck, nämlich 5 Pa, liegt der Biasstrom in gleicher Höhe zu den in Bild 14 berichteten Werten. Mit sinkendem Entladungsdruck sinkt zwar die Biasstromstärke, jedoch liegt sie bei 0,5 Pa mit einer Stromdichte von 2 mA/cm^2 im Abstand von 200 mm vom Target noch immer ziemlich hoch. Interessant ist auch der Anstieg des „floating potentials" mit sinkendem Druck. Ein negatives „floating-potential" von 20–30 V z. B. erhöht die Wahrscheinlichkeit des selbständigen Ionenbeschusses. Das ist vor allem für elektrisch isolierende Oxidschichten von Bedeutung. Bei der Abscheidung von Oxiden ist normalerweise eine Hochfrequenz-Quelle notwendig, um eine Biasspannung an die elektrisch vorliegende Schicht wirksam heranführen zu können. Dieser kostspieligen Methode kann aus dem Weg gegangen werden, wenn man das unbalancierte Magnetron reaktiv und mit Gleichstrom im niedrigen Druckbereich betreibt, und negative „floating potential"-Werte von z. B. –20 V und mehr auftreten.

In Bild 9 sind bereits TEM-Aufnahmen der Mikrostruktur von TiN dargestellt und diskutiert worden. Sie zeigen mit Nachdruck die großen Möglich-

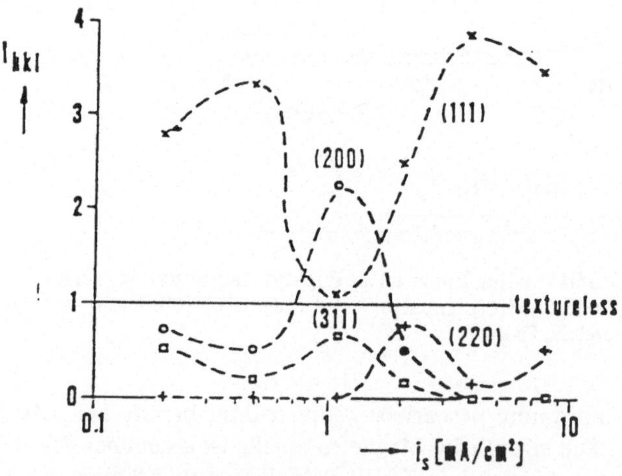

Bild 18: Einfluß der Biasstromdichte auf die kristallographische Orientierung von TiN-Schichten abgeschieden mit dem unbalancierten Magnetron bei großem Abstand Target zu Substrat [11]
$U_{bias} = -100$ V, $P_{tot} = 5$ Pa, $D_{s-t} = 200$ mm

keiten des unbalancierten Magnetrons. Verwendet man elektromagnetische
Spulen, so läßt sich die Mikrostruktur gleichsam einstellen. Biasspannung
und Biasstromdichte verändern, beeinflußen bzw. steuern nicht nur die Mikrostruktur sondern auch die kristallographischen Eigenschaften, wie Orientierung und Netzebenenabstände usw. Bild 18 und 19 geben Aufschluß über

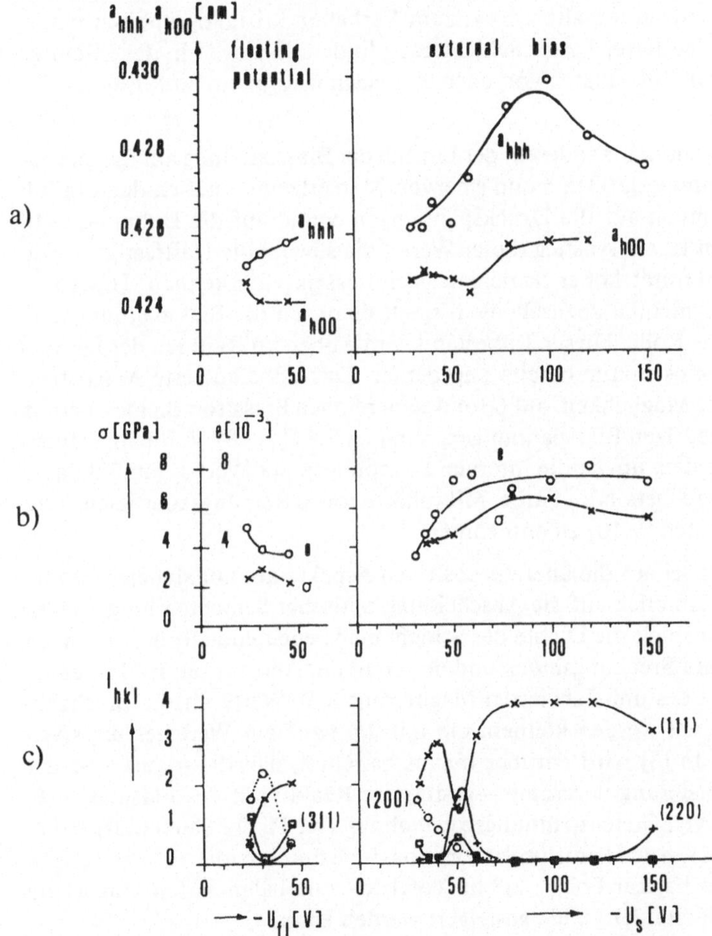

Bild 19: Einfluß der Biasspannung auf verschiedene Kristallographische Eigenschaften wie extrapolierte Gitterparameter (a) und kristallographische Orientierung (c) sowie auf mechanische Spannungen (b) bei TiN-Schichten abgeschieden mit dem unbalancierten Magnetron [10]
$P_{tot} = 0,1$ Pa

149

die Abhängigkeit der Orientierung von der Stromdichte im Falle des 5 Pa-Prozesses (Bild 18) [11] und von der Biasspannung für den 0,1 Pa-Prozeß (Bild 19) [10]. In beiden Fällen wurden für verschiedene Schichteigenschaften Minima und Maxima als Funktion der verschiedenen Einflußnahmen gemessen. Es ist nach wie vor Gegenstand der Forschung, eine eindeutige Korrelation der mechanischen Eigenschaften vor allem zum tribologischen und zum Standzeitverhalten, bzw. zum Verhalten kristallographisch unterschiedlich orientierter harter Schichten zu finden. Es liegen in der Literatur eine Reihe von Einzeldaten vor, doch fehlt nach wie vor ein umfassendes Gesamtbild.

Aus Bild 19 geht unter anderem der Einfluß der Biasspannung auf die mechanischen Spannungsgrößen σ und e hervor. Man erkennt deutlich den Einfluß der Biasspannung auf die Druckspannungen σ und auf die Dehnung e. In beiden Fällen ist ein Anstieg dieser Werte, die sowohl die Haftfestigkeit wie auch die Duktilität hoher Schichten beeinflussen, zu erkennen. Um spannungsarme Schichten abzuscheiden, spielt demnach die Biasspannung eine entscheidende Rolle. Dieser Tatbestand wurde oben im Rahmen der Diskussion der Mikrostruktur bereits angedeutet. Das unbalancierte Magnetron liefert nun die Möglichkeit, auf Grund seiner hohen Biasstromdichten bereits bei relativ niedrigen Biasspannungen, nämlich bei $U_B < -80$ V, dichte Schichten abzuscheiden, um so die internen Spannungen auf Werten um 2,0 Pa zu halten. Weitere Details zu Farbe, Mikrohärte sowie Reibungskoeffizient sind aus den Arbeiten [9,10] zu entnehmen.

Abschließend sei auf die überaus positiven Aspekte des unbalancierten Magnetrons im Hinblick auf die Abscheidung optischer Schichten hingewiesen [8]. Auch hier spielt die Dichte der Schicht eine bedeutende Rolle, aber auch der erreichbare Brechungsindex und der Grad der Absorption. Bild 20 zeigt, daß mit Hilfe des unbalancierten Magnetrons z. B. Werte für die Brechzahl von TiO_2 erzielt werden können, die mit 2,6 nahe am Wert des massiven Rutil liegen. In [8] wird darüber hinaus berichtet, daß die – aufgrund der erhöhten Ionisierung wirksame – gesteigerte Reaktivität des Plasmas, z. B. bei der reaktiven Gleichspannungszerstäubung von Ti, der Sauerstoffpartialdruck gesenkt werden kann, um absorptionsfreie durchoxidierte Schichten zu erhalten. Dies hat zur Folge, daß im Vergleich zum balancierten Magnetron die Abscheiderate der Oxide gesteigert werden kann.

Bewertet man die in diesem Abschnitt vorgestellten Daten zusammenfassend, so eröffnet das unbalancierte Magnetron die Möglichkeit, Plasmabedingungen zu kreieren, wie sie normalerweise nur bei den typischen „Ion-Plating"-Prozessen zu erreichen sind. Damit sind die Tore geöffnet, um die unbestrittenen Vorteile der Kathodenzerstäubung, nämlich ihre überaus ex-

150

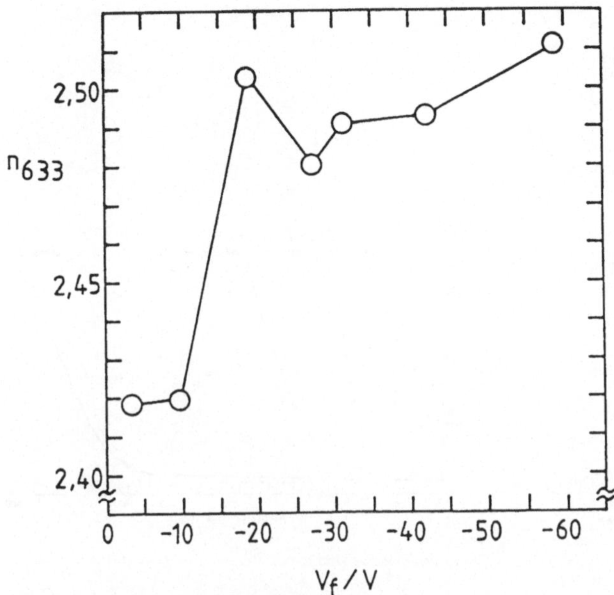

Bild 20: Einfluß des „Floating Potentials" V auf den Brechungsindex N von TiO_2-Schichten abgeschieden mit dem unbalancierten Magnetron [8]

akte Steuerbarkeit und ihre Fähigkeit, Legierungen problemlos abscheiden zu können, in die Hartstoffbeschichtung einzuführen. Wie das Beispiel der TiO_2-Abscheidung zeigt, sollte dieses aussichtsreiche Beschichtungsinstrument auch anderen Anwendungsgebieten zugänglich gemacht werden, überall dort nämlich, wo dichte keramische Schichten – d. h. Materialien mit hohem Schmelzpunkt – auf temperatursensitiven Substraten abgeschieden werden sollen. Dies gilt z. B. für Oxidschichten, wie sie bei der Architekturglasbeschichtung oder in der modernen Verpackungsindustrie eingesetzt und heute vorwiegend mit balancierten Magnetrons abgeschieden werden.

5 Industrielle Hartstoffbeschichtungsanlagen mit unbalancierten Magnetrons

Bei den in [5,6,7,9,10,12] beschriebenen Beschichtungsquellen und -anlagen handelt es sich um reine Laborgeräte. Die erste Industrieanlage wurde in [35,36] von *D. G. Teer* vorgestellt. Bild 21a zeigt einen Querschnitt durch eine Anlage mit drei Magnetrons, die von außen in den Rezipienten eingesetzt werden. Darüber hinaus gewährt Bild 21b Einblick in drei Spannung/

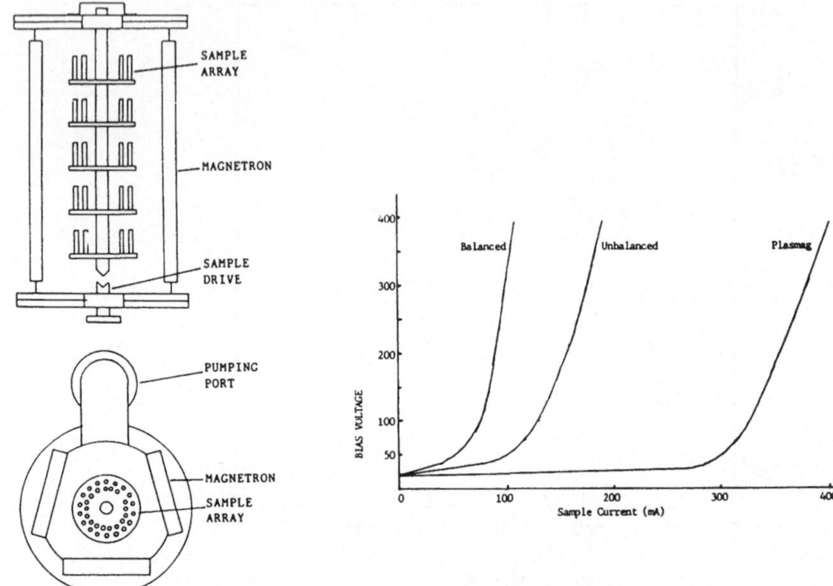

Bild 21: Unbalancierter-Magnetron-Sputter-Coater nach D. G. Teer
a) Schematischer Aufbau der Anlage mit drei vertikal angeordneten unbalancierten Magnetrons [35]
b) Strom-Spannungs-Charakteristik für verschiedene Magnetrons mit unterschiedlichem Unbalanze-Effekt [36]

Strom-Kennlinien, wie sie am Substrat gemessen werden, wenn man verschieden aufgebaute Kathoden verwendet. In diesem Konzept werden Permanentmagnete benützt, um eine Erhöhung der Ionisation im zentralen Inneren der Beschichtungskammer zu erzielen.

Ein wesentlich erweitertes und flexibleres Konzept steht bei der Firma Hauzer Techno Coating Europa B. V. zur Zeit in Entwicklung. Hier werden nach Art von Bild 22 vier unbalancierte Magnetron-Kathoden benützt, die einzeln, zu gleicher Zeit oder paarweise gegenüberliegend betrieben werden können. Neben hoher Produktivität steht bei diesem Konzept auch die optimale Abscheidung von Mehrschicht-Systemen, wie sie in letzter Zeit z. B. von *H. Holleck* [37] propagiert wurde, im Vordergrund der Anlagenauslegung. Paarweise Kathodenanordnungen sollten dazu besonders geeignet sein. Bei dieser Anlage werden Magnetrons benützt, die in ihrer Permanent-Magnetfeld-Anordnung bereits unbalanciert sind, d. h. die Außenpole sind nach dem Beispiel (2) in Bild 11 kräftig gestärkt. Zusätzlich wird jedoch konzen-

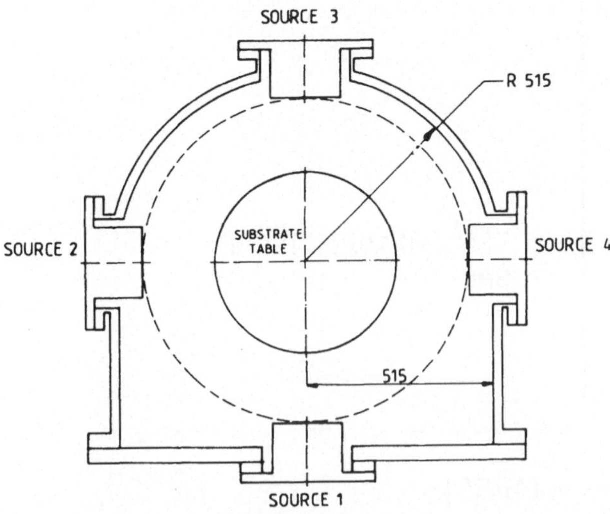

Bild 22: Schematischer Aufbau eines Unbalancierten-Magnetron-Coaters auf der Basis von vier Zerstäuberquellen nach Bild 23 (Hauzer Techno Coating Europe B. V.)

trisch zum linearen oder runden Magnetron eine Magnetspule angeordnet, Bild 23, mit deren Hilfe der „Grad der Unbalanz" einstellbar gemacht wird. Mit anderen Worten, man kann die Biasstromdichte, unabhängig von Biasspannung, Entladungsspannung, Entladungsleistung analog über die Spulenstromstärke einstellen. In gewissem Rahmen ist damit erreicht worden, daß bei vorgewählter Biasspannung, die Biasstromdichte den geforderten Schichteigenschaften und der zulässigen Maximaltemperatur angepaßt werden kann. Es ist z. B. aus der Praxis bekannt, daß dichte CrN-Schichten oder daß reine Metallschichten – gemäß dem Thornton-Modell (Bild 4) – mit wesentlich geringerer minimaler Energiezufuhr abgeschieden werden können, als TiN-Schichten. Die steuerbare Unbalanz gestattet demnach, mit ein und demselben Magnetrontyp, und bei identischem Abstand Substrat/Target, Kondensationsprozesse bei unterschiedlicher Temperatur kontrolliert ablaufen zu lassen. Auf den Zusammenhang Biasspannung, Biasstromdichte und Substrat-Endtemperatur wurde in [38] hingewiesen.

Bild 24 gibt die Biasstromdichte als Funktion des Spulenstroms wieder für das Magnetron ABS-C 190. Der Abstand Substrat/Target beträgt dabei 300 mm, die Leistungsdichte an der Kathode 10 W/cm^2 und der Entladungsdruck $1,5.10^{-3}$ mbar. Aus der Strom/Spannungs-Charakteristik am Substrat, Bild 25, erkennt man, daß bei $U_B = -100$ V und bei den obengenannten

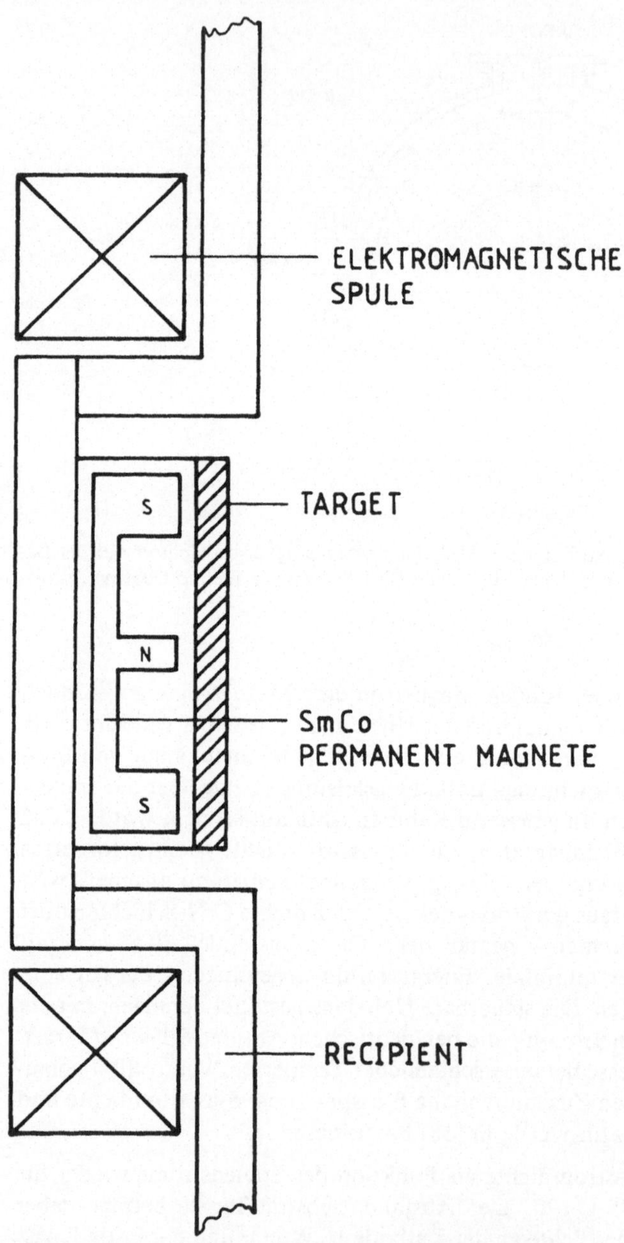

Bild 23: Schematischer Aufbau des Magnetrons ABS-C-190

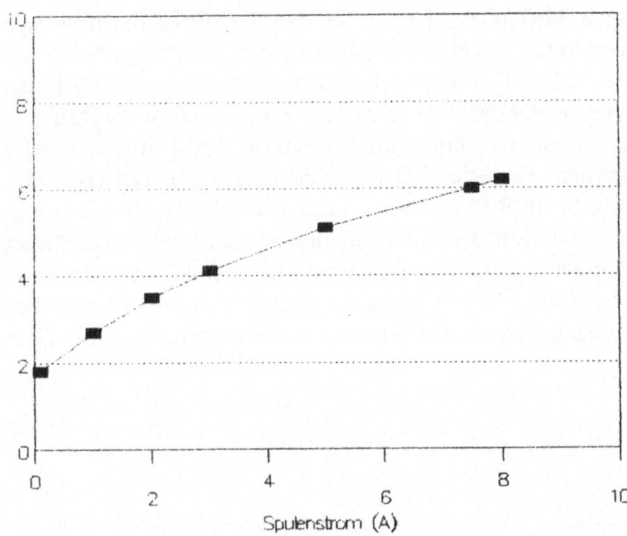

Bild 24: Biasstromdichte als Funktion des Spulenstroms im ABS-C 190-Magnetron

P_{tot} = 0,2 Pa
Target-Substrat Abstand 300 mm U_{kath} = – 390 V
I_{kath} = 22,8 A U_{bias} = – 50 V

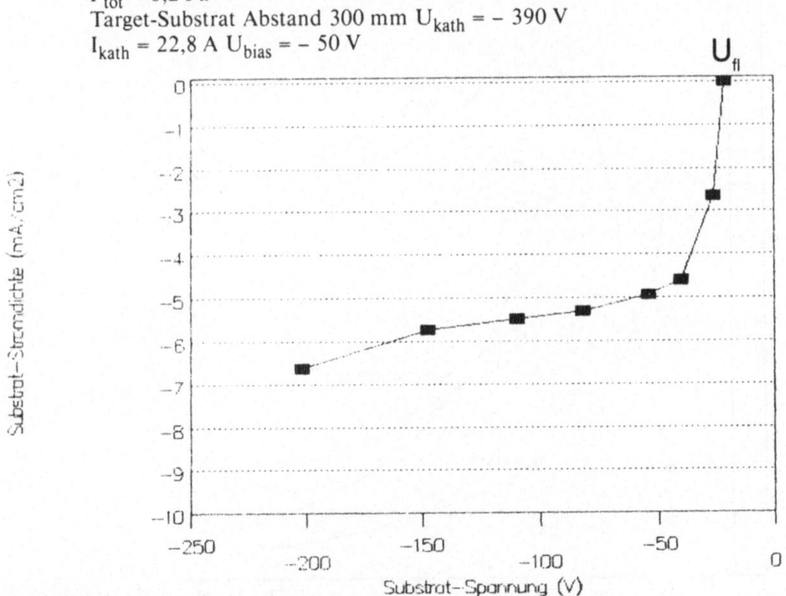

Bild 25: Sättigungscharakteristik des Plasmas eines unbalancierten ABS-C 190-Magne-
trons.
P_{tot} = 0,2 Pa; Target-Substrat-Abstand: 300 mm; U_{kath} = – 390 V I_{kath} =
22,8 A

Entladungsparametern Sättigung auftritt, d. h. daß der Biasstrom praktisch exklusiv aus positiven Ionen besteht. Das „floating-potential" liegt bei dieser Anordnung bei $U_{Fl} = -21$ V. Das bedeutet, daß die Biasstromwerte für Ionen bereits einen Wert von ca. 4,9 mA/cm^2 erreichen. Erstaunlich ist die Raumerfassung mit Plasma, wenn man eine einzelne ABS-C 190-Kathode wieder unter den obengenannten Kriterien beispielsweise zur nicht-reaktiven Zerstäubung von Ti betreibt. In Bild 26 sind die Biasstromdichte, die Beschichtungsprobe und v_i/v_0-Relation als Funktion des Abstands Substrat/Target aufgetragen. Die Kondensionsrate R fällt erwartungsgemäß monoton mit zunehmendem Abstand ab. Für die Biasstromdichte findet man im kathodennahen Bereich zunächst einen Anstieg mit zunehmendem Abstand. Dies

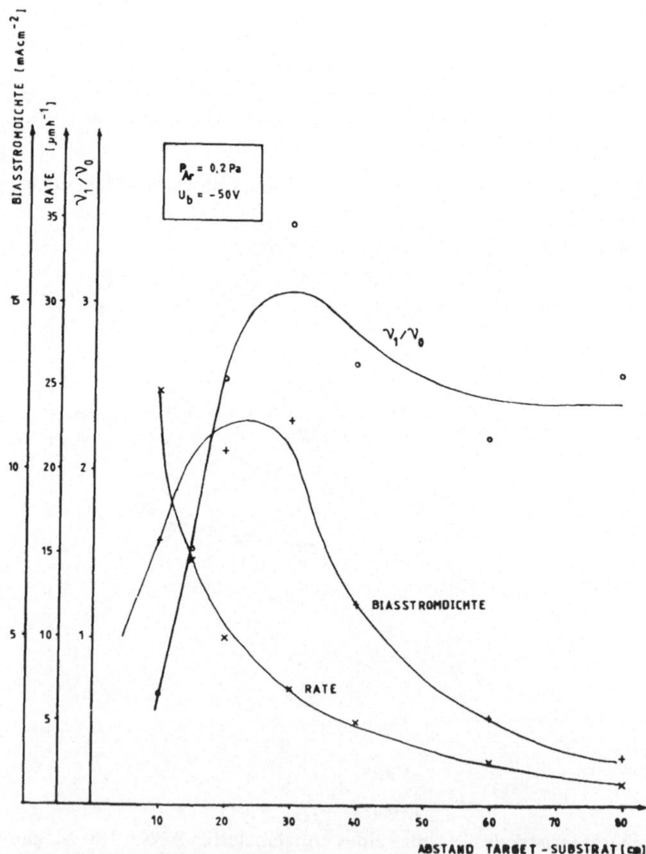

Bild 26: Biasstromdichte, Beschichtungsrate und v_i/v_0-Verhältnis beim ABS-C-190-Magnetron

156

hat damit zu tun, daß die bei den Experimenten eingesetzte Probe im Nahbereich der Kathode praktisch zwischen den für die Magnetronzerstäubung typischen Spuren bzw. Gräben (race track) sitzt, somit in einem Bereich reduzierter Ionisierung. Mit zunehmendem Abstand überlagern sich die beiden zu den einzelnen Spuren korrelierenden Plasmakeulen, was zunächst zum Anstieg des Biasstroms führt. Von einem Abstand von 300 mm an jedoch fällt die Biasstromdichte ebenfalls monoton mit dem Abstand. Berechnet man nach der in Abschnitt 2 angegebenen Gleichung die v_i/v_o-Relation, d. h. das bei der Kondensation vorherrschende Verhältnis von ionisierten und neutralen Teilchen, so erhält man für den Bereich von 200 bis 800 mm des Substrat/Target-Abstands Werte im Bereich von 2,2 bis 3,5 – Werte also, wie sie typisch sind für die in Tabelle 1 aufgeführten traditionellen „Ion-Plating"-Prozesse. Es verwundert demnach auch nicht, wenn man bei der reaktiven Zerstäubung von Ti brillante goldfarbene Schichten erhält, selbst wenn der Abstand zwischen Substrat und Target 800 mm beträgt. Im kathodennahen Bereich (100 mm) herrschen wegen der hohen Rate-Werte ungünstigere Verhältnisse mit $v_i/v_o = 0,7$ vor. Es ist deshalb aus heutiger Sicht nicht empfehlenswert, in diesen Bereich zu beschichten.

Man erkennt ferner, daß das scale-up vom Laborversuch zur Industrie-Realität offenbar gelungen ist. Die in Abschnitt 4 dargestellte positive Einschätzung der Laborergebnisse läßt sich somit auch auf die ersten Ergebnisse für industriell geeignete Geräte übertragen. Es soll jedoch nicht unerwähnt bleiben, daß noch eine Reihe schichtkundlicher Untersuchungen durchzuführen sind, um ein abschließendes Urteil über die industrielle Brauchbarkeit dieses Verfahrens fällen zu können.

6 Ausblick

Das im Bild 23 dargestellte Konzept eines unbalancierten Magnetrons mit hochwertigen Permanent-Magneten und einer zusätzlichen elektromagnetischen Spule trägt zweifellos zur Verteuerung des Anlagenpreises bei. Man sollte dabei jedoch nicht außer Acht lassen, daß parallel zu dieser Verteuerung eine erhebliche Steigerung der verfahrenstechnischen Flexibilität erreicht wird. Darüber hinaus scheint die Entwicklung noch keineswegs abgeschlossen zu sein. Bei geeignetem Wechselspiel von Permanent- und Elektromagnet und bei Verwendung spezialisierter Stromversorgungen läßt sich dieser Kathodentyp alternativ als Magnetron-Kathode wie als kathodische Arc-Quelle betreiben. Berücksichtigt man die in [19] beschriebene Sonderstellung von TiN-Schichten – abgeschieden mit Hilfe der Arc-Technik, Random oder Steered Arc – in Bezug auf das Verhalten bei Rockwell-C-Eindruck-

Tests gegenüber allen anderen Vergleichsverfahren, so liegt es nahe, die Ätz-technik der Arc-Technologie, nämlich das als Vorbehandlung im Vakuum stattfindende Ätzen mit Ti-Ionen (vgl. auch Tabelle 1), mit der Beschich-tungstechnik des unbalancierten Magnetrons zu verbinden bzw. zu kombi-nieren. Neueste Ergebnisse verdeutlichen [20], daß bei Ätzen mit Ti-Ionen Ti in das Substrat eindringt, eine sehr dünne 100 bis 200 Å dünne intermetalli-sche Schicht aus Ti-Fe bildet, um sich dann nach den Gesetzen eines Diffu-sionsprofils ca. 1 200 bis 1 600 Å ins Substrat auszubreiten.

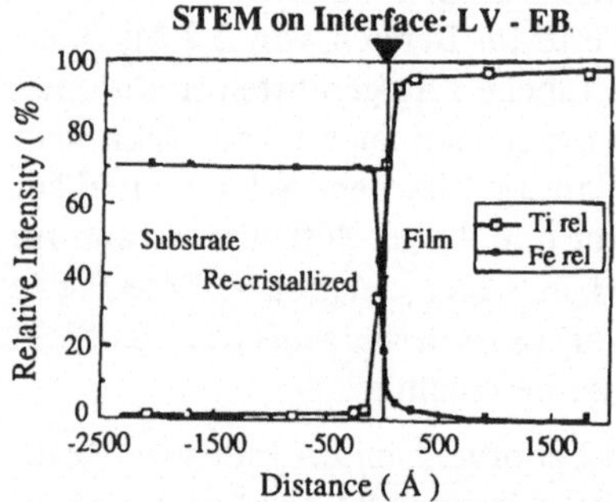

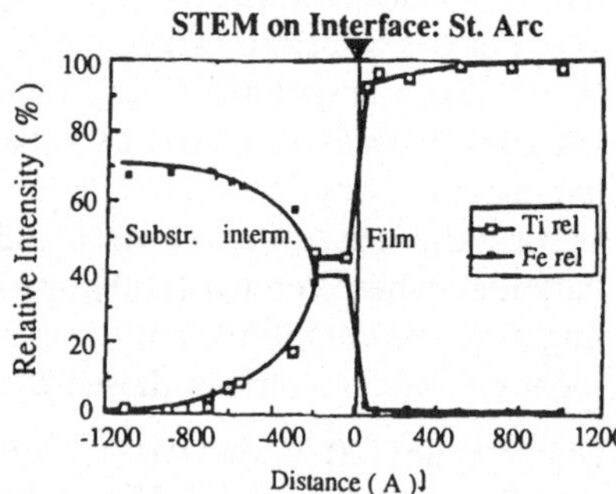

Bild 27: Vergleich von STEM-Tiefenprofilen am Interface TiN zu V2A für TiN abge-schieden nach der LV-EB- bzw. nach der Steered-Arc-Methode. (STEM-Analyse University of Illinois, Urbana, USA)

In Bild 27 sind die Resultate von X-STEM-Untersuchungen von LV-EB- und Steered-Arc-Schichten am Interface Substrat/Schicht dargestellt. Mit einer 10 Å-Durchmesser EDX-Sonde ließ sich demgegenüber bei der LV-EB-Schicht keinerlei Eindringen von Titan feststellen.

Erste Ergebnisse an Schichten, die nach dem Kombinationsverfahren – beste-hend aus Arc-Ätzen und unbalancierter Magnetron-Beschichtung mit der ABS-C-Kathode – hergestellt wurden, lassen vermuten, daß das Problem der Haftfestigkeit bei aufgestäubten Schichten wesentlich entschärft wird, wenn man vor der Magnetron-Beschichtung eine Ätzstufe mit Ti-Ionen durchführt.

Bild 28 vergleicht den Rockwell-C-Eindruck von Schichten, die mit dem unbalancierten Magnetron aufgestäubt und einmal mit Ar-Ionen und zum anderen mit Ti-Ionen geätzt wurden. Dabei wurde bei beiden Versuchen eine Beschichtungsanlage benutzt, die lange Zeit nicht gereinigt wurde, bei der also ein relativ hoher Restgasdruck zu erwarten war. Der Vergleich zeigt, daß das Ausbrechen und Abplatzen der Schichten am Rande des Eindrucks we-sentlich reduziert wird, wenn man mit Ti-Ionen vorbehandelt.

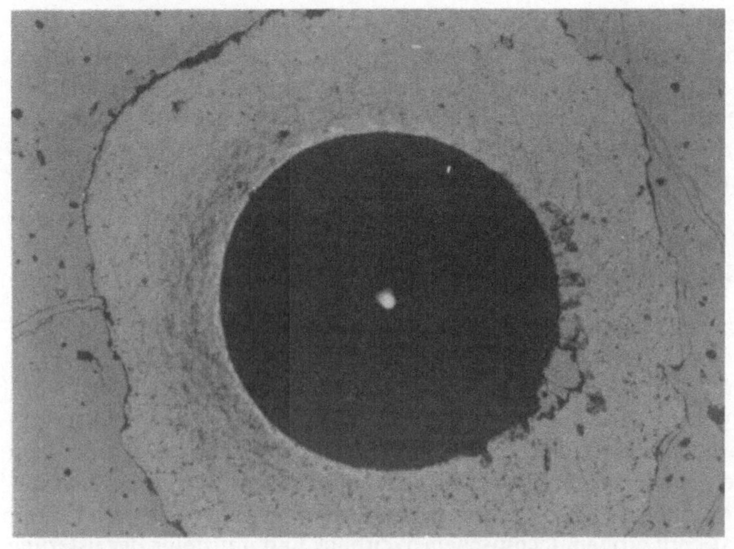

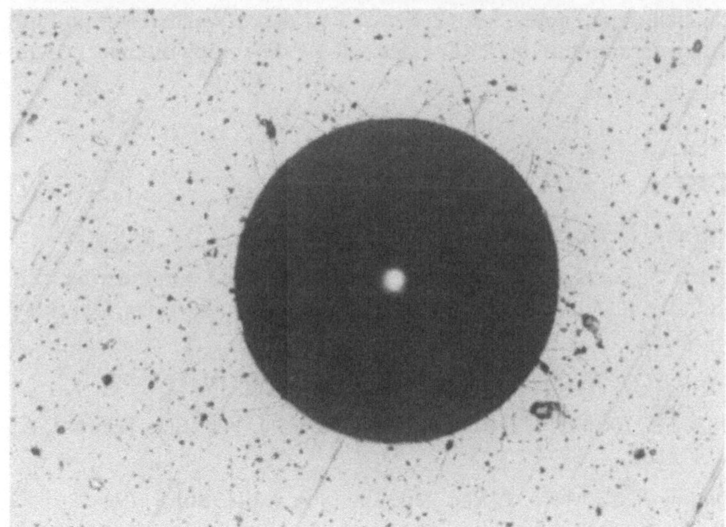

Bild 28: Reduzierung von Schichtabplatzungen bei Rockwell-C-Eindrücken in TiN-Schichten auf HSS.
a) Ar$^+$-Ionen-Ätzen vor der Beschichtung mit dem ABS-C 190-Magnetron.
b) Ti$^+$-Ionen-Ätzen vor der Beschichtung mit dem ABS-C 190-Magnetron

Unter diesen Umständen kann erwartet werden, daß der Ausbau des unbalancierten Magnetronverfahrens zum Arc-Sputter-Kombinationsverfahren nicht nur zu einer Erhöhung der verfahrenstechnischen Flexibilität, sondern auch zu einer wesentlichen Erhöhung der Prozeßsicherheit führt, ohne daß gegenüber dem unbalancierten Magnetronverfahren eine weitere nennenswerte Steigerung des Anlagenpreises in Kauf genommen werden muß.

Danksagung

Der Autor möchte an dieser Stelle nicht versäumen, den Herren Dr. *Musil* von der Tschechoslowakischen Akademie der Wissenschaften in Prag, CSFR, Prof. Dr. *J.-E. Sundgren,* Universität Linköping, Sweden und Prof. Dr. *J.-E. Greene,* Universität von Illinois, USA, für die ausgezeichnete Zusammenarbeit auf dem hier dargestellten Gebiet aufrichtig zu danken. Sein besonderer Dank gilt jedoch Herrn Dr. *A. Hauff,* ehem. Vorstandsvorsitzender der Leybold AG, Hanau, der den Autor während seiner Tätigkeit bei der Leybold AG mit großem technischem Weitblick und mit steter Begeisterung ermunterte, sich dem Thema Schichtkunde und deren Wechselwirkung mit den Verfahrensparametern der PVD-Hartstoff-Beschichtung intensiv zu widmen.

Literatur

[1] *W.-D. Münz, D. Hofmann,* Metalloberfläche, 37 (1983) S. 279

[2] *H. Erhart, S. Bastian, H. Petersen,* Plasma Surface Engineering, Ed. *E. Broszeit* et al., Vol. 1 DGM Informationsgesellschaft Verlag, Oberursel (1989), S. 603

[3] *W.-D. Münz, G. Hessberger,* Vakuum Technik, 30 (1981) S. 78

[4] *S. Schiller, E. Beister, J. Reschke, G. Hoelzsch,* J. Vac. Sci. Technol. A5 (1987) S. 2188

[5] *B. Window, N. Savvides,* J. Vac. Sci. Technol. A4 (1986) S. 196

[6] *B. Window, N. Savvides,* J. Vac. Sci. Technol. A4 (1986) S. 453

[7] *N. Savvides, B. Window,* J. Vac. Sci. Technol. A4 (1986) S. 504

[8] *A. R. Spencer, K. Oka, R. W. Lewin, R. P. Howson,* Vacuum, 38 (1988) S. 857

[9] *S. Kadlec, J. Musil, W.-D. Münz, G. Håkansson, J.-E. Sundgren,* Surf. Coat. Technol. 39/40 (1989) S. 487

[10] *S. Kadlec, J. Musil, V. Valvoda, W.-D. Münz, H. Petersen, J. Schroeder,* Proc. 11th. Int'l Vacuum Congress (IVC-11) 25th–29th Sept. 1989 Köln, FRG

[11] *S. Kadlec, J. Musil, W.-D. Münz, V. Valvoda,* Proc. 7th Int'l Conf. on Ion and Plasma Assisted Technologies, Genf, Schweiz (1989) S. 100

[12] *S. Kadlec, J. Musil, W.-D. Münz,* J. Vac. Sci. Technol. A8 (3) May/June (1990) S. 1318

[13] *D. M. Mattox,* Deposition Technol. Films & Coatings, Ed. *R. F. Bunshah* et al. Noyes Publishing, Park Ridge, N. J. (1982) S. 244

[14] *R. Bunshah,* Overhead Folie aus einem Kurs über Hard Coatings, Veranstaltet von CEI, Los Angeles, 1987

[15] *D. M. Mattox, G. J. Kominak,* J. Vac. Sci. Technol., 9 (1972) S. 528

[16] *W. D. Münz,* J. Vac. Sci. Technol. A4 (1986) S. 2717

[17] *H. Jehn, S. Hofman, W.-D. Münz,* Metall, Heft 7, 42 (1988) S. 658

[18] *O. Knotek, W.-D. Münz, T. Leyendecker,* J. Vac. Sci. Technol. A4 (1987) S. 2173

[19] *W.-D. Münz, J. Schroeder, H. Petersen, G. Håkansson, L. Hultman, J.-E. Sundgren,* Proc. SURTEC Berlin 1989, Ed. *A. Czichos, L. G. E. Vollrath,* C. Hanser Verlag, München, (1989), S. 61

[20] *W.-D. Münz, L. Hultman, G. Håkansson, J.-E. Sundgren, J. E. Greene,* Int'l Conf. Metall. Coatings ICMC 17, April 2–6, San Diego, USA, 1990, to be published

[21] *E. Moll, A. Daxinger,* USP 4,197,175

[22] *A. Matthews, D. G. Teer,* Thin Solid Films, 72 (1980) S. 541

[23] *S. Boelens, H. Veltrop,* Surf. Coat. Technol., 33 (1987) S. 63

[24] *W.-D. Münz, G. Hessberger,* USP 4,426,267

[25] *J. A. Thornton,* J. Vac. Sci. Technol. 11 (1974) S. 666

[26] *R. Messier, A. P. Giri, R. A. Roy,* J. Vac. Sci. Technol., A2 (1984) S. 500

[27] *G. Håkansson, J.-E. Sundgren, D. McIntyre, J. E. Greene, W.-D. Münz,* Thin solid films, 153 (1987) S. 55

[28] *L. Hultman,* Thesis, Universität Linköping, Schweden, 1988.

[29] *P. J. Burnett, D. S. Rickerby,* Thin Solid Films, 154 (1987) S. 403

[30] *W. D. Sproul, P. J. Rudnik, M. E. Graham,* Surf. Coat. Technol., 39/40 (1989) S. 355

[31] *H. Eligehausen, G. Herklotz,* European Research on Mat. Substitution, Ed. *L. V. Mitchell, H. Nosbush,* Elsevier Applied Science (1986)

[32] *H. Freller, H. P. Lorenz,* Plasma Surface Engineering, Ed. *E. Broszeit* et al., Vol. 2 DGM Informationsgesellschaft Verlag, Oberursel, (1989), S. 687

[33] *L. Hultmann, W.-D. Münz, J.-E. Sundgren, J. E. Greene, J. Musil, S. Kadlec,* to be published

[34] *P. S. McLeod, L. D. Hartsough,* J. Vac. Sci. Technol., 14 (1977) S. 263

[35] *D. G. Teer,* Surf. Coat. Technol. 36 (1988) S. 901

[36] *D. G. Teer,* Surf. Coat Technol. 39/40 (1989) S. 565

[37] *H. Holleck,* Metall, Heft 7, 43 (1989), S. 614

[38] *J. Viskocyl, J. Musil, S. Kadlec, W.-D. Münz,* Plasma Surface Engineering, Ed. *E. Broszeit* et al. Vol. 1, DGM Informationsgesellschaft Verlag, Oberursel (1989), S. 661

Plasmanitrieren von Titan und Titanlegierungen

K. T. Rie, S. Eisenberg, N. Hoffmann

Zusammenfassung

Beim Plasmanitrieren von Titan und Titanlegierungen können durch geeignete Behandlungsparameter das Schichtdickenverhältnis von TiN zu ε-Ti$_2$N und die Verbindungsschichtdicke individuell eingestellt werden.

Hierdurch ist es möglich, für den jeweiligen Anwendungsfall optimale Verschleißschutzschichten zu erzeugen. Speziell bei aluminiumhaltigen Titanlegierungen bildet sich unterhalb der Verbindungsschicht aus TiN und ε-Ti$_2$N die Phase Ti$_2$AlN.

Bei den plasmanitrierten Spritzschichten können zwei unterschiedliche Arten von Schichten erzeugt werden. Zum einen lassen sich dichte Verbindungsschichten auf feinporigen Spritzschichten erzeugen, die das gleiche Verhalten wie Reintitan zeigen. Dagegen ergeben grobporige plasmanitrierte Titanspritzschichten eine auch im Inneren nitrierte, 1 mm starke Beschichtung. Somit können mit plasmanitrierten Titanspritzschichten ebenfalls individuell angepaßte Verschleißschutzschichten erzeugt werden.

1 Einleitung

Titan- und Titanwerkstoffe haben eine ausgezeichnete Korrosionsbeständigkeit und bei niedrigem spezifischem Gewicht hervorragende mechanische Eigenschaften. Dadurch haben die Titanwerkstoffe in den letzten Jahren eine große Bedeutung in der industriellen Anwendung für die Luft- und Raumfahrttechnik sowie für den chemischen Apparatebau erlangt. Für eine Anzahl von Anwendungsfällen besitzen Titanwerkstoffe jedoch nur eine unzureichende Verschleißbeständigkeit.

Durch die Anwendung thermochemischer Wärmebehandlungsverfahren, bei denen die chemische Zusammensetzung des Werkstoffes durch Ein- oder

Ausdiffundieren eines oder mehrerer Elemente absichtlich verändert wird, (DIN 17014) kann die Oberflächenhärte beträchtlich gesteigert und damit die Verschleißbeständigkeit verbessert werden.

Bei dem thermochemischen Wärmebehandlungsverfahren erfolgt die Stoffaufnahme aus festen, flüssigen oder gasförmigen Medien. Eine weitere Möglichkeit stellt die Behandlung in einem Plasma dar. Die Stoffaufnahme aus dem Plasma besitzt gegenüber den herkömmlichen Verfahren eine Anzahl von Vorteilen. Durch die große Anzahl der Verfahrensparameter lassen sich die Eigenschaften der Randschicht durch gezielte Beeinflussung des Schichtaufbaus individuell anpassen. Die Behandlungstemperatur kann bei einer verkürzten Behandlungszeit abgesenkt werden. Die Behandlung komplex geformter Bauteile bei geringem Verzug wird so ermöglicht.

Ein Problem stellt die spanabhebende Formgebung von Titan und Titanwerkstoffen dar. Bei der spanabhebenden Bearbeitung neigt Titan zum Verschweißen mit dem Werkzeug [1]. Es besteht die Möglichkeit, Titan zu spritzen. Die Titanspritzschichten können auf vorgefertigte Werkstücke aus Stahl aufgebracht werden. Hierdurch ist eine kostengünstigere Fertigung möglich, als wenn die Bauteile aus Titan hergestellt würden. Durch die Kombination von Spritztechnik und Plasmanitrieren lassen sich gezielt dicke Hartstoffschichten auf Werkstücke aufbringen, die mit anderen Verfahren nicht erzeugbar sind.

2 Grundlagen

2.1 Zweistoffsystem Titan – Stickstoff

Durch ein Anreichern der Randschichten von Werkstücken aus Titan und Titanlegierungen mit Stickstoff werden sehr harte Oberflächen- und Diffusionsschichten gebildet. Der Aufbau dieser Schichten kann mit Hilfe des in Bild 1 dargestellten Zustandsschaubildes Titan – Stickstoff beschrieben werden.

Stickstoff bildet mit α- und ß-Titanlegierungen Einlagerungsmischkristalle, und wirkt dabei α-titanstabilisierend. Die Löslichkeit des hexagonalen α-Titans für Stickstoff ist temperaturabhängig; sie beträgt bei 1 050 °C ca. 7,5 % Massengehalt und nimmt mit sinkender Temperatur ab. Bei 600 °C können nur noch ca. 3,5 % Massengehalt Stickstoff in α-Titan gelöst werden. Diese temperaturabhängige Löslichkeit ermöglicht eine Ausscheidungshärtung des bei hohen Temperaturen mit Stickstoff gesättigten α-Titans durch Anlassen bei etwa 600 °C [2]. Bei hoher Stickstoffkonzentration werden die Titannitride ε-Ti$_2$N und TiN gebildet. Die Titannitride sind elektrisch leitend, sehr hart

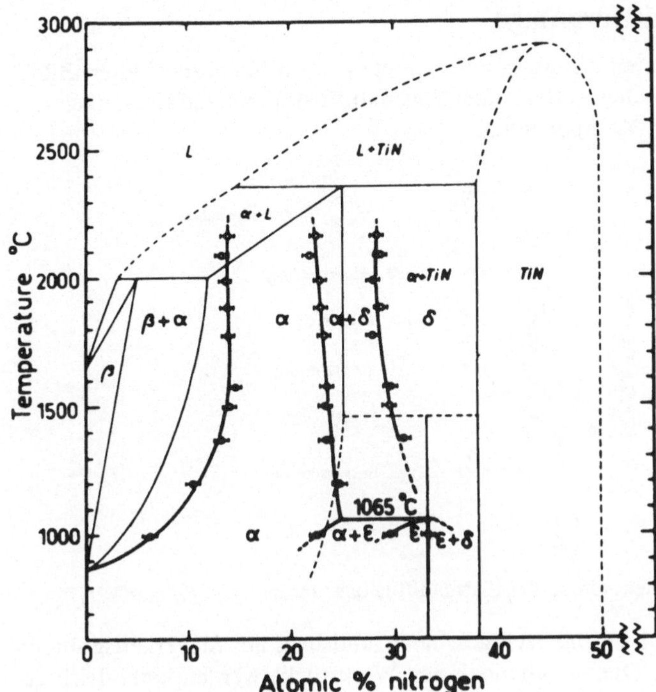

Bild 1: Das Zweistoffsystem Titan – Stickstoff

und verschleißbeständig. Die Phase ε-Ti_2N stellt darüber hinaus eine Diffusionsbarriere für Wasserstoff dar [3]. Da Wasserstoff Titan stark versprödet [1], kann durch eine ε-Ti_2N-Schicht die Versprödung von Titanbauteilen verhindert werden.

In dem für das Nitrieren von Titan interessanten Temperaturbereich von 500 °C bis 1 000 °C ist die Diffusionsgeschwindigkeit von Stickstoff in Titan relativ gering. Hieraus resultieren auch die benötigten Behandlungszeiten beim Plasmanitrieren.

Titanoxide werden, bedingt durch ihre Bildungsenthalpien gegenüber Titannitriden, bevorzugt gebildet. Es ist deshalb notwendig, eine Nitrierbehandlung von Titan und Titanlegierungen unter vollständigem Ausschluß von Sauerstoff durchzuführen [1].

2.2 Plasmanitrieranlage

Das Plasmanitrieren erfolgt in einem metallischen Vakuumbehälter. Bild 2 zeigt schematisch den Aufbau einer Plasmadiffusionsbehandlungsanlage mit ihren wichtigsten Komponenten:

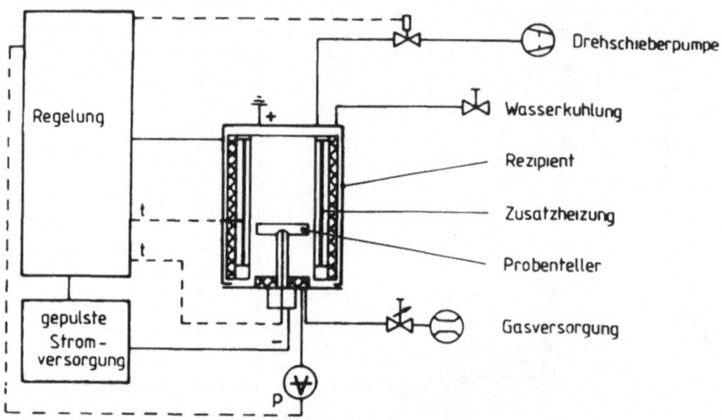

Bild 2: Schematischer Aufbau der Plasmadiffusionsanlage

Die Behälterwand ist anodisch geschaltet und liegt aus Sicherheitsgründen auf Erdpotential. Die zu behandelnden Werkstücke werden kathodisch geschaltet und isoliert im Behälter aufgestellt oder aufgehängt. Die Prozeßführung geschieht durch einen programmierbaren Prozeßrechner. Die frei zur Verfügung stehenden Behandlungsparameter sind die **Behandlungstemperatur,** die Behandlungszeit, der Behandlungsdruck, die Gaszusammensetzung, die Gasdurchflußmenge und die Abkühlbedingungen des behandelten Werkstückes. Im allgemeinen werden Stromversorgungen verwendet, die einen gepulsten Gleichstrom zwischen 300 und 1 500 V mit einem variablen Tastverhältnis liefern. Dadurch ist es in Verbindung mit der Zusatzheizung möglich, die Behandlungstemperatur von den Entladungsbedingungen abzukoppeln. Dieses bedeutet einen zusätzlichen Freiheitsgrad bei den Entladungsparametern. Durch die Vielzahl der frei zur Verfügung stehenden Behandlungsparameter können die Eigenschaften der erzeugten Randschichten in weiten Bereichen variiert werden.

3 Plasmanitrieren von Titan und Titanlegierungen

Es wurden Untersuchungen an technisch reinem Titan und an der α-Titanlegierung TiAl5Sn2,5, den $\alpha + \text{ß}$-Legierungen TiAl6V4 und TiAl5Fe2,5 sowie der ß-Legierung TiV10Fe2Al3 durchgeführt.

Die plasmanitrierten Proben wurden zur Identifizierung der gebildeten Phasen mit Röntgenfeinstruktur- und Mikrosondenmessungen untersucht. Die Mikroschliffe wurden mit dem Lichtmikroskop und dem Rasterelektronenmikroskop zur Bestimmung der Mikrostruktur und der Dicke der Randschichten analysiert.

3.1 Plasmanitrieren von Reintitan

Die Verbindungsschicht bei Reintitan besteht nach dem Plasmanitrieren unterhalb 1050 °C aus zwei Phasen. Außenliegend befindet sich die stickstoffreiche TiN-Phase (Bild 3).

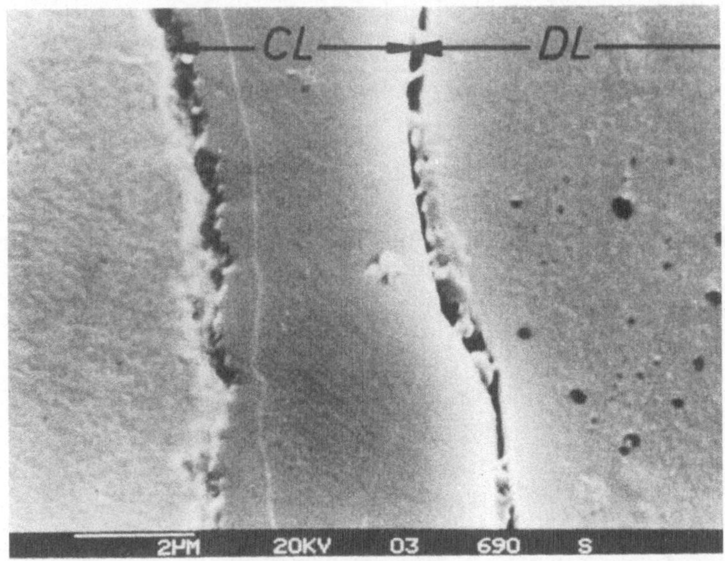

Bild 3: Randschicht von Reintitan, plasmanitriert, 50 At-% N : 50 At-% Ar, 900 °C, 10 h

Unterhalb der TiN-Phase findet sich die stickstoffärmere Phase ε-Ti$_2$N. Daran anschließend folgt eine durch eindiffundierenden Stickstoff stabilisierte α-Titanschicht, gefolgt vom Grundwerkstoff. Der Nachweis der Existenz der Phasen wurde mit röntgenographischen Messungen geführt.

Die Dicke der Verbindungsschicht ist im wesentlichen abhängig von der Behandlungszeit und der Behandlungstemperatur. Mit steigernder Temperatur nimmt die Dicke der Verbindungsschicht und der stabilisierten α-Titan-Schicht zu (Bild 4).

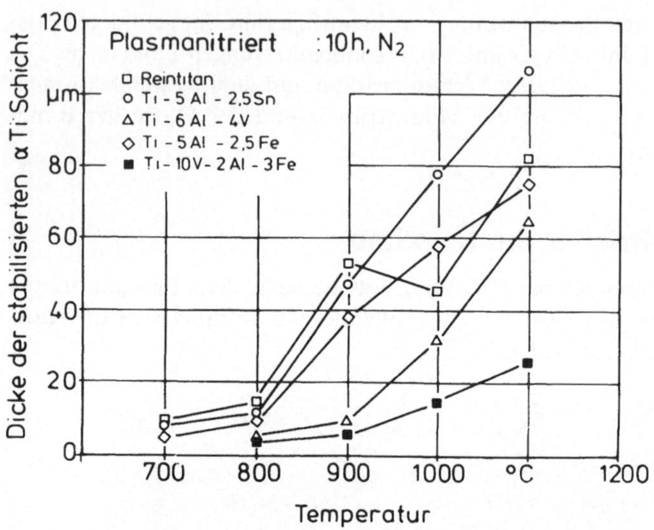

Bild 4: Abhängigkeit der Diffusionsschichtdicke von der Temperatur

Gleichzeitig ändert sich das Verhältnis der Schichtdicken von TiN zu ε-Ti$_2$N.

Bild 5 zeigt das ermittelte Schichtdickenverhältnis von Ti$_2$N zu TiN über der Behandlungstemperatur bei einer konstanten Behandlungszeit von 10 h.

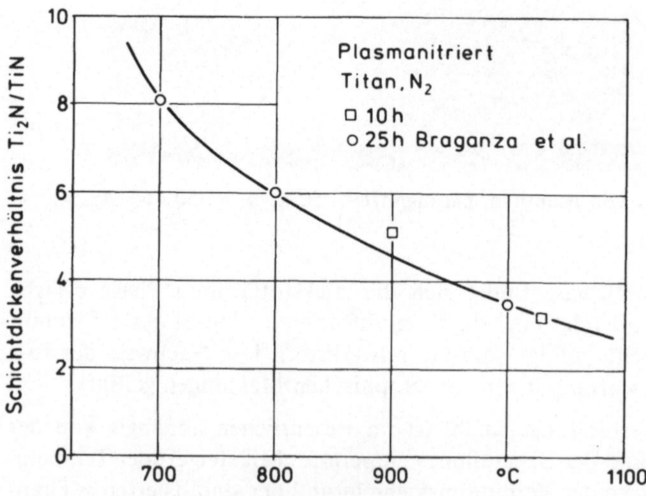

Bild 5: Das Verhältnis der Schichtdicke TiN zu ε-Ti$_2$N als Funktion der Temperatur

3.2 Plasmanitrieren von Titanlegierungen

Analog zu den Ergebnissen an Reintitan können die Ergebnisse der Untersuchungen zum Plasmanitrieren von verschiedenen Titanlegierungen interpre-
tiert werden. Die vorliegenden Ergebnisse zeigen, daß sich eine Änderung des
Randschichtaufbaus von aluminiumhaltigen Titanlegierungen ergibt. Bild 6
zeigt die Randschicht einer plasmanitrierten TiAl6V4 Legierung.

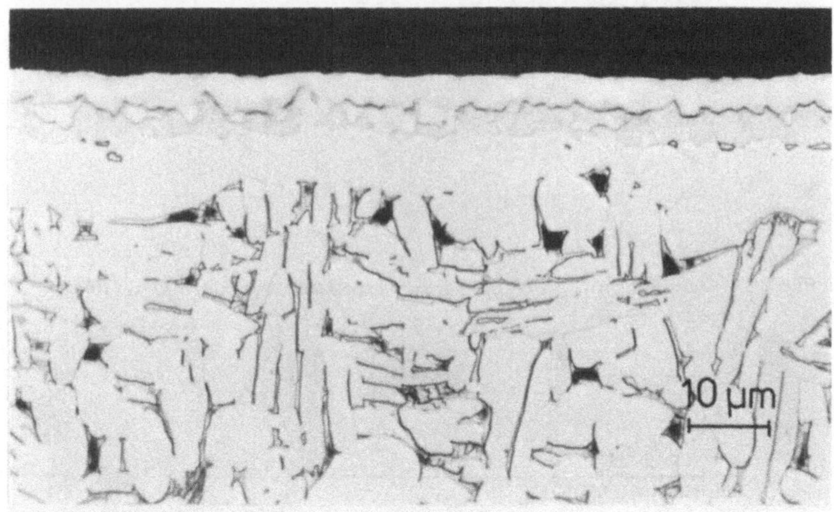

Bild 6: Randschicht von TiAl6V4, plasmanitriert, 900 °C, 10 h

Außen befindet sich die nur 1 µm dünne, goldfarbene TiN-Schicht, darunter
liegt die bereits 3 µm dicke Ti_2N-Verbindungsschicht. Bei den aluminiumhaltigen Legierungen folgt eine etwa 2 µm starke Ti_2AlN Verbindungszone mit
anschließender, durch eindiffundierenden Stickstoff als α-Titan stabilisier-
ter, Diffusionszone. Bild 7 zeigt die in der Elektronenstrahlmikrosonde aufgenommene Aluminiumverteilung in der Randschicht einer plasmanitrierten
Legierung TiAl6V4.

Die Stärke der Verbindungsschicht bei plasmanitrierten Titanlegierungen ist
sowohl zeit- als auch temperaturabhängig. Mit zunehmender Behandlungszeit wächst die Verbindungsschicht einem t-Gesetz folgend (Bild 8).

Die bei diesen Werkstoffen entstehenden Verbindungsschichten mit der alu-
miniumreichen Unterschicht aus Ti_2AlN zeigen einen hohen Verschleißwiderstand. Da Titan körperverträglich ist und einem korrosiven Angriff im
menschlichen Körper widersteht, eignet es sich für die Prothesenherstellung.

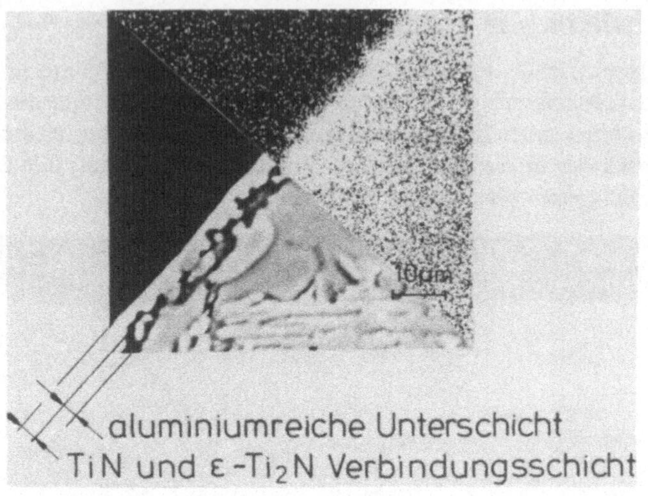

Bild 7: Al-Verteilung an TiAl6V4, Elektronenstrahlmikrosonde, 900 °C, 10 h

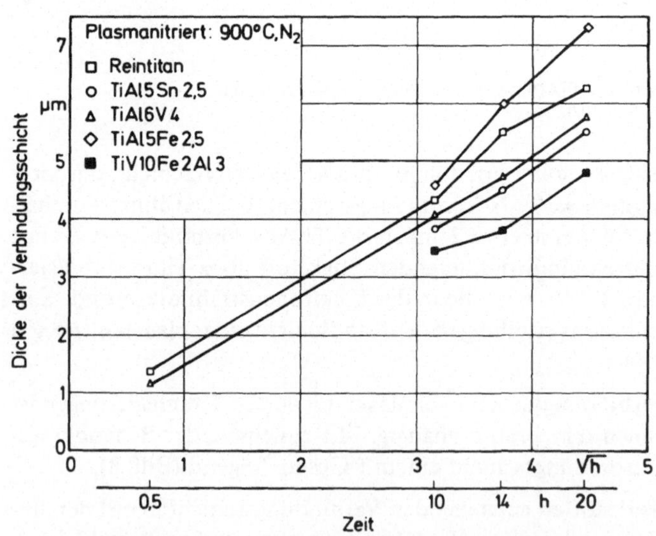

Bild 8: Dicke der Verbindungsschicht bei Ti-Legierungen in Abhängigkeit der Behandlungszeit

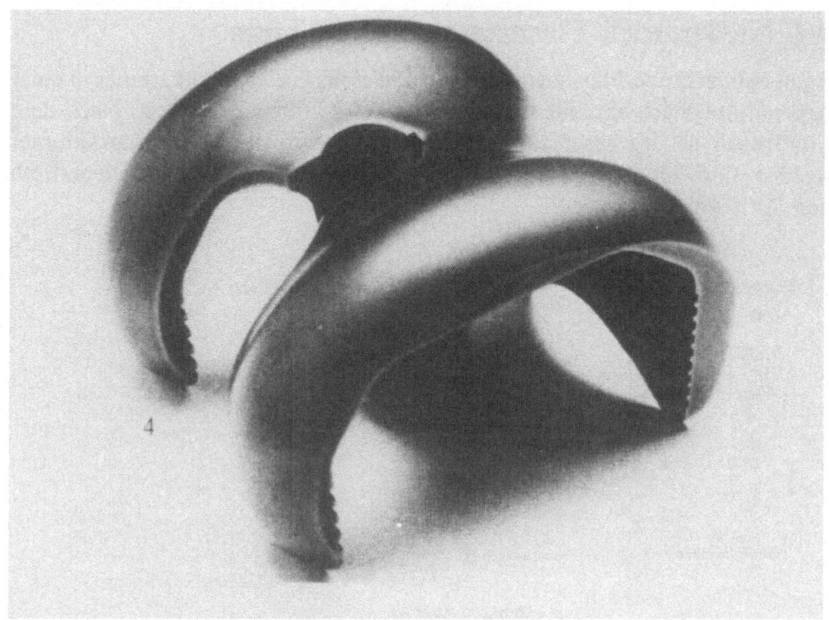

Bild 9: Plasmanitrierte Knieprothese

Bild 9 zeigt eine Knieprothese, die aus dem biokompatiblen Werkstoff
TiAl5Fe2,5 hergestellt ist. Da eine Knieprothese einer starken Verschleißbe-
anspruchung unterliegt, werden diese Knieprothesen plasmanitriert. Durch
eine geeignete Plasmadiffusionsbehandlung wird eine Schicht hergestellt, die
die hohen Anforderungen erfüllt. Die Knieprothesen werden heute erfolgreich implantiert.

4 Titanspritzschichten

Titan ist ein vergleichsweise teurer Grundwerkstoff. Es werden deshalb Wege
gesucht, die Verwendung teurer Grundwerkstoffe zu vermeiden. Eine Möglichkeit besteht darin, Werkstücke nicht aus Titanvollwerkstoff herzustellen,
sondern das Werkstück selbst aus einer kostengünstigeren Eisenlegierung zu
fertigen und anschließend einen Titanüberzug durch Plasmaspritzen aufzubringen. Die Titanspritzschicht wird anschließend plasmanitriert, wodurch
eine harte, verschleißfeste Schicht erzeugt wird. Der Eisengrundwerkstoff
übernimmt die Volumenanforderung, die nitrierte Titanspritzschicht erhöht
den Verschleißwiderstand.

4.1 Niederdruck-Plasmaspritzen von Titan

Beim Niederdruck-Plasmaspritzen wird in einer Unterdruckkammer in einer Argonatmosphäre bei einem Druck von 50–70 mbar gearbeitet. Nach dem Einbringen der zu beschichtenden Werkstücke in die Unterdruckkammer werden diese zunächst gereinigt und vorgewärmt. Bild 10 zeigt schematisch den Spritzvorgang.

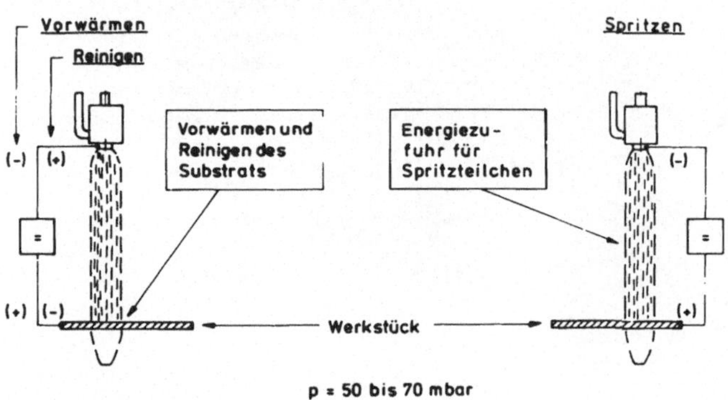

Bild 10: Spritzvorgang (schematisch) [4]

Hiernach wird Titanpulver dem Plasmastrahl zugegeben. Die hierbei entstehende Titan-Spritzschicht auf dem Werkstück kann bis zu 1 mm Stärke und mehr aufgetragen werden. Während des Spritzvorganges wird die Argonatmosphäre mit 2 % Wasserstoff angereichert, um den noch vorhandenen Restsauerstoff im Pulver und in der Unterdruckkammer zu entfernen.

Durch die Verwendung von Titanpulver unterschiedlicher Körnungen können unterschiedlich poröse Titanspritzschichten erzeugt werden. Bei der Verwendung von feinem Titanpulver entsteht eine feinporige Titanspritzschicht, deren Poren in sich geschlossen sind und **keine** Verbindung zur Oberfläche haben. Verwendet man grobes Titanpulver, so entsteht eine poröse Spritzschicht, deren Poren zur Oberfläche hin geöffnet sind.

4.2 Plasmanitrierte Titan-Spritzschichten

Es wurden plasmanitrierte Reintitanspritzschichten auf Stahlsubstraten (X5CrNiMo1810) untersucht. Die Spritzschichten wurden mit Pulvern unterschiedlicher Korngröße hergestellt und hatten eine unterschiedliche Porengröße. Die Spritzschichten hatten jeweils eine Stärke von ca. 1 mm.

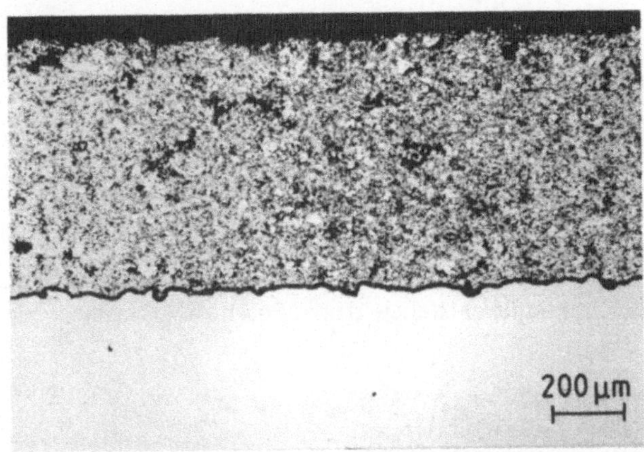

Bild 11: Titanspritzschicht 50 : 1, geätzt mit Ti 1 (unbehandelt)

Bild 11 zeigt einen Mikroschliff einer solchen feinporigen Spritzschicht, deren Poren **nicht** zur Oberfläche geöffnet sind.

Während des Spritzvorganges nimmt Titan Wasserstoff aus der Spritzatmosphäre auf. Das sich hierbei bildende Titanhydrid versprödet die Spritzschicht. Durch eine geeignete Wahl der Behandlungsparameter bei der Plasmanitrierung kann der Wasserstoff jedoch wieder aus der Spritzschicht entfernt werden.

Bild 12 zeigt den Übergang zwischen der Titanspritzschicht und dem Stahlsubstrat sowie die an der Oberfläche entstandene Verbindungsschicht. Es handelt sich hierbei um eine sehr feinporige Titanspritzschicht. Auf der

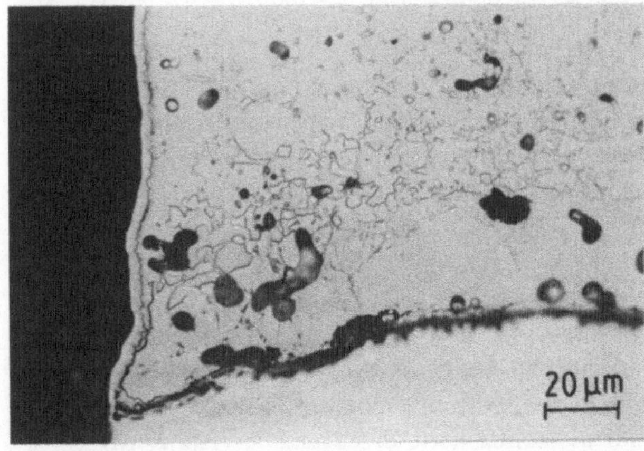

Bild 12: Plasmanitrierte feinporige Titanspritzschicht, V = 500 : 1, geätzt mit Ti 1

Oberfläche erkennt man die aus TiN und ε-Ti$_2$N bestehende dichte Verbindungsschicht. Am Übergang von der Spritzschicht zum Stahlsubstrat erkennt man eine Diffusionszone von Kohlenstoff.

Die im Bild erkennbaren feinen Poren sind in sich geschlossen, sie haben keine Verbindung zur Oberfläche. Daher wurden die Porenoberflächen nicht nitriert.

In Bild 13 sieht man eine plasmanitrierte, poröse Titanspritzschicht. Deutlich erkennt man auf den Porenrändern eine dünne Verbindungsschicht. Diese Verbindungsschicht konnte entstehen, da die Poren zur Oberfläche hin geöffnet sind.

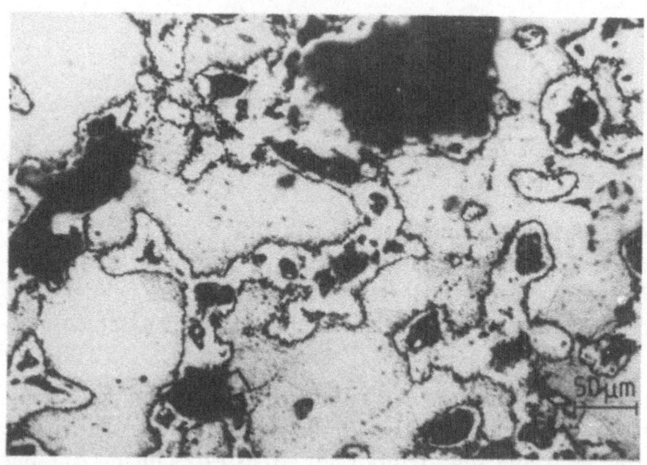

Bild 13: Plasmanitrierte poröse Titanspritzschicht, V = 200 : 1, geätzt mit Ti 1 [4]

Hierdurch können auf Stahlsubstraten sehr harte und dicke Schichten aus Titan und TiN erzeugt werden, wenn poröse Titanspritzschichten plasmanitriert werden. Verwendet man feinporige Titanspritzschichten, so zeigt die Oberfläche des beschichteten Bauteils die gleichen Eigenschaften wie ein Bauteil aus Reintitan.

Danksagung

Wir danken der DFG für die Unterstützung der Arbeiten. Außerdem danken wir Herrn Michael Dvorak vom Institut für Werkstofftechnologie, Prof. Steffens, TU Dortmund, für die kontrollierte Erzeugung der Titanspritzschichten.

Literatur

[1] *Zwicker, U.:* Titan und Titanlegierungen; Berlin, Heidelberg, New York, 1974

[2] *Rie, K.-T.;* Eisenberg, St.: Mikrostruktur von plasmanitrierten Titanlegierungen; HTM 42 (1987) 344–348

[3] *Braganza, C.; Stussi, H.;* Verprek, S.: Interaction of Nitrided Titanium with a Hydrogen Plasma; Journal of Nuclear Materials 87 (1979), 311–340

[4] *Dvorak, M.:* Persönliche Mitteilungen, Dortmund 1989

Oberflächenbehandlung von Ti-Werkstoffen mit CO$_2$-Hochleistungslasern

D. Müller, S. Z. Lee

Kurzfassung

In der modernen Technik spielt die gezielte Veränderung von Oberflächeneigenschaften hinsichtlich der Verschleißverminderung oder Einsparung teuerer Werkstoffe eine wichtige Rolle. Insbesondere für den Einsatz von Ti-Werkstoffen ist wegen mangelhafter tribologischer Eigenschaften häufig eine Oberflächenbehandlung nötig. Hierfür bietet die Lasermaterialbearbeitung mehrere Möglichkeiten an. Ein weiterer Gesichtspunkt ist die Möglichkeit, billige Werkstoffe mit Ti zu beschichten und anschließend einer Oberflächenbehandlung mit einem Laser zu unterziehen. Ziel dieses Beitrages ist es, einen Überblick über die Möglichkeiten der Oberflächenveränderung von Ti-Werkstoffen mit Hilfe von CO$_2$-Hochleistungslasern zu geben.

1 Einleitung

Bereits seit geraumer Zeit ist die Möglichkeit bekannt, auf der Oberfläche von Ti-Werkstoffen durch Reaktion mit entsprechenden Gasen Hartstoffe (TiN) zu erzeugen [1,2]. Neuere Untersuchungen beschäftigen sich mit der Möglichkeit, Stickstoff aus der Plasmaphase auf der Oberfläche abzuscheiden und dadurch verschleißbeständige TiN-Schichten zu erzeugen [3,4,5,6,7]. Die erzielbaren Schichtdicken sind jedoch bei diesen Verfahren durch ein parabolisches Wachstumsgesetz begrenzt, da sie im festen Zustand arbeiten [8].

Läßt man dagegen Stickstoff mit einer Ti-Schmelze reagieren, so ist man an kein parabolisches Wachstumsgesetz gebunden. Für die Erzeugung eines örtlich begrenzten Schmelzbades auf einer Oberfläche erweist sich ein Laser als ein geeignetes Werkzeug. Auf diese Weise lassen sich durch Lasergaslegieren mehrere 100 μm dicke hartstoffhaltige Schichten erzeugen.

Es wird eine kurze Zusammenfassung gegeben, wie sich derartige Schichten durch die Veränderung der Prozeßparameter beeinflussen lassen. Die vorgestellten Ergebnisse sind detaillierter an anderer Stelle veröffentlicht [3,9,10,11,12,13,14,15].

Auf ähnliche Weise lassen sich auch mit Ti-Werkstoffen beschichtete Oberflächen durch Lasergaslegieren behandeln [16,17].

Eine weitere Möglichkeit die Verschleißbeständigkeit von Ti-Werkstoffen zu erhöhen ist das direkte Einbringen von Hartstoffen in die Oberfläche mit Hilfe eines Lasers. Dies wurde bereits an verschiedenen Ti-Legierungen mit mehreren Hartstoffen erfolgreich durchgeführt [18,19,20,21].

2 Lasergaslegieren

2.1 Prinzip

Wird die Oberfläche einer Ti-Legierung mit einem Laserstrahl geeigneter Leistungsdichte belichtet, so kommt es zum örtlichen Aufschmelzen der Oberfläche (Bild 1). Bietet man diesem Schmelzbad ein geeignetes Reaktionsgas (z. B. N_2, CH_4) an, so läuft eine chemische Reaktion ab, bei der sich Hartstoffe (TiN, TiC) im Schmelzbad bilden. Durch Abrastern einer Fläche wird auf diese Weise eine hartstoffhaltige Oberfläche erzeugt.

Einen Überblick über die wesentlichen Prozeßparameter bietet Bild 2. Für die in die Oberfläche eingebrachte Energiemenge sind hier die Laserleistung

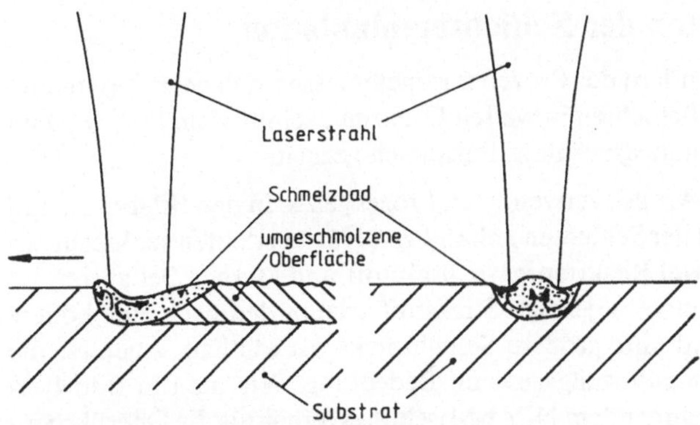

Bild 1: Prinzip des Laserumschmelzens

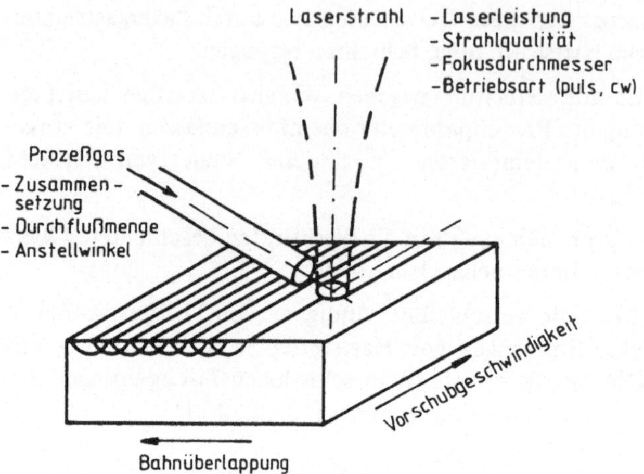

Bild 2: Prozeßparameter bei Lasergaslegieren

und die Vorschubgeschwindigkeit verantwortlich. Fokusdurchmesser und Strahlqualität werden in erster Linie vom verwendeten Laser und den optischen Elementen bestimmt (Resonator, Spiegel). Entscheidend für die Schichteigenschaften ist das Prozeßgas, dessen Zusammensetzung und die Durchflußmenge. Durch Wahl der Bahnüberlappung kann man entscheiden, wie oft ein Punkt aufgeschmolzen und damit gaslegiert wird, was einen unmittelbaren Einfluß auf den sich bildenden Hartstoffanteil und somit auf die Härte hat. Außerdem wird durch die Bahnüberlappung die Oberflächenrauhigkeit beeinflußt.

2.2 Möglichkeiten der Schichtmanipulation

Durch gezieltes Verändern der Prozeßparameter lassen sich beim Lasergaslegieren die erzeugten Schichten in weiten Grenzen beeinflussen. Dies wird im Folgenden an einigen ausgewählten Beispielen gezeigt.

Entscheidend ist die Art des verwendeten Prozeßgases. In den Bildern 3a und b ist der Unterschied der Schichten anhand von Härteverläufen senkrecht zur Oberfläche für die zwei Reaktionsgase Stickstoff und Methan bei ansonsten gleichen Prozeßparametern gezeigt. Stickstoff erlaubt demnach eine höhere Oberflächenhärte und eine größere Schichtdicke als Methan. Auch ist die Zusammensetzung des Prozeßgases von Bedeutung. Wie man in Bild 4 erkennt, steigt mit zunehmendem N_2:Ar-Mischungsverhältnis die Oberflächenhärte an, was auf einen erhöhten Hartstoffanteil zurückzuführen ist.

178

Den größten Einfluß auf die Schichtdicke haben Laserleistung und Vorschubgeschwindigkeit. Aus diesen beiden Parametern resultiert die in die Oberfläche eingebrachte Energie und damit das Schmelzbadvolumen. Außerdem bestimmen sie die Temperatur des Schmelzbades und die Wechselwirkungszeit von Schmelze mit dem Prozeßgas. Diese Größen beeinflussen die chemische Reaktion und somit den Hartstoffanteil und die Härte der Schicht. Die Änderung der Härteverläufe ist für verschiedene Laserleistungen und Vorschubgeschwindigkeiten in den Bildern 5 und 6 dargestellt.

Der Anstellwinkel mit dem das Prozeßgas auf die Oberfläche aufgeblasen wird, hat einen Einfluß auf die Rauhigkeit und die Härte. Die Härte steigt mit zunehmendem Anstellwinkel (90° = senkrecht zur Oberfläche) an, da der

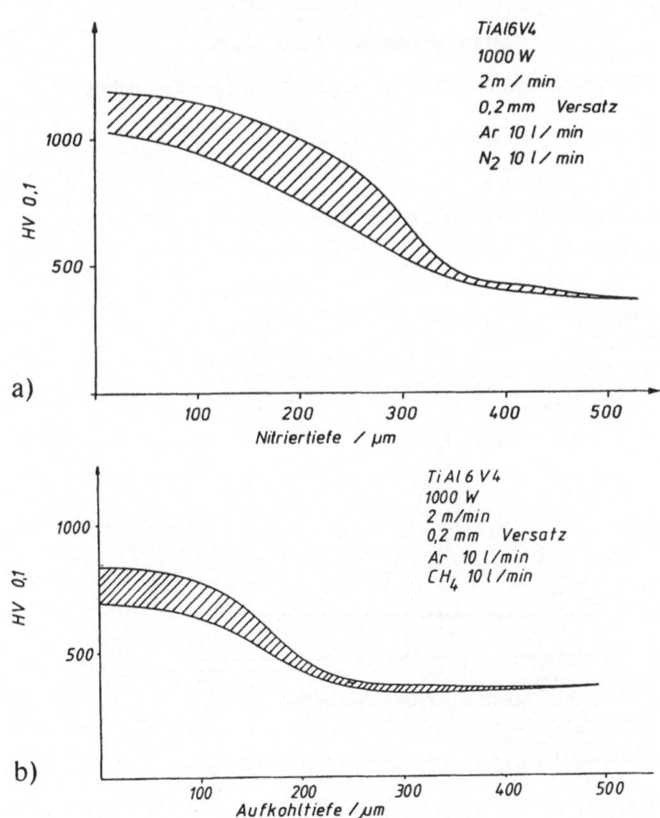

Bild 3: Härteverläufe von lasergaslegierten Schichten auf TiAl6V4
a) nitrierte Schicht   b) karburierte Schicht

179

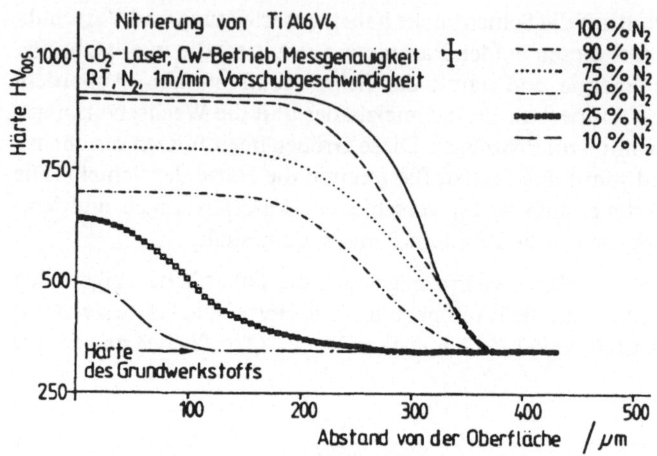

Bild 4: Einfluß der Zusammensetzung des Prozeßgases beim Lasergasnitrieren

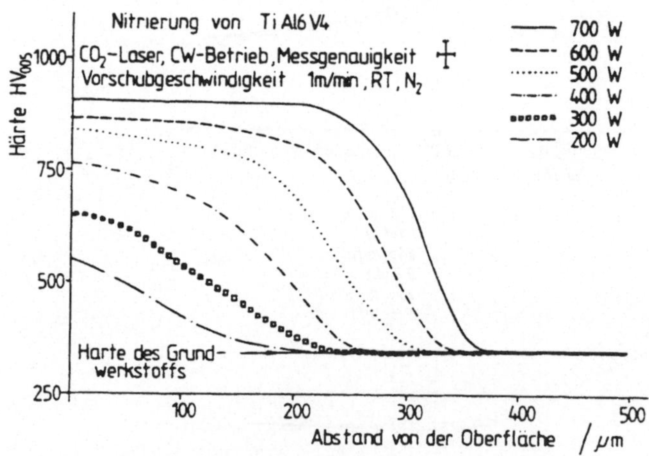

Bild 5: Einfluß der Laserleistung beim Lasergasnitrieren

180

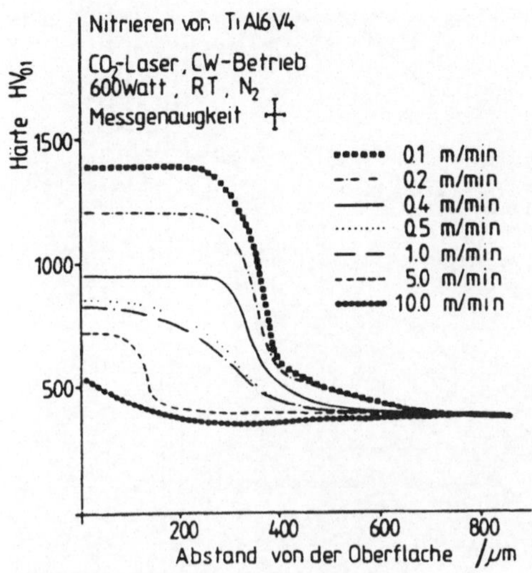

Bild 6: Einfluß der Vorschubgeschwindigkeit beim Lasergasnitrieren

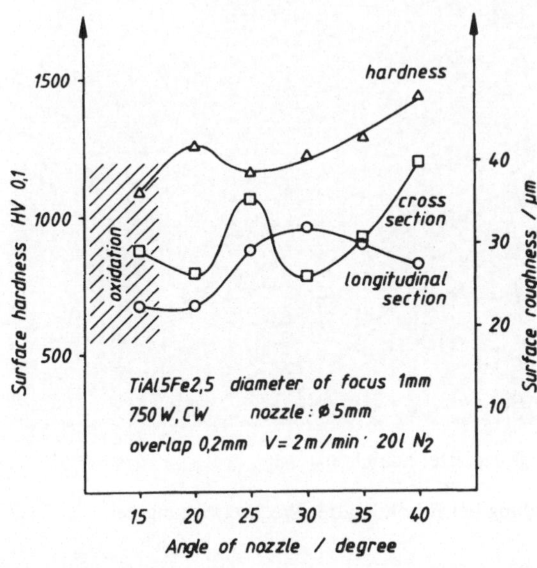

Bild 7: Einfluß des Anstellwinkels der Gasdüse beim Lasergasnitrieren

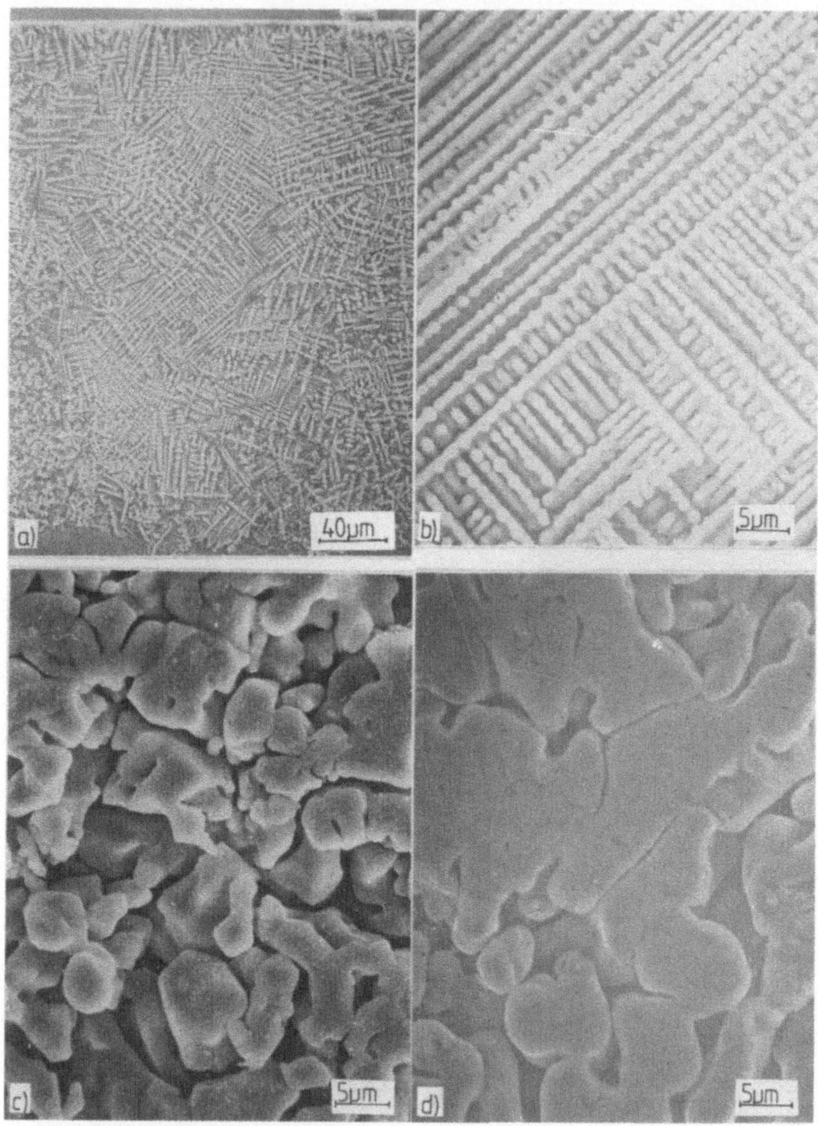

Bild 8: REM-Aufnahmen lasergaslegierter Schichten
a) Übersicht
b)–d) Dentridenausbildung bei Erhöhung der Wechselwirkungszeit

Stickstoffstrom eine höhere Kontaktdichte mit der Schmelzbadoberfläche hat, und dadurch mehr TiN in der Oberfläche gebildet werden kann. Bei zu niedrigen Anstellwinkeln kann die Oberfläche nicht mehr wirksam vor der Atmosphäre geschützt werden und es kommt zur Oxidation. Für eine möglichst geringe Rauhigkeit haben sich Anstellwinkel von 30–40° als geeignet erwiesen (Bild 7).

Neben den makroskopischen Eigenschaften wie Härte, Schichtdicke und Rauhigkeit läßt sich auch der Gefügeaufbau variieren. Prinzipiell scheidet sich in der gaslegierten Schicht TiN (od. TiC) dendritisch aus (Bild 8). Durch Veränderung der Wechselwirkungszeit (Vorschubgeschwindigkeit) kann man die Form dieser Dendriten beeinflußen. Die Bilder 8b bis d zeigen die Vergröberung der Dendriten bei Erhöhung der Wechselwirkungszeit.

3 Lasergaslegieren von Ti-beschichteten Oberflächen

Für diese Untersuchungen wurde eine eutektische Ti-Fe-Legierung auf Substrate aus Gußeisen und Baustahl durch Niederdruck-Plasmaspritzen aufgebracht und anschließend mit einem CO_2-Laser unter Verwendung verschiedener Prozeßgase umgeschmolzen [16,17]. In Bild 9 ist der Querschliff durch eine Laserschmelzbahn zu sehen, bei der vorher TiFe33-Pulver aufgespritzt wurde. Neben TiN, das durch Reaktion des Prozeßgases mit der Ti-haltigen

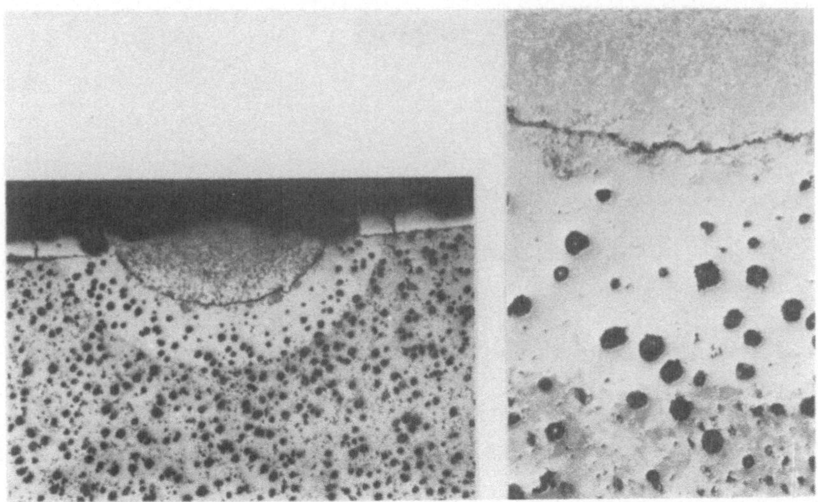

Bild 9: Gefüge einer Laserschmelzspur von mit TiFe33 beschichtetem Gußeisen

Schmelze entsteht, bilden sich noch TiC (durch Reaktion mit dem C des Gußeisens) und die intermetallische Verbindung TiFe in der Schicht. Die Oberfläche zeigt, wie am Härteverlauf in Bild 10 zu sehen, Härtewerte von über 1 000 HV. Behandelt man St 37 nach dem gleichen Prinzip, so ergeben sich mit den verwendeten Parametern etwas niedrigere Härtewerte und ein steilerer Abfall von der Schicht- zur Substrathärte als bei Gußeisen, was auf den niedrigeren C-Gehalt zurückzuführen ist (Bild 11, 12).

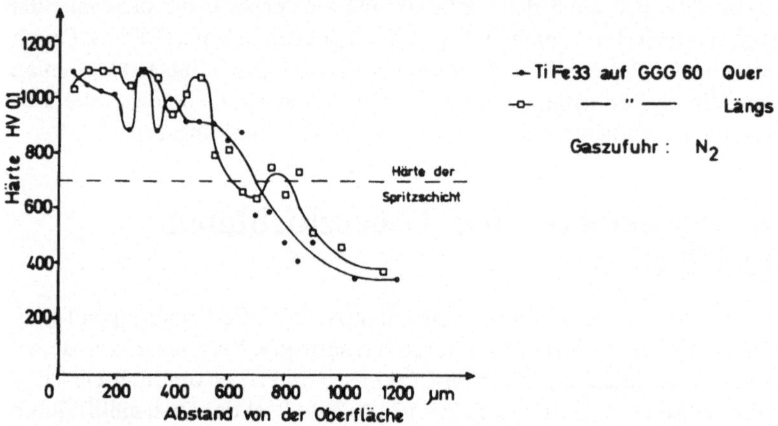

Bild 10: Härteverlauf von mit TiFe33 beschichtetem Gußeisen nach dem Lasergaslegieren

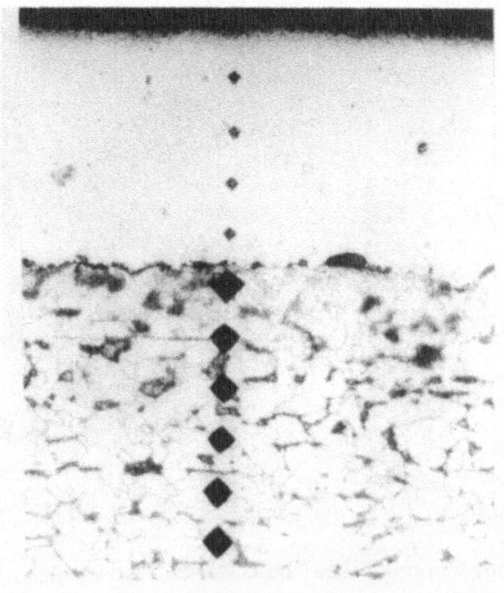

Bild 11: Gefüge von mit TiFe33 beschichtetem St37 nach dem Lasergaslegieren

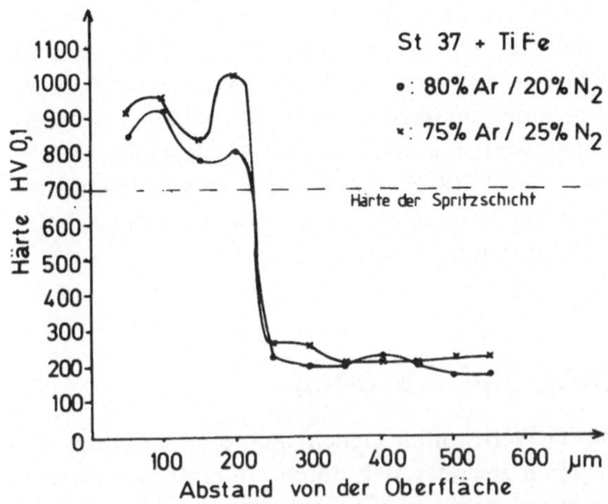

Bild 12: Härteverlauf von mit TiFe33 beschichtetem Gußeisen nach dem Lasergaslegieren

4 Direktes Einbringen von Hartstoffen

Hartstoffe können in eine Oberfläche nach unterschiedlichen Verfahren eingebracht werden. Man kann den Hartstoff als Pulver auf der Oberfläche, z. B. mit einem organischen Binder fixieren und dann die Oberfläche umschmelzen oder man bringt ihn während des Umschmelzens mit Hilfe eines Trägergases in das Schmelzbad ein.

Beide Möglichkeiten wurden bei Ti-Werkstoffen mit verschiedenen Hartstoffen erfolgreich durchgeführt. In Bild 13 ist der Schliff durch eine derartige Schicht abgebildet, bei der WC/Co-Pulver vor dem Umschmelzen mit einem

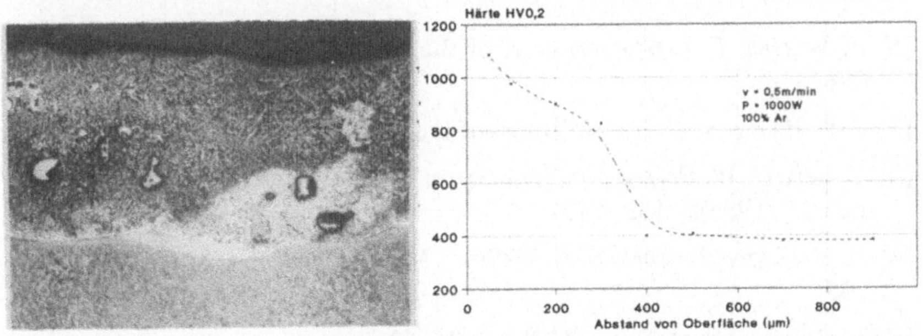

Bild 13: Gefüge und Härteverlauf von TiAl6V4 nach dem Einbringen von WC/Co-Pulver in die Oberfläche durch Laserlegieren

organischen Binder auf die Oberfläche aufgebracht wurde. Der größte Teil des WC-Pulvers hat sich während des Umschmelzens gelöst, jedoch sind auch nicht aufgelöste Teilchen zu erkennen. Im Härteverlauf erkennt man, daß an der Oberfläche Härtewerte von über 1 100 HV0,2 bei einer Schichtdicke von etwa 400 µm erreicht werden können. Nicht aufgelöste Karbidteilchen haben eine Härte von 1 500–1 700 HV0,1. Je nach verwendetem Verfahren und durch Wahl geeigneter Verfahrensparameter kann man den gelösten Karbidanteil in weiten Grenzen beeinflussen.

5 Zusammenfassung und Ausblick

Für das Laserlegieren von Ti-Werkstoffen stehen mehrere Verfahren zur Verfügung. Das Lasergaslegieren zeichnet sich durch ein einfaches Prinzip aus, wogegen beim Laserlegieren unzählige Möglichkeiten der Oberflächenmanipulation zur Verfügung stehen. Die Eigenschaften laserbehandelter Schichten lassen sich durch Wahl geeigneter Verfahrensparameter in weiten Bereichen verändern.

Prinzipiell werden durch diese Verfahren weitaus höhere Schichtdicken und niedrigere Härtewerte der Oberfläche erzielt als durch Verfahren wie Gas- oder Plasmanitrieren. Es handelt sich also um kein direktes Konkurrenzverfahren zu den Verfahren der Dünnschichttechnologie. Es ist jedoch denkbar, daß eine Kombination, z. B. Lasergaslegieren mit anschließendem Plasmanitrieren, geeignet wäre, sehr verschleißbeständige Schichten zu erzeugen, die zusätzlich in der Lage sind, hohe Hertzsche Pressungen zu ertragen.

Literatur

[1] *E. Mitchel, P. J. Brotherton:* J. of the Inst. of Met., 93 (1964/65), 381–386

[2] *J. L. Wyatt, N. J. Grant:* Trans. of the ASM, 46 (1954), 540–567

[3] *T. Bell, H. W. Bergmann, J. Lanagan, P. H. Morton, A. M. Staines:* Surf. Eng., 2 (1986)2, 133–143

[4] *H. Bollinger, B. Bücken, R. Wilberg:* Metalloberfläche, 31 (1977)8, 329–333

[5] *E. Rolinski:* Surf. Eng., 2(1986)1, 35–42

[6] *K.-T. Rie, Th. Lampe:* Metall, 37(1983)10, 1003–1006

[7] *T. Bell, Z. L. Zhang, J. Lanagan, A. M. Staines:* in: K. N. Stafford (ed.): „Coatings and Surface Treatments for Corrosion and Wear Resistance", 1985, Chichester, Ellis Horwood

[8] *K.-T. Rie, Th. Lampe:* Mat. Sci. and Eng., (1985), 473–481

[9] *H. W. Bergmann:* Z. Werkstofftechn., 16(1985), 392–405

[10] *H. W. Bergmann, S. Z. Lee, T. Bell:* in: Mr. A. Quenzer (ed.), Proc. of LIM-3, 1986, IFS Ltd, UK and Springer-Verlag, Berlin Heidelberg New York Tokyo, 221–232

[11] *H. W. Bergmann, T. Bell, S. Z. Lee:* in: W. Waidelich (ed.): Laser/ Optoelectronics in Engineering, Springer-Verlag, Berlin Heidelberg New York Tokyo, 399–410

[12] *H. W. Bergmann:* Opto Elektronik Mag., 2(1986)3, 224–230

[13] *S. Z. Lee, H. W. Bergmann:* in: B. L. Mordike (ed.), „Laser Treatment of Materials", DGM-Verlag, 1986, 363–371

[14] *A. Gasser, E. W. Kreutz, M. Schwarz, K. Wissenbach:* in: Proc. of ECLAT '88, DVS 113, 147–150

[15] *A. Walker, S. Folkes, W. M. Steen, D. R. F. West:* Surf. Eng., 1(1985)1, 23–29

[16] *H. W. Bergmann, J. Breme, S. Z. Lee:* in: Proc. of ECLAT'88, DVS 113, 70–73

[17] *H. W. Bergmann, S. Z. Lee, J. Breme:* Opto Elektronik Mag., 4(1988)3, 280–284

[18] *K. P. Cooper:* SPIE vol.957,(1988), 42–53

[19] *J. D. Ayers, R. N. Bolster:* Wear, (1984)93, 193–205

[20] *J. D. Ayers:* Wear, (1984)97, 249–266

Ionenstrahlmischen von Hartstoffschichten

G. K. Wolf

1 Einleitung

Zunächst soll erläutert werden, welche Arten von Verfahren sich unter dem Terminus Ionenstrahlmischen verbergen. Es handelt sich im wesentlichen um zwei Arten von Verfahren. Das eine geht, wie Bild 1 zeigt, davon aus, daß auf ein Substrat eine sehr dünne Schicht mit einer der üblichen Methoden, z. B. Aufsputtern oder Aufdampfen, aufkondensiert wird, und man danach mit einem Ionenstrahl durch diese dünne Schicht durchschießt, so daß es zu einer Durchmischung der Grenzschicht kommt. In der Regel wird eine solche

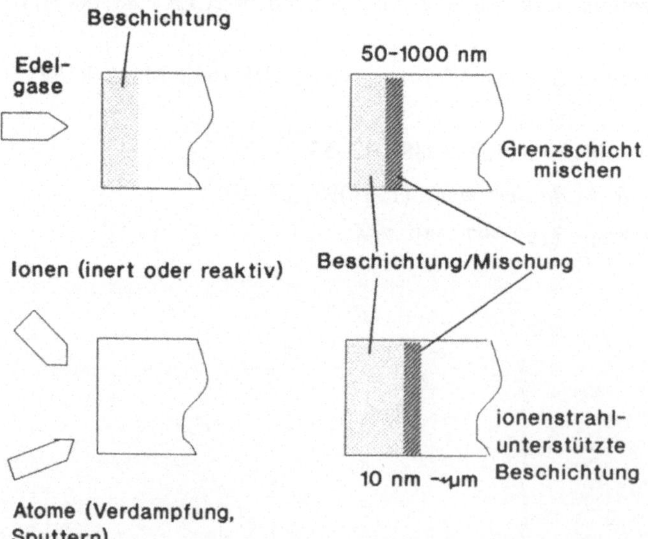

Bild 1: Schematische Darstellung des Ionenstrahlmischens (oben) und der ionenstrahl-gestützten Beschichtung (IBAD) (unten)

Schicht für eine Anwendung nicht dick genug sein, obwohl es Ausnahmen gibt; d. h. man muß meistens in einer zweiten Stufe noch ein Verdickungsverfahren anschließen. Dieses könnte ein galvanischer Prozeß oder eine zweite Aufdampfstufe sein. Durch den Ionenbeschuß ändern sich zahlreiche Schichteigenschaften. Man bekommt z. B. häufig ein verändertes Eigenspannungsverhalten und immer eine veränderte Defektstruktur. Das hat Konsequenzen für die Adhäsion, die Härte und die Verschleißanfälligkeit der Schicht.

Das zweite Verfahren repräsentiert eine Erzeugung von Schichten, in unserem Fall auch Hartstoffschichten, unter permanentem Ionenbeschuß aus einer Ionenquelle, d. h. hier treffen Atome und Ionen gleichzeitig auf das Substrat auf und die Schicht wächst unter ständigem Ionenbeschuß. Auch bei diesem einstufigen Mischen, auch als ionenstrahlgestützte Beschichtung (IBAD) bekannt, haben die Ionen eine wichtige Aufgabe zu erfüllen. Der Ionenstrahl soll Grenzbereichsdurchmischung, eine Veränderung des Eigenspannungsverhaltens, der Porosität, der Aufwachskinetik, der Stöchiometrie und der Struktur bewirken, entweder einzeln oder auch in Kombination. Die Vor- und Nachteile beider Verfahren sind in Tabelle 1 zusammengestellt. Zu den Vorteilen gehört eine sehr niedrige Prozeßtemperatur und eine gute Adhäsion auf fast allen Substraten. Auch ist eine unabhängige Kontrolle von Energie, Intensität und Einfallswinkel der Ionen ein besonders wichtiger Gesichtspunkt. Ein relativ niedriger Arbeitsdruck gewährleistet wenig Fremdgaseinbau in die Schichten. Daneben hat man aber auch die üblichen Nachteile von Vakuumverfahren. Dazu kommen Probleme bei der Manipulation, besonders von größeren Werkstücken, um gleichmäßige Beschichtungen zu erzielen. Schließlich stört bei manchen Substraten die Defekterzeugung durch Ionen. Für das Ionenstrahlmischen in zwei Stufen ist noch die limitierte Schichtdicke unterhalb 1 Mikrometer als Nachteil aufzuführen.

Tabelle 1: Vor- und Nachteile der Ionenstrahlmischtechniken

Vorteile
- Niedertemperaturtechnik
- Gute Haftung auf fast allen Substraten (Metalle, Keramik, Polymere . . .)
- Nichtgleichgewichtstechnik – amorphe Schichten möglich
- Separate Kontrolle von Ionenenergie, -intensität, -auftreffwinkel
- Mikrofokussieren des Ionenstrahls auf 1 μm möglich

nur für IBAD:
- Reine Schichten durch präferentielles Sputtern
- Kontrolle der Struktur und Zusammensetzung des aufwach-

senden Films durch Ionenenergie und Auftreffwinkel und Io-
nen/Atomverhältnis

Nachteile: – Teuere Vakuumtechnik
– Schwierig, große unregelmäßig geformte Stücke zu beschichten
– Beschädigung der Schicht bzw. des Substrats durch strahlen-
induzierte Defekte

nur für Zweistufenionenstrahlmischen:
– Tiefe der modifizierten Lage oder Schicht

Bei der ionenstrahlgestützten Beschichtung haben wir hingegen diese Limi-
tierung der Schichtdicke nicht. Zusammenfassende Darstellungen der Techniken finden sich in [1,2,3]. Im folgenden sollen die Möglichkeiten zur Beeinflussung der Schichteigenschaften durch Ionenstrahlen anhand von Beispielen illustriert werden. Diese Beispiele sind zum großen Teil aus der Arbeit
eines Verbundvorhabens genommen, das den Titel „Ionenstrahlmischen"
trägt. In diesem Verbundvorhaben haben wir mit einem anderen Universi-
tätsinstitut, dem Zweiten Physikalischen Institut der Universität Göttingen,
dem Forschungslabor der Firma Akzo in Obernburg und dem Battelle-Insti-
tut zusammengearbeitet [4]. Diese Beispiele sind ergänzt durch eine Reihe
von Beispielen aus unseren weiteren Arbeiten außerhalb dieses Verbundes.

2 Verbesserte Schichteigenschaften durch Ionenstrahlmischen

Eine der Hauptaufgaben des Verbundes „Ionenstrahlmischen" war, heraus-
zufinden, ob es Sinn macht, eine mit einem an sich schon relativ guten
Verfahren, z. B. Sputtern, aufgebrachte Schicht noch bezüglich ihrer Haftung
oder anderer Eigenschaften zu verbessern.

Bild 2 zeigt ein Beispiel der Ergebnisse von Adhäsionsmessungen. Es handelt
sich dabei um einen Ritztest an TiN-Sputterschichten, bei dem man die
kritische Last für das Abplatzen der Schicht bestimmt, die dann ein Maß für
die entsprechende Adhäsion ist [5]. Dabei muß die Reichweite der Ionen
immer so gewählt werden, daß sie die gesamte Schicht durchdringen und erst
im Substrat vollständig abgebremst werden. Angewandt wurden Titanionen,
Argonionen und Stickstoffionen. Es werden jeweils Proben, die nicht bestrahlt wurden, mit solchen, die mit verschiedenen Ionensorten durchstrahlt
wurden, verglichen. Man kann sehen, daß sich die kritischen Lasten eigentlich in allen Fällen erhöhen, und daß Stickstoff als Ion bei weitem den besten

zusätzlichen Effekt bietet. Das hängt sicher damit zusammen, daß der Stickstoff mit dem Substrat selbst noch eine Reaktion unter Bildung von Nitrid eingehen kann. Wichtig bei einer solchen Stickstoffbestrahlung ist natürlich, daß die Härte der Schicht dadurch nicht abnimmt. Bei sehr dünnen Schichten sind Härtemessungen natürlich problematisch. Man erhält nur Mischhärten, die jedoch bereits Anhaltspunkte bzw. Trends liefern.

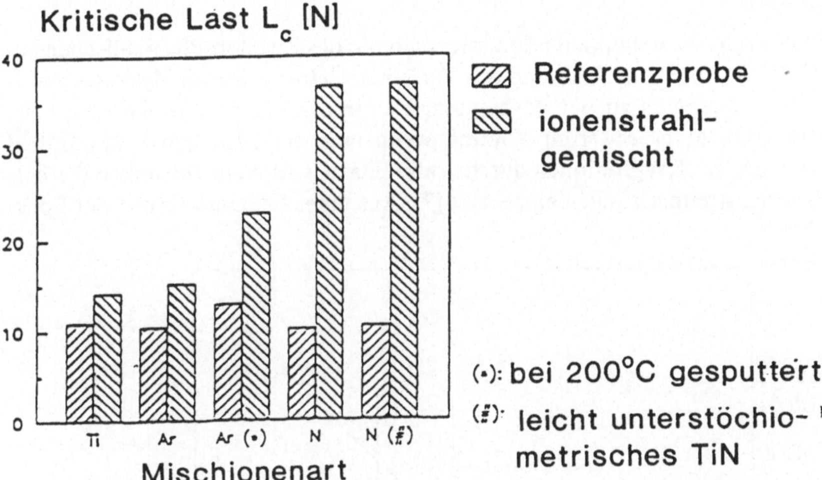

Bild 2: Ritztest an unbehandelten bzw. ionenstrahlgemischten TiN-Sputterschichten auf Edelstahl 1.4301. Einfluß der Mischionenart auf die kritische Last L_C. Schichtmaterial: bei 50 °C gesputtertes, stöchiometrisches TiN [5].

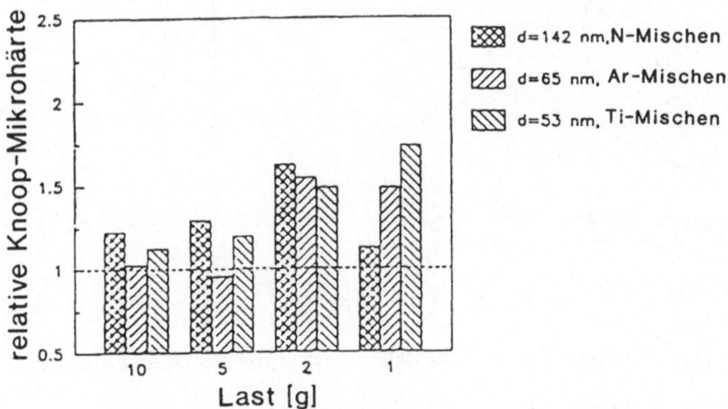

Bild 3: Relative Knoop-Mikrohärte (HK$_{implantiert}$/HK$_{Referenz}$) als Funktion der Prüflast für gesputterte, leicht unterstöchiometrische TiN-Schichten auf Stahl 100Cr6 [6].

In Bild 3 ist das Verhältnis der Härte der nichtimplantierten zu der der implantierten Proben aufgetragen. Gemessen wurden Mikrohärten mit dem Knoop-Diamant. Man sieht Werte für verschiedene Prüflasten und den Vergleich zwischen Titanmixing, Argonmixing und Stickstoffmixing. Die Härte nimmt durch den Beschuß immer etwas zu und zwar am stärksten bei den niedrigsten Lasten. Die wichtigste Aussage ist dabei, daß es auf jeden Fall keine Verschlechterung des Härtezustandes durch diese Nachbehandlung gibt [6].

Bild 4 zeigt eine flankierende Untersuchung des Zweiten Physikalischen Instituts Göttingen im Rahmen des Verbundes. Hier wurde analysiert, in welchem Umfang es zu der vorhergesagten Grenzschichtdurchmischung bzw. Grenzschichtverbreiterung kommt, wenn man ein System wie Titannitrid auf Stahl mit Kryptonionen durchstrahlt. Dazu wurden in Göttingen Rutherfordrückstreumessungen eingesetzt [7]. Aus einer Feinauswertung der Spek-

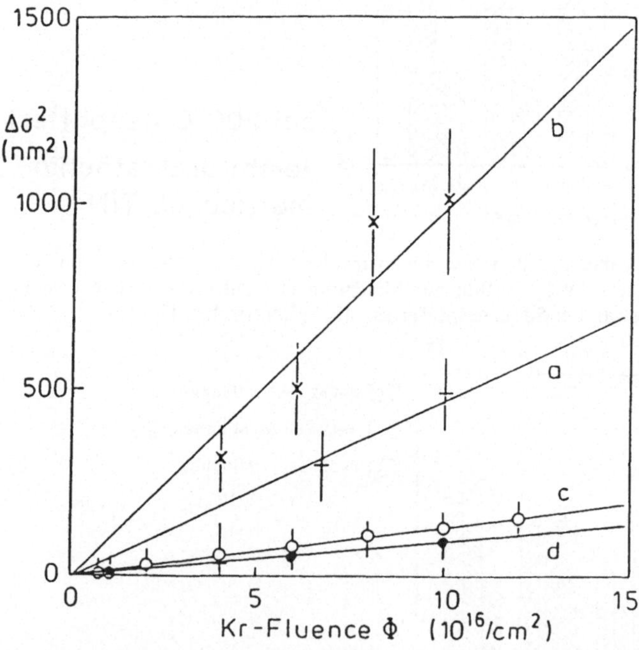

Bild 4: Verbreiterung σ^2 der Grenzfläche TiN/Stahl als Funktion der Beschußionendosis (Kr⁺)
a) Schichtdicke d = 10 nm, Ionenenergie E = 80 keV
b) d = 30 nm, E = 150 keV
c) d = 30 nm, E = 250 keV
d) d = 30 nm, E = 500 keV

tren kann man die Verbreiterung der Grenzschicht extrahieren. In der Abbildung ist σ^2 aufgetragen, welches ein Maß für den Durchmischungsgrad darstellt. Man sieht hier sehr schön, wie verschieden dieser als Funktion der Kryptondosis sein kann. Als weiterer Parameter diente die Ionenenergie. Bei niederer Energie muß mit einer Schichtdicke von 10 Nanometern gearbeitet werden, weil sonst die Ionen die Schicht nicht mehr durchdringen. Bei 50 keV liegt man im günstigen Bereich relativ starker Durchmischung; noch günstiger ist die Situation für 30 nm und 150 KeV. Wenn man dann zu höheren Energien geht, fällt der Mischgrad wieder. Eine genauere Auswertung derartiger Messungen zeigt, daß man die stärksten Mischeffekte in der Grenzschicht dann erhält, wenn die Ionen den Teil ihrer Energien, der in elastische Stöße umgesetzt wird, genau in der Grenzschicht abgeben. Der Energieanteil, der als Elektronenanregung auftritt, ist dabei weit weniger wirksam. Man kann sich also eine etwas stärkere oder eine etwas weniger starke Verbreiterung der Grenzschicht nach Maß herstellen, indem man die Schichtdicke, die Ionenenergie, Ionendosis und Ionenart aufeinander abstimmt.

Ein weiteres Beispiel aus Heidelberger Arbeiten zu der Frage Grenzschichtdurchmischung wurde dem System Bor auf Eisen oder Stahl gewidmet. Es wurden dünne Borschichten aufgedampft und anschließend mit Ionenstrahlen durchschossen. In Bild 5 sieht man Augertiefenprofile der reinen, auf Stahl aufgedampften Schicht im Vergleich mit der zusätzlich durchstrahlten Schicht. Die Verbreiterung der ersteren kommt durch die Rauhigkeit der Grenzfläche zustande, repräsentiert also die Tiefenauflösung des Meßsystems. Wenn wir mit z. B. 120 keV Ar^+ ($5 \times 10^{16}/cm^2$) bestrahlen, dann kommt es zu einer merkbaren Verbreiterung [8]. Deutlich ist die Abflachung

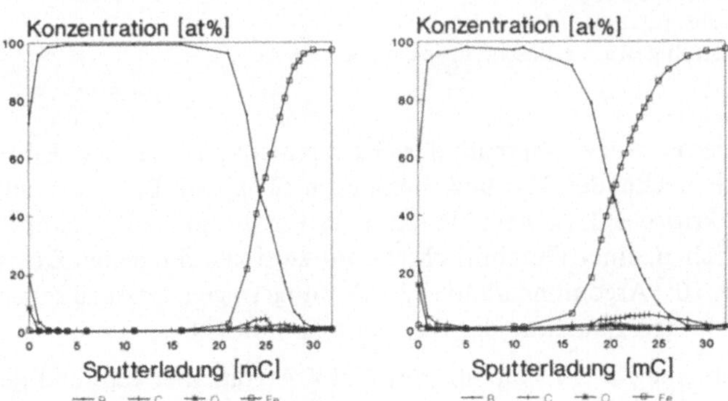

Bild 5: Augertiefenprofil von 80 nm Bor auf Stahl (aufgedampft) im Vergleich mit einer gleichartigen Schicht nach Beschuß mit 5×10^{16} Ar^+/cm^2 (120 keV)

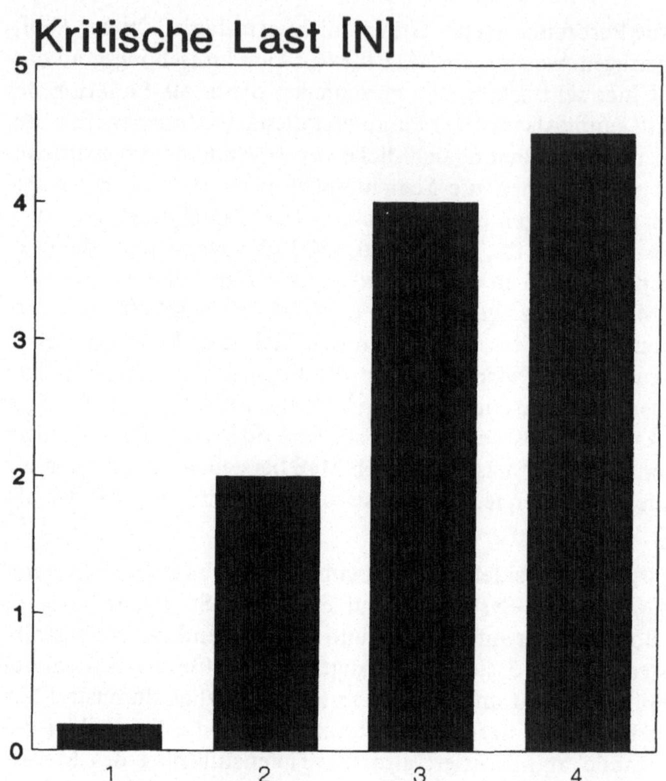

Bild 6: Kritische Last des Ritztests an 80 nm Borschichten auf Stahl
1 = nur aufgedampft
2 = gemischt mit $1\times10^{16}Ar^+$
3 = gemischt mit $1\times10^{17}Ar^+$
4 = ionenstrahlgestützte Beschichtung mit 6 keV Ar^+

der Eisen- und der Borkurve oberhalb der Grenzschicht zu erkennen. Bild 6 zeigt die dementsprechenden Haftungsmessungen für 80 nm Bor auf Stahlsubstraten. Die kritische Last beim Ritztest ist für die nur aufgedampfte Probe im Vergleich zu einer Durchmischung mit zwei verschiedenen Dosiswerten, 10^{16} bzw. 10^{17} Argonionen/cm^2 (120 kV) aufgetragen. Es ist zu sehen, daß es zu einer starken Zunahme der Adhäsion kommt [9].

Daneben ist auch eine Schicht, die nur mit 6 keV Argon, aber während des Aufdampfens beschossen wurde, gezeigt. Auch hier verbessert sich die Adhäsion stark. Die Frage, ob sich in der verbreiterten Grenzschicht neue Phasen bilden, läßt sich mit Hilfe der Mössbauerspektroskopie untersuchen. Bild 7 zeigt Spektren von ungemischten und mit 10 keV bzw. 120 keV Ar^+-Ionen gemischten Proben [9]. Die reine Eisenprobe und die mit 10 keV gemischte unterscheidet sich praktisch nicht. Sie zeigen das reine α-Eisenspektrum. Wenn jedoch Bor mit 120 keV Argonionen bestrahlt wird, sieht man deutlich, daß zwei weitere Teilspektren auftauchen. Das eine erweist sich bei einer detaillierten Analyse als ein Eisenborid, das magnetisch und, wegen der großen Linienbreite, amorph ist. Dazu gibt es noch ein zweites Eisenborid, das durch ein Quadrupoldublett repräsentiert ist, ebenfalls amorph, jedoch nicht magnetisch. Es haben sich also zwei amorphe Eisenverbindungen im Interfacebereich gebildet, die sich bei höheren Temperaturen zu Fe_2B rekristallisieren lassen. Natürlich bleibt auch das α-Eisensignal erhalten, da ein Teil der Schicht kein Bor enthält.

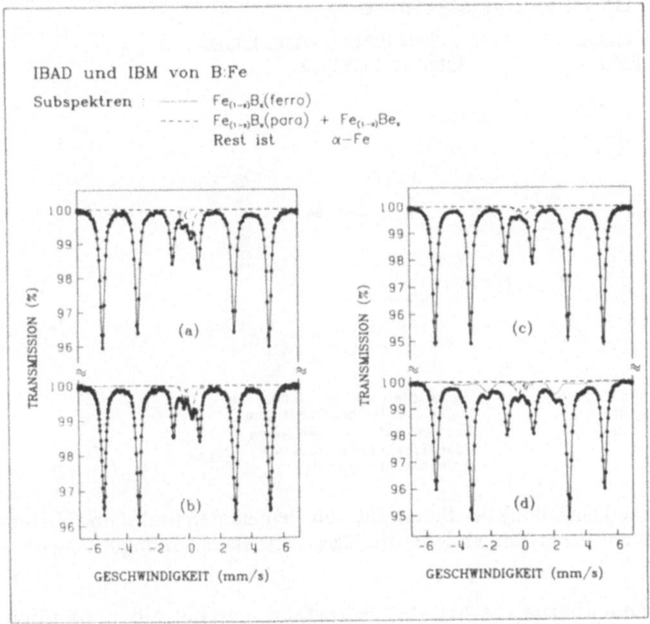

Bild 7: Mössbauerspektren von 80 nm Borschichten auf Eisen. Vor (a) und nach (b) 10 keV-Ar^+-Beschuß (IBAD); vor (c) und nach Ionenstrahlmischen mit $1 \times 10^{17} Ar^+/cm^2$ (120 keV)

3 Modifikation von Schichteigenschaften durch ionenstrahlgeschützte Beschichtung (IBAD)

In Bild 8 ist das Verfahren der ionenstrahlgestützten Beschichtung in einer etwas anderen Art und Weise als in Bild 1 dargestellt. Links ist die Erzeugung von elementaren Schichten erläutert. Hier soll aber nur der rechte, für Hartstoffschichten interessante Teil betrachtet werden. Es werden Atome aufgedampft oder auch aufgesputtert und gleichzeitig wird mit einem reaktiven Ionenstrahl beschossen, z. B. Stickstoff, Sauerstoff oder Kohlenstoff. Dabei hofft man Verbindungen wie Nitride, z. B. Chromnitride, Titannitride oder Carbide zu erzeugen, weil Stickstoff oder Kohlenstoff in die aufwachsende Schicht eingebaut wird.

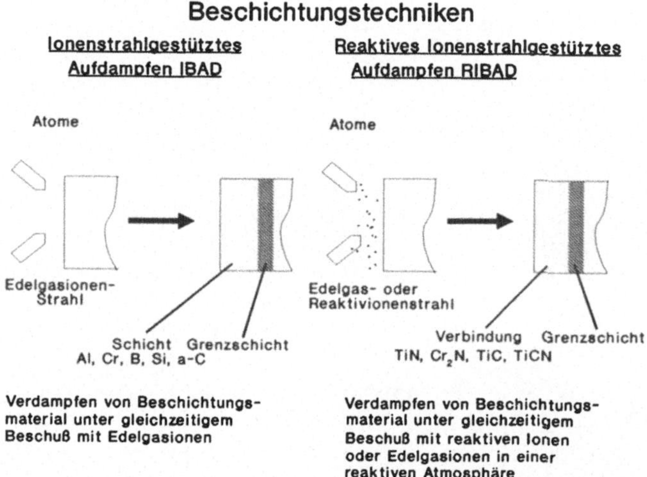

Bild 8: Schematische Darstellung der Erzeugung von elementaren (links) und Verbindungsschichten (rechts) durch ionenstrahlgestützte Beschichtung

Daneben gibt es eine alternative Art, dieses Verfahren zu betreiben: nämlich die aufwachsende Schicht mit einem Argonionenstrahl zu beschießen, aber Stickstoffgas oder Kohlenwasserstoffe bis zu einem maximalen Arbeitsdruck in die Kammer einzulassen in der Hoffnung, daß sich auch hier an der reaktiven, beschossenen Oberfläche Nitride oder Carbide aufbauen. Das interessante an diesem Verfahren, wenn man es mit den anderen PVD-Verfahren vergleicht, ist, daß man eine ganze Reihe freier Parameter zur Verfügung hat, mit denen man unabhängig voneinander versuchen kann, die Schichteigenschaften zu kontrollieren. Dazu gehört die Energie der Ionen, die aus der

Ionenquelle kommen, die Intensität der Ionen und die Verdampfungsrate der Atome, was zusammen die Ionen/Atom-Ankunftsrate auf dem Target ergibt, die die Schichteigenschaften sehr stark beeinflußt. Daneben kann man die Art der Ionen verändern, den Einschußwinkel, und schließlich innerhalb der Betriebsgrenzen der Quelle den Gasdruck.

Eine Reihe von dadurch beeinflußbaren Schichteigenschaften sollen genannt werden. Die Härte hängt z. B. ab von der Stöchiometrie, der Temperatur, der Energie und dem Ionenauftreffwinkel. Die Eigenspannungen werden durch das Ionen/Atom-Verhältnis und die Energie verändert. Das Korrosionsschutzvermögen, das vereinfacht als eine Mischung von guter Adhäsion und geringer Porosität bezeichnet werden soll, hängt wieder vom Ionen/Atom-Verhältnis und z. T. auch von der Schichtfolge bei Multischichten ab.

Dazu einige typische Beispiele. Es soll mit den Eigenspannungen eines geeigneten Systems angefangen werden. Als Beispiel werden Chromschichten auf Eisenfolien gewählt, weil diese etwas einfacher zu verstehen und zu manipulieren sind als echte Hartstoffschichten. Die Durchbiegung dieser Folien kann gemessen werden, um daraus die Eigenspannung zu entnehmen. In Bild 9 sind die Durchbiegungen als Funktion der Ar^+/Cr-Ankunftsrate aufgezeichnet. Angefangen wurde links mit reinem Aufdampfen, wobei sich Zugspannungen ergeben. Dann wird der Ionenbeschuß mehr und mehr gesteigert, d. h. Ar^+/Cr erhöht. Man bleibt zunächst noch im Zugspannungsbereich, und erst wenn man bei etwa 1 % Argonionen bezogen auf Chromatome liegt, gehen die Spannungen durch die Null-Linie. Bei höherem Ar^+-Anteil kommt man in den Druckspannungsbereich [10].

Interessant ist nun, daß sich bei veränderter Energie der Ionen die ganze Kurve und damit auch der Nullspannungspunkt verschiebt, und zwar bei höherer Energie zu niedrigeren Ionen/Atomverhältnissen und bei niedrigeren Energien zu höheren. Daraus kann man Schlußfolgerungen zum Mechanismus ziehen. Man könnte zunächst annehmen, daß der Einbau des Argons aus den Argonionen die Druckspannungen erzeugt. Das spielt zwar sicher im eigentlichen Druckspannungsbereich mit eine Rolle, kann aber nicht die Hauptursache sein, denn sonst könnte man die Energieabhängigkeit nicht verstehen. Bei hoher Energie baut man ja viel weniger Argon ein und bei niederer Energie viel mehr, um die Nullspannung zu erreichen. Es läßt sich weiter argumentieren, daß das bevorzugte Wegsputtern von Verunreinigungen, wie Sauerstoff und Stickstoff, hier eine Rolle spielt. Das ist sicher auch der Fall, kann aber ebenfalls die Energieabhängigkeit insgesamt nicht erklären, da die Sputterraten nur wenig energieabhängig sind. Damit bleibt als wichtigste Ursache, die den Verlauf der Kurve bestimmt, eigentlich nur, daß durch den Ionenbeschuß eine Ausheilung von zunächst vorhandenen Gitter-

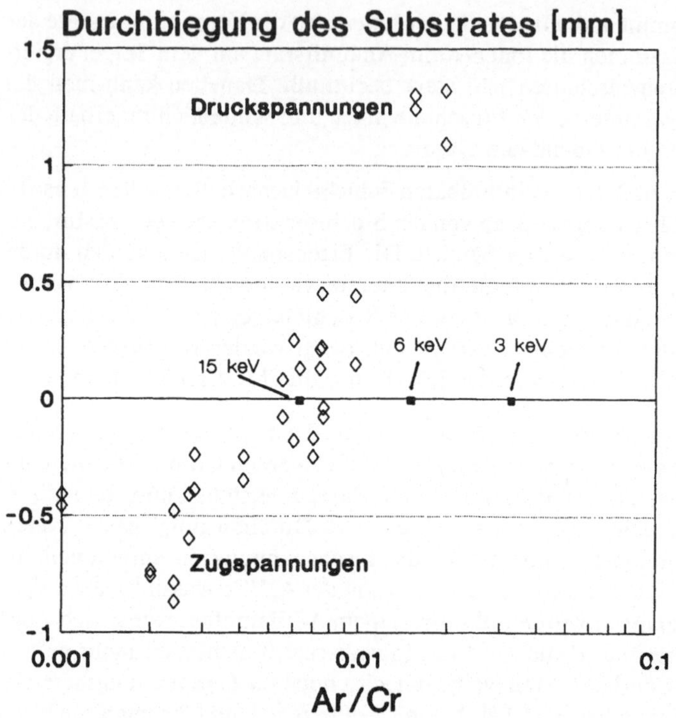

Bild 9: Schichteigenspannungen von 200 nm Cr auf 50 µm Fe, aufgewachsen unter Argonbeschuß als Funktion des Ar$^+$/Cr-Auftreffverhältnisses. Der Nulldurchgang ist für verschiedene Ionenenergien angegeben

defekten induziert wird, und gleichzeitig die Atome an der Oberfläche sehr stark beweglich sind, so daß sie sich energetisch günstige Positionen suchen können. Das ist ein Interpretationsvorschlag, der auch von anderen Arbeitsgruppen [11] schon früher zur Erklärung dieses Befunds gemacht wurde.

Die nächsten Beispiele sollen zeigen, wie man beim ionenstrahlgestützten Aufdampfen die Stöchiometrie der Hartstoffschichten verändern kann und damit auch ihre Härte. Zunächst soll die Erzeugung von Chromnitrid diskutiert werden. Chrom wird dabei aufgedampft und gleichzeitig mit einem Stickstoffionenstrahl beschossen. Wenn man mit wenig Stickstoffionen beschießt, erhält man ein unterstöchiometrisches, mit mehr Stickstoffionen ein höher stickstoffhaltiges Chromnitrid [12]. Die Bilder 10 und 11 zeigen die entsprechenden Auger-Tiefenprofile. Im unterstöchiometrischen Fall beträgt der Stickstoffgehalt nur etwa 11 % bis 15 %, gleichzeitig sind hier noch andere Verunreinigungen wie Sauerstoff zu sehen. Im zweiten Fall wurde der

Stickstoffstrahl stärker aufgedreht. Hier landet man bei etwa 30 % Stickstoff, und die Verunreinigungen gehen wegen des stärkeren Sputterns zurück. Diese Zusammensetzung entspricht in etwa dem Cr_2N, also einer wohldefinierten Verbindung. Die entsprechenden Mikrohärtemessungen für diese zwei Proben sind in Bild 12 dargestellt. Die Härte ist als Funktion der angewandten Last aufgetragen. Die chromärmere Schicht hat im Vergleich zum Substrat (Glas) durchaus schon eine akzeptable Härte. Beim Cr_2N mißt man jedoch noch erheblich bessere Härtewerte.

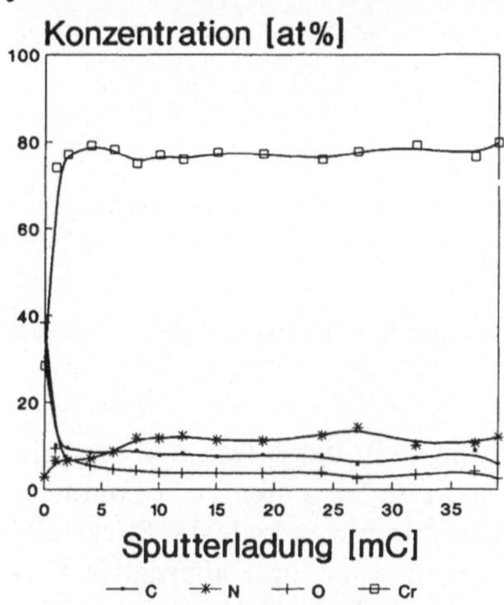

Bild 10: Augertiefenprofil von CrN_x erzeugt durch Aufdampfen von Cr unter N^+-Ionenbeschuß (mittlerer N^+-Strom)

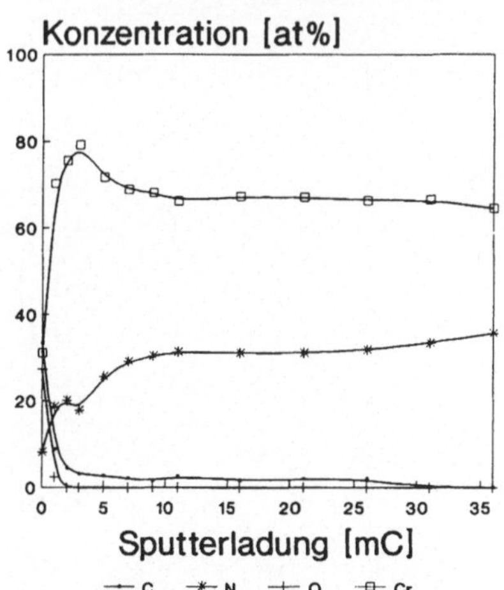

Bild 11: Augertiefenprofil von CrN_x erzeugt durch Aufdampfen von Cr unter N^+-Ionenbeschuß (hoher N^+-Strom)

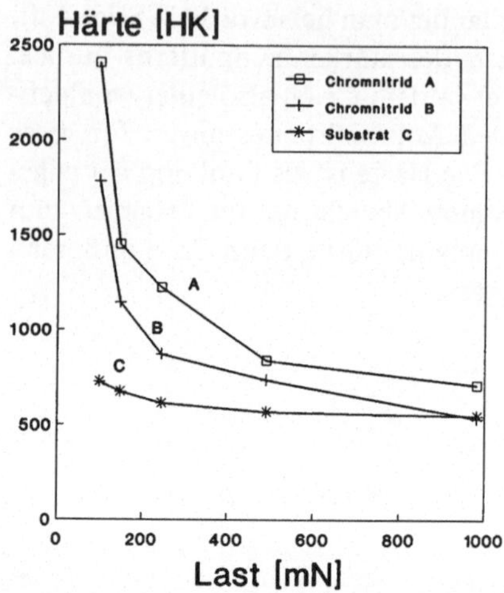

Bild 12: Knoopmikrohärten der CrN_x-Schichten aus Abb. 10 (B) und Abb. 11 (A) als Funktion der aufgebrachten Last

Ähnlich kann man auch TiN herstellen. Man stellt dabei fest, daß man ein Ti:N Verhältnis von 1:1 braucht, um sehr harte Schichten zu bekommen. Diese 1:1 Stöchiometrie kann man entweder durch Kontrolle des Stickstoffionenstrahls erreichen oder man kann das bereits genannte alternative Verfahren anwenden. Dabei wurde das aufwachsende Titan mit einem Argonio-

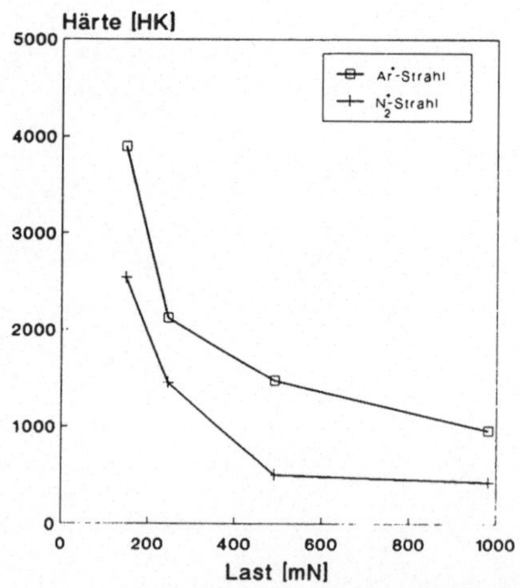

Bild 13: Knoopmikrohärten von TiN-Schichten, unter Stickstoffbestrahlung kondensiert, bzw. unter Argonbestrahlung in N_2-haltiger Atmosphäre kondensiert

200

nenstrahl beschossen und Stickstoffgas in die Kammer eingeleitet. Wenn alle Parameter aufeinander abgestimmt werden, kann wieder eine 1:1 Stöchiometrie resultieren. Die Mikrohärtemessung solcher typischer Proben sieht man in Bild 13. Gemessen wurde an 2–3 µm dickem Titannitrid als Funktion der Last. Man sieht, daß man bei beiden Proben im üblichen guten Härtebereich liegt. Jedoch ist die Härte der argonbestrahlten Proben höher als die der stickstoffbestrahlten. Der Grund dafür ist, daß diese Proben eine Textur besitzen, und man bei ersteren ausschließlich die Aufwachsrichtung (200) findet.

Das entsprechende Röntgendiffraktionsdiagramm ist in Bild 14 gezeigt. Man sieht neben (200) noch ganz wenig (111), während bei der stickstoffbestrahlten Probe (111) die Hauptaufwachsorientierung ist. Zusätzlich ist die Aufwachsrichtung noch von den Winkeln des Ionenstrahls und der aufdampfenden Atome zum Substrat abhängig. Im gezeigten Fall sind es jeweils 80°, so daß 20° zwischen Ionenstrahl und Atomstrahl sind. Es gibt einige wenige Messungen von japanischen Gruppen zur Winkelabhängigkeit, die zwar mit anderen Winkeln arbeiten, aber klar zeigen, daß der (111)-Anteil mit dem Winkel stärker bzw. schwächer wird [13,14].

Das letzte Beispiel ist aus dem Bereich der Korrosion genommen. Bei einer Hartstoffschicht ist guter Korrosionswiderstand oft nicht einfach zu bewerkstelligen. Um eine befriedigende Wirkung zu erhalten, müssen die Schutz-

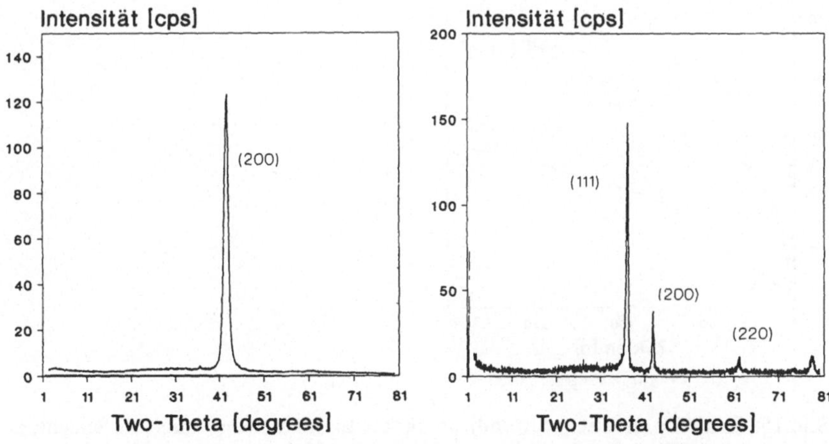

Bild 14: Röntgendiffraktogramm von TiN-Schichten kondensiert unter Stickstoffbestrahlung (links) bzw. Argonbestrahlung in N$_2$-Atmosphäre (rechts)

schichten porenarm sein. Wenn die Porositäten minimiert werden, dann hat
das jedoch häufig negative Einflüsse auf Härte oder Adhäsion. Hier gibt es
die Möglichkeit, über Mehrfachschichten an die Sache heranzugehen. Als
Korrosionstest für eine Abschätzung der Porosität wird die Zyklovoltametrie
benutzt. Man mißt die kritische anodische Stromdichte für die Auflösung des
unterhalb der Hartstoffschicht liegenden Eisens. Dessen Auflösung kann zunächst nur durch die Poren erfolgen und ist daher ein Maß für die Porosität.
Wenn man die Voltamogrammzyklen periodisch von der Wasserstoffabschei-
dung bis zur beginnenden Sauerstoffentwicklung durchführt, dann wird bei
jedem Zyklus Wasserstoff in den Poren entwickelt. Der Wasserstoff beansprucht die Schicht zusätzlich, so daß man hier eine mit der Zyklenzahl
wachsende Schichtbelastung simulieren kann. Bild 15 zeigt die kritische
Stromdichte als Funktion der Zyklenzahl für TiN- und TiC-Schicht. Der
unbeschichtete Stahl liegt um einen Faktor 100 über dem beschichteten.
Zunächst haben wir eine normale Titannitridschicht, die auf Härte optimiert
ist. Man sieht, daß man je nach Zyklenzahl um einen Faktor 150–500 niedrigere Korrosionsraten hat, d. h. es sind noch Poren vorhanden. Eine weitere
Verbesserung erhält man durch eine Titancarbidschicht mit einer Titanzwi-
schenschicht zwischen dem Substrat der Beschichtung, die so auf möglichst
geringe Porosität optimiert wurde. Hier beträgt die Reduktion der Korrosion
gegenüber dem unbeschichteten Fall je nach Zyklenzahl einen Faktor von
300 bis 1 000.

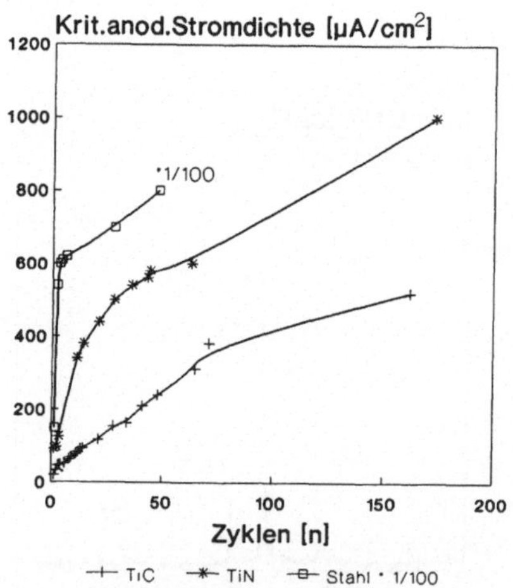

Bild 15: Kritische anodische Stromdichte für die Eisenauflösung durch die Schichtpo-
ren als Funktion der Voltamogrammzyklen. Unbeschichtetes Substrat x 1/100
im Vergleich mit TiN-beschichtetem Substrat und Ti/TiC-beschichtetem Substrat

202

Weitere Verbesserungen sind hier sicher durch Multilagenschichten möglich. Das Augertiefenprofil einer solchen Zweilagenschicht ist in Bild 16 dargestellt. Auf dem Stahlsubstrat kommt zunächst reines Titan, das aus der Aufdampfquelle unter Argonbeschuß kondensiert wird. Danach wird unter weiterem Argonbeschuß ein Kohlenwasserstoff in den Gasraum eingelassen. Bei richtiger Einstellung aller Variablen bildet sich das hier gezeigte stöchiometrische Titancarbid.

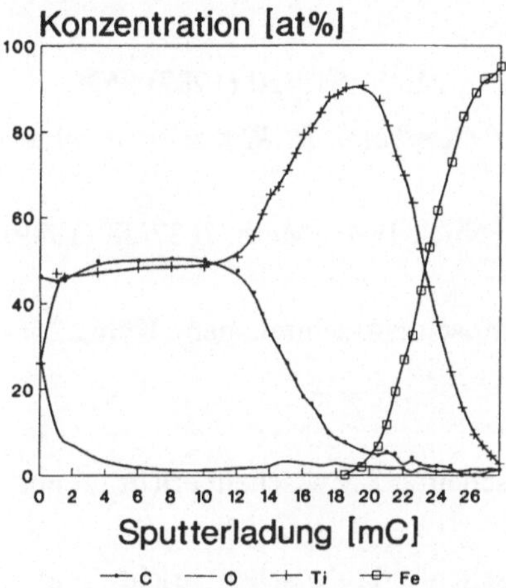

Bild 16: Augertifenprofil einer Ti/TiC-Schicht auf niedrig legiertem Stahl

4 Zusammenfassende Wertung

Durch die Beispiele sollte gezeigt werden, daß man mit Ionenstrahlmethoden vielfältige Möglichkeiten zur Schichterzeugung hat. Man kann einmal in einem stufenweisen Prozeß eine zunächst schon vorgeformte Schicht aus einem anderen Produktionsverfahren nachträglich in ihren Eigenschaften verbessern vor einer eventuellen weiteren Verdickung der Schicht. Man kann zum andern die ionenstrahlgestützten Prozesse verwenden, um sämtliche Parameter zur Herstellung einer Schicht individuell zu optimieren. Aus solchen Experimenten kann man sehr viel lernen über die Rolle der Ionen, der Ionenenergie des Auftreffwinkels usw., die natürlich auch bei allen ionengestützten PVD-Verfahren eine entscheidende Rolle spielen. Gleichzeitig verfügt man über ein Verfahren, mit dem man für Spezialfälle eine alternative Methode zur industriellen Beschichtung hat. Als ein Beispiel, wo die Technik schon in die Anwendung übergegangen ist, sei der Scherkopf eines Trockenrasieres genannt [16]. Dieser wird mit Titannitrid beschichtet und zwar nach dem ionenstrahlgestützten Verfahren. Es stammt natürlich nicht aus Deutschland, sondern aus Japan und zeigt, daß man sich dort von der Praxiskompatibilität dieser Technik viel verspricht.

Literatur

[1] *J. J. Cuomo, S. Rossnagel:* Nucl. Instr. Meth. B19/20 (1987) 963

[2] *J. M. E. Harper, J. J. Cuomo, R. J. Gambino, H. R. Kaufman:* Nucl. Instr. Meth. B 7/8 (1985) 886

[3] *G. K. Wolf, M. Barth, W. Ensinger:* Nucl. Instr. Meth. B 37/38 (1989) 682

[4] Tagungsband 1. Statusseminar Dünnschichttechnologien, Köln, 25.–27. 05. 1988 (VDI-TZ Hrsg.)

[5] *W. Lohmann:* ibid. S. 14.1

[6] Verbundvorhaben „Ionenstrahlmischen", 2. Zwischenbericht Teilbericht II (1989)

[7] Verbundvorhaben „Ionenstrahlmischen", 2. Zwischenbericht Teilbericht IV

[8] *G. K. Wolf:* Nucl. Inst. Meth. B im Druck (1990)

[9] *G. K. Wolf, M. Barth, W. Ensinger, M. Hans, A. Schröer:* proceedings Euromat, Aachen, 22.–25. 11. 1989

[10] *G. K. Wolf:* Vacuum 39 (1989) 1105

[11] *E. H. Hirsch, I. K. Varga:* Thin Solid Films 69 (1980) 99

[12] *M. Barth, W. Ensinger, A. Schröer, G. K. Wolf:* proc. 3rd Intern. Conf. Surface Modification Technologies, 28. 08.–01. 09. 1989, Neuchatel, Schweiz (im Druck)

[13] *K. Hayashi, K. Sigiyama, K. Fukutani, H. Kittako:* Mater. Sci. Eng. A 115 (1989) 349

[14] *Y. Andoh, K. Ogata, H. Yamaki, S. Sakai:* Nucl. Instr. Meth. B 39 (1989) 158

[15] *G. K. Wolf, M. Barth, W. Ensinger, A. Schröer:* Proc. 9th Europ. Congress Corrosion, 02.–06. 10. 1989, Utrecht, Holland

[16] *M. Iwaki:* Mat. Sci. Eng. A 115 (1989) 369.

Moderne Entwicklungen auf dem Gebiet der CVD-Beschichtung von Hartmetallen

U. König

1 Einleitung

Die folgenden Ausführungen befassen sich mit der CVD-Beschichtung von Hartmetallen und im besonderen mit der Beschichtung von Schneidkörpern für die Metallzerspanung. Der Verbrauch von Hartmetallen nimmt ständig zu. Bild 1 zeigt die Situation für den europäischen Markt. 1987 erreichte der Anteil für die Zerspanungstechnik 3 Mrd. DM.

Etwa zwei Drittel der Wendeschneidplatten werden in beschichteter Form ausgeliefert. Da durch die Beschichtung die Werkzeugstandzeit in der Regel mehr als verdoppelt wird, kann man sich leicht vorstellen, wie diese Zahlen

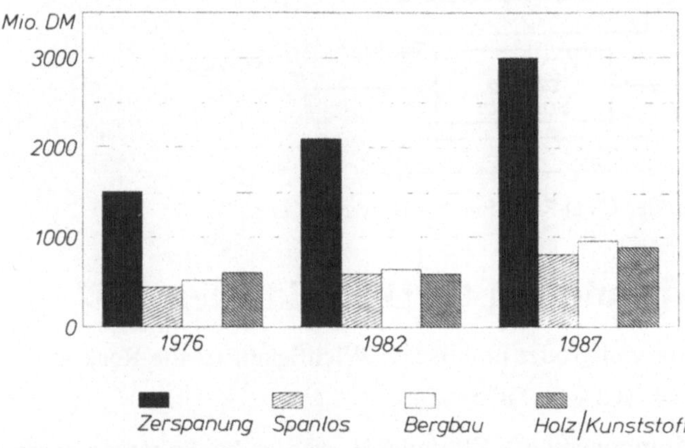

Bild 1: Entwicklung des Hartmetallverbrauches in Europa

ohne Beschichtungstechnik aussehen würden. Sie zeigen auch eindrucksvoll, welche Bedeutung die Beschichtungstechnik heute in der Hartmetallindustrie und in der Zerspanungstechnik hat. Wendeschneidplatten aus Hartmetall werden heute zum weitaus überwiegenden Anteil durch termisches CVD beschichtet, wenn auch nicht übersehen werden kann, daß andere Techniken wie PVD und Plasma-CVD ständig an Bedeutung gewinnen.

Das Entwicklungspotential der heute etwa 20 Jahre alten CVD-Technik zur Hartmetallbeschichtung ist jedoch noch nicht erschöpft; gerade in letzter Zeit sind beachtenswerte Neuentwicklungen auf den Markt gekommen, die die Vitalität dieser in den 50er Jahren in Deutschland entwickelten Technik [1] unter Beweis stellen.

2 Grundzüge der CVD-Technik

Durch CVD können Schichten aus Metallen, Oxiden, Nitriden, Carbiden, Boriden und anderen festen Verbindungen auf ein Substrat aufgebracht werden. Bild 2 zeigt das Grundprinzip einer CVD-Apparatur. Wesentlich für die Durchführbarkeit einer CVD-Reaktion ist, daß geeignete gasförmige Metallverbindungen existieren. Besonders geeignet sind Fluoride, Chloride und Bromide, wenn sie bereits bei Raumtemperatur in gasförmiger oder flüssiger Form vorliegen. Bei höher schmelzenden Chloriden kann man diese entweder direkt im Reaktionsraum deponieren oder die Metalle durch HCl chlorieren (z. B. $Al + 3\,HCl \rightarrow AlCl_3 + 3/2\,H_2$). An die Reinheit der reaktiven Gase (H_2, N_2, CH_4, CO_2, HCl) werden hohe Anforderungen gestellt.

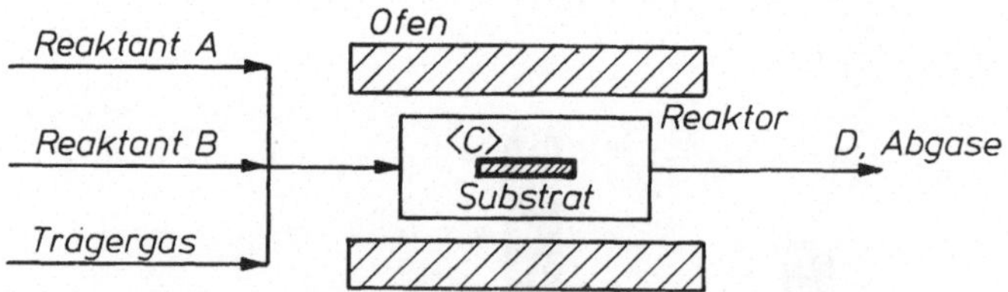

Bild 2: Grundprinzip der CVD-Reaktion A + B › ‹C› + D

3 Thermodynamik von CVD-Reaktionen

Eine CVD-Reaktion von großer praktischer Wichtigkeit ist die Reaktion

$$TiCl_4 + CH_4 \rightleftharpoons 4\,HCl + \;<TiC>\;.$$

Die gasförmigen Komponenten $TiCl_4$ und CH_4 werden bei hohen Temperaturen T über das zu beschichtende Substrat geleitet. Damit die Reaktion

206

überhaupt in dem gewünschten Sinne verläuft, müssen einige thermochemische Voraussetzungen gegeben sein. Die Richtung des Reaktionsablaufs wird durch das Massenwirkungsgesetz und durch die freie Reaktionsenthalpie Δ G bestimmt. Bild 3 zeigt, daß Δ G erst oberhalb von 900 °C negativ (Verschiebung des Gleichgewichtes nach rechts) wird. Erst oberhalb dieser Temperatur bildet sich festes TiC. Würde man jedoch 1 Mol $TiCl_4$ und 1 Mol CH_4 zusammen auf diese Temperatur bringen, entstünde zunächst Kohlenstoff (Ruß) gemäß der Reaktion

$$CH_4 \rightleftharpoons\; <C>\; + H_2.$$

Die Methanpyrolyse kann durch eine genügend große Wasserstoffmenge vermieden werden:

$$TiCl_4 + CH_4 + nH_2 \rightleftharpoons\; <TiC>\; + 4\,HCl + nH_2.$$

Eine große Wasserstoffmenge sorgt auch für einen raschen Abtransport des HCl aus dem Reaktionsraum. Bei genauer thermodynamischer Analyse des TiC-Prozesses sind noch weitere Reaktionen einzubeziehen, nämlich die Direktreduktion des $TiCl_4$, die Reduzierung von $TiCl_4$ zu $TiCl_3$, die Disproportionierung von $TiCl_3$ zu $TiCl_4$ und Ti, die Reaktion von $TiCl_4$ mit C und H_2 zu Ti und andere.

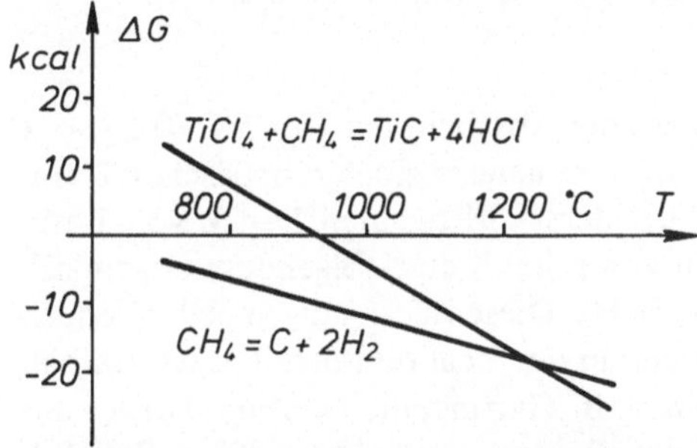

Bild 3: Freie Reaktionsenthalpien zur Bildung von Titancarbid und festem Kohlenstoff aus den Gasen $TiCl_4$ und CH_4

Mit Hilfe von Computerprogrammen zur Thermodynamik ist es heute möglich, das Gleichgewicht unter Einbeziehung aller vorstellbaren Reaktionen zu berechnen. Man berücksichtigt dabei ganz allgemein alle im System Ti-Cl-C-H bekannten Elemente und Verbindungen. Im vorliegenden Fall sind das etwa 60. Weiter hat man zu berücksichtigen, daß TiC_x einen weiten Stöchiometriebereich $0{,}55 < x < 0{,}98$ hat und daß unter Umständen auch Stoffe des Substrates und der Reaktionskammer an der Reaktion beteiligt sein können. Bild 4 zeigt das Ergebnis solch einer Computerberechnung [2].

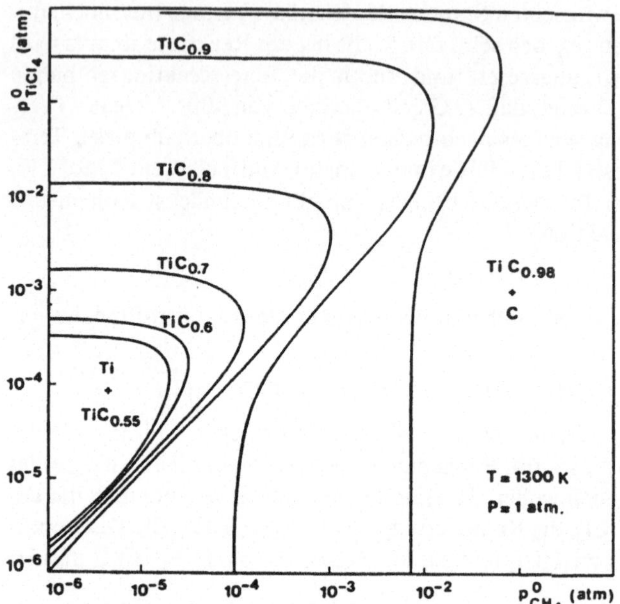

Bild 4: CVD-Diagramm für Gasgemische aus $TiCl_4$, CH_4 und H_2 (nach [2])

Man erkennt die Bereiche (Domänen) der Abscheidung von TiC ($0{,}55 < x < 0{,}98$), $TiC_{0,98}$ + C und Ti + $TiC_{0,55}$. Um nahezu stöchiometrisches Titancarbid abzuscheiden, könnte man bei dem vorliegenden Druck von 1 atm (1012,25 mbar) und der Temperatur von 1 300 K etwa folgendes Gasgemisch wählen: 3 % $TiCl_4$, 3 % CH_4 und 94 % H_2. Diese Bedingungen gelten jedoch für ein „neutrales" Substrat, das nicht an der Reaktion beteiligt ist. Enthält das Substrat selbst Kohlenstoff, wie z. B. Hartmetalle (Verbundkörper aus Wolframcarbid WC und Bindemetall Co), kann der Kohlenstoff zur TiC-Bildung auch dem Substrat entnommen werden. Aber auch solche „Bodenkörperreaktionen" können durch thermodynamische Berechnungen erfaßt werden. Bild 5 zeigt zum Beispiel, wie sich ein WC-Co-Hartmetall mit 10 Massen-% Cobalt in einer Wasserstoff-Methan-Atmosphäre verhält. In diesem Falle ist bei Methan-reichen Gasgemischen mit Kohlenstoffausscheidungen, bei Methanarmen Gemischen mit Etaphasenbildung zu rechnen. Ebenfalls sind die im Cobalt gelösten Mengen von Kohlenstoff und Wolfram dargestellt. Durch solche Gleichgewichtsberechnungen kann man erkennen, welchem Zustand das Beschichtungssystem entgegenstrebt.

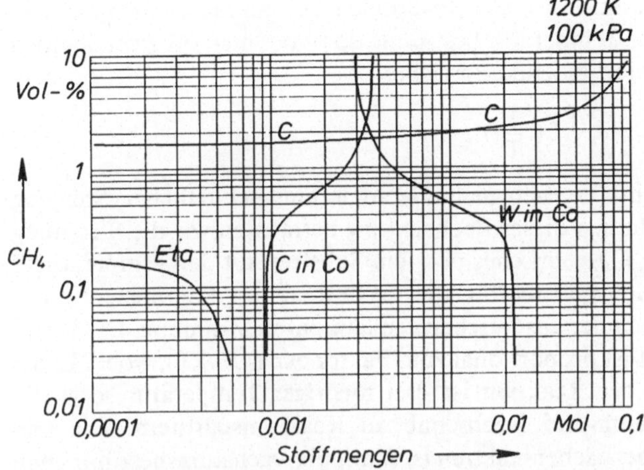

Bild 5: Gleichgewichtsdiagramm von 1 Mol Hartmetall WC-10 Co mit 10 Mol (H_2 + CH_4). Die Ordinate ist der Anfangsgehalt an CH_4. Die Kurven geben die Stoffmengengehalte nach der Einstellung des Gleichgewichtes an.

4 Kinetik und Transport

Über die Reaktionsgeschwindigkeit und damit über die Schichtwachstumsrate R können thermodynamische Gleichgewichtsberechnungen nur tendenzielle Aussagen liefern. Das Problem der Bestimmung der Rate ist schwierig, da neben schwierig zu erfassenden strömungsmechanisch und diffusionsbestimmten Größen auch katalytische Wirkungen des Substrates von Einfluß sein können. Im einzelnen läßt sich der Abscheidevorgang in folgende Teilschritte zerlegen:

- Transport der Reaktanten zum Substrat,
- Adsorption der Reaktanten am Substrat,
- Nukleation und Anfangsreaktion, unter Umständen unter Mitwirkung des Substrates,
- chemische Reaktion,
- Desorption und Reaktionsprodukte,
- Abtransport der Reaktionsprodukte.

Einflußgrößen der Abscheidung sind Temperatur, Gesamtdruck, Gaszusammensetzung, (Partialdrücke), chemische Aktivitäten der Substrate (und der Retorte!), Gasdurchsatz (Strömungsgeschwindigkeit), Adsorptions- und Desorptionskonstanten, Grenzflächenenergien u. a. – Wir können hier nur auf einige wenige Zusammenhänge eingehen.

Wenn man die Rate R von CVD-Reaktionen bei laminarer Strömung in Abhängigkeit von der Temperatur bestimmt, so findet man oft zwei deutlich voneinander zu unterscheidende Bereiche.

In einer Darstellung $\ln R = f\left(\dfrac{1}{T}\right)$

(Arrhenius-Diagramm) ergeben sich Geraden unterschiedlicher Steigung (Bild 6). Zum Verständnis dieser Beobachtung betrachten wir die Strömung des reaktionsfähigen Gasgemisches über ein Substrat mit der Temperatur T (Bild 7). Die Reaktionspartner für die CVD-Reaktion kommen aus der Grenzschicht (Dicke δ) der austauscharmen laminaren Strömung. Die Reaktionsgeschwindigkeit ist proportional zum Faktor $\exp(-E_a/kT)$, wobei E_a die Aktivierungsenergie der Reaktion ist. Bei niedriger Temperatur sorgt die Querdiffusion für genügend Nachschub an Reaktionspartnern. Die Geschwindigkeit der Oberflächenreaktion ist somit die wachstumsbestimmende Größe. Mit zunehmender Temperatur wird die Reaktionsgeschwindigkeit rasch größer, bis die Temperatur erreicht wird, bei der die Querdiffusion nicht mehr genügend Reaktionspartner anliefern kann. Von dieser Temperatur an wird die Diffusion zur wachstumsbestimmenden Größe. Man beobachtet hier nur noch eine langsame Zunahme der Rate mit der Temperatur. In günstigen Fällen kann man diesen Vorgang berechnen [3], in der Regel wird man jedoch auf Erfahrungswerte angewiesen sein. Durch eine sorgfältig aufeinander abgestimmte Führung von Temperatur, Druck, Gasmischung,

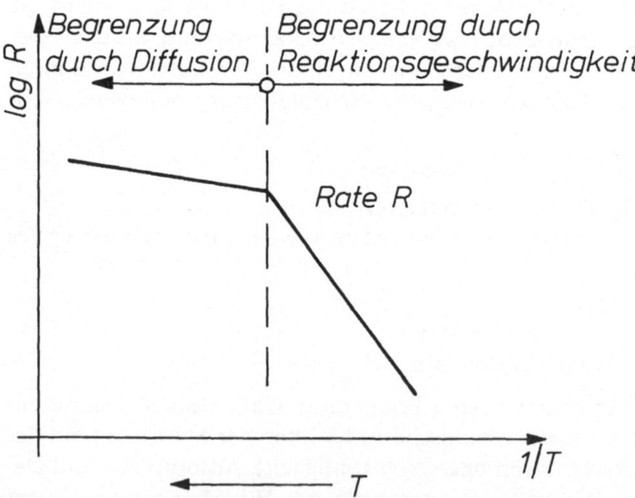

Bild 6: Arrhenius-Diagramm der Depositionsrate von CVD-Reaktionen

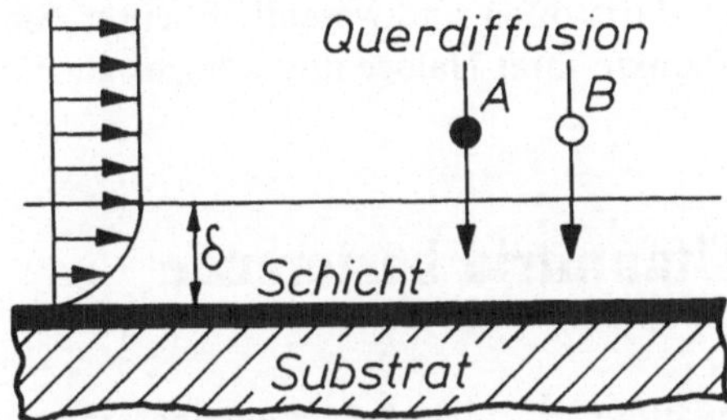

Bild 7: Strömung und Querdiffusion beim CVD-Verfahren

Gasdurchsatz sowie durch besondere konstruktive Ausbildung des Beschichtungsraumes gelingt es heute, in großen Produktionsanlagen gleichmäßige Überzüge auch auf kompliziert geformten Teilen zu erhalten.

5 CVD-Beschichtungen von Hartmetallen

Grundsätzlich werden in der Hartmetallindustrie CVD-Beschichtungen in zwei Bereichen eingesetzt. Das erste Anwendungsgebiet ähnelt den Anwendungen der CVD-Beschichtung von Stahlwerkzeugen. Es handelt sich um die Beschichtung von „Spanlos"-Werkzeugen, wie Tiefziehwerkzeuge, Abstreckwerkzeuge, Präge-, Stanz- und Preßwerkzeuge, Plunger, Gleitstücke u. ä., also vorzugsweise um Anwendungen, wo Gleit- und Umformvorgänge mit hohen Flächenpressungen ablaufen. Es handelt sich hier in aller Regel um hochspezialisierte Einzelanwendungen, so daß keine allgemeinen Empfehlungen für die Beschichtung gegeben werden können. In diesen Fällen empfiehlt sich zur Problemlösung immer eine eingehende Beratung mit den Anwendungsingenieuren des Hartmetallproduzenten, da die Beschichtung nicht nur auf das zu bearbeitende Material, sondern auch auf die verwendete Hartmetallsorte abgestimmt werden muß.

Das zweite wirtschaftlich bedeutendere Anwendungsfeld betrifft die Zerspanungstechnik. Durch die Beschichtung kann die Drehgeschwindigkeit und damit die Produktivität der spanenden Formgebung erhöht werden. Die Schnittkräfte gehen um etwa 10 bis 15 % zurück, und auch die Schneidentemperatur ist wegen des günstigeren Reibbeiwertes erheblich niedriger als im unbeschichteten Vergleichsfall. Als Schichtstoffe kommen vorwiegend Titancarbid, Titannitrid, Titancarbonitrid, Zirkonnitrid, Aluminiumoxid und Aluminiumoxinitrid zur Anwendung. Für die titan- und aluminiumhaltigen Hartstoffe sprechen neben ihrer Bewährung in der Praxis vor allem ihre kostengünstigen Ausgangsstoffe. Die Vorstoffe für die Abscheidung von hafnium-, tantal- und niobhaltigen Hartstoffen sind wesentlich teurer. Sie sind auch wegen der höheren Siedepunkte ihrer Halogenide weniger gut für den CVD-Prozeß geeignet.

6 Auf Titancarbid/Titannitrid basierende Beschichtungen

Mit Titancarbid (TiC) beschichtete Hartmetall-Schneideinsätze wurden Ende der 60er Jahre auf dem Markt eingeführt. Sie sind nicht nur deshalb interessant, weil an ihnen auf breiter Front die ganze Problematik der Hartstoffbeschichtungen untersucht wurde, sondern weil sie sehr häufig Bestandteil von mehrlagigen Schichten sind. Man beurteilt die Verschleißschutzwirkung der Schicht in erster Linie nach den Merkmalen Kolktiefe und Verschleißmarkenbreite, die bei der Drehbearbeitung von bestimmten Werkstückstoffen unter definierten Bedingungen entstehen.

Beim Vergleich der Ergebnisse der Schneidhaltigkeit von mit Titancarbid und mit Titannitrid beschichteten Wendeschneidplatten wurde gefunden, daß Titancarbid eine gute Verschleißschutzwirkung gegen den Freiflächenverschleiß hat, während Titannitrid besonders die Kolkung vermindert. Diese Vorteile wurden in Doppelbeschichtungen aus Titancarbid/Titannitrid kombiniert. Eine Weiterentwicklung dieses Schichttypus besteht in der Verbesserung des Übergangs zwischen Titancarbid und Titannitrid durch Einbau einer Carbonitrid Ti(C,N)-Schicht mit jeweils entsprechend abgestimmtem Gradienten der Kohlenstoff- und Stickstoffgehalte (s. Bild 8 links). Aber

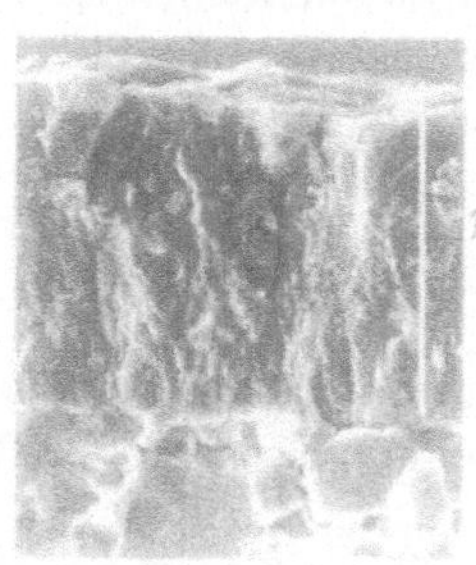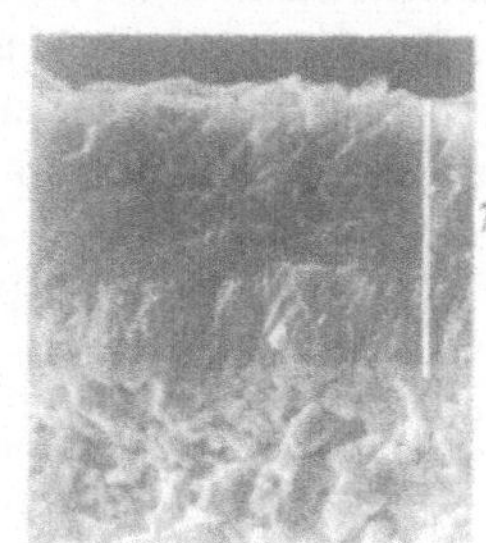

Bild 8: Bruchgefüge von CVD-Beschichtungen zum Drehen (WIDADUR und WIDALON sind eingetragene Warenzeichen der Krupp WIDIA GmbH, Essen)

auch diese Schichtkonzeption hat noch einen bestimmten Nachteil. Beim CVD-Prozeß soll sich das Titancarbid aus dem gasförmigen Titantetrachlorid ($TiCl_4$) und Methan (CH_4) bilden. Die Reaktionsneigung dieser beiden Stoffe ist jedoch bei der Beschichtungstemperatur (ca. 1 000 °C) relativ gering (s. Bild 3), so daß am Anfang des Prozesses nicht nur CH_4 als Kohlenstofflieferant dient.

Vielmehr wird auch dem Hartmetall Kohlenstoff entzogen. Dabei kann es leicht, wie ausgeführt, zur Bildung von kohlenstoffarmen, spröden Etaphasen (W_6Co_6C) kommen, die die Zähigkeit des Hartmetalles herabsetzen. Dieser Effekt kann durch einen neuartigen im Bild 9 dargestellten Schichtaufbau weitgehend vermieden werden. Auf dem Hartmetall wird zunächst eine relativ dünne Schicht aus Titannitrid aufgebracht. Da die Reaktionsneigung von Titantetrachlorid mit Stickstoff viel höher als mit Kohlenstoff ist, wird dem Hartmetall nur wenig Kohlenstoff entzogen.

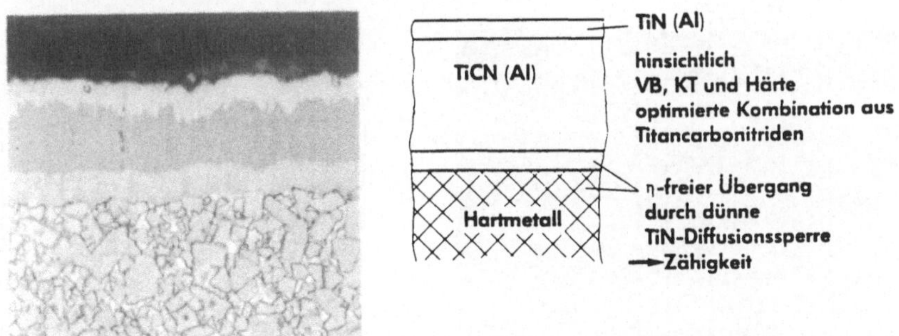

Bild 9: Aufbau und Gefüge der CVD-Beschichtung WIDADUR TN250

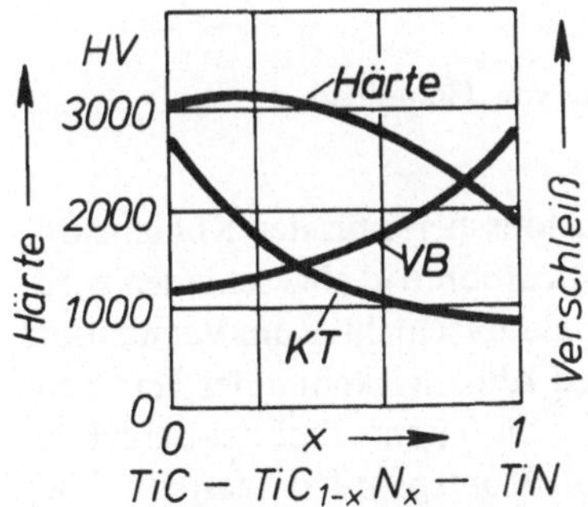

Bild 10: Prinzipielle Abhängigkeit von Härte und Verschleißkenngröße KT und vB von Titancarbonitridschichten in Abhängigkeit vom Stickstoff/Kohlenstoffverhältnis.

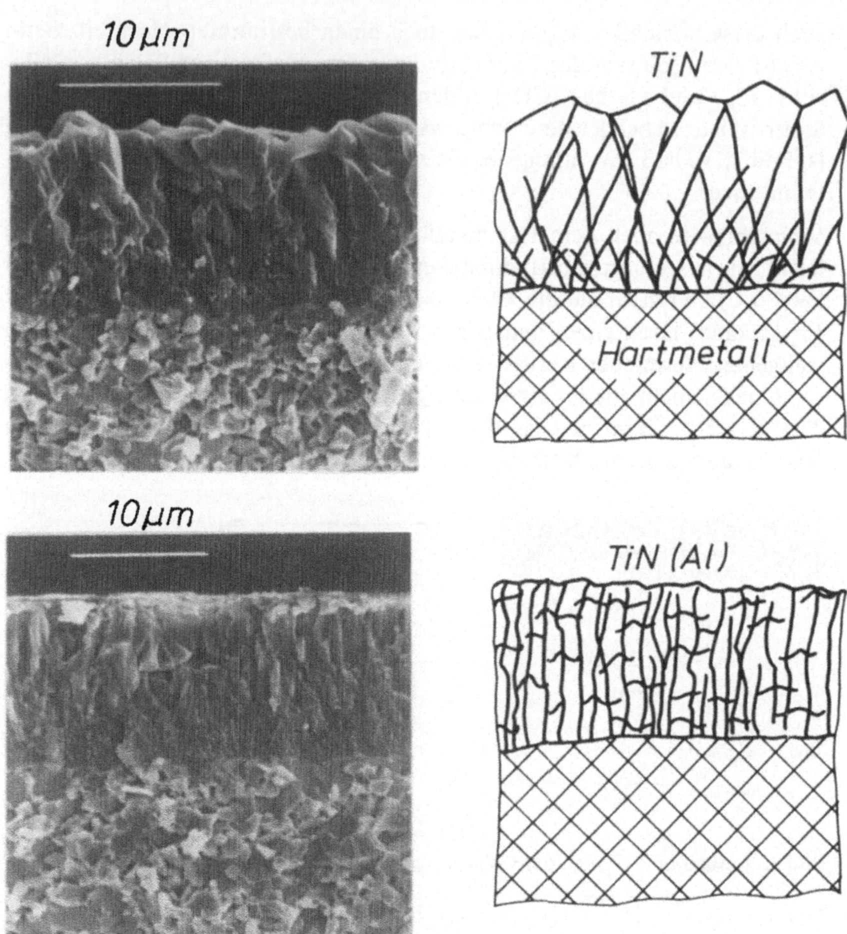

Bild 11: Einfluß von AlCl$_3$ auf das Schichtgefüge von Titannitrid

Die dünne Titannitridschicht wirkt als Diffusionssperre für den Kohlenstoff, wenn im nächsten Beschichtungsschritt Titancarbonitrid abgeschieden wird. Das Titancarbonitrid bildet die funktionelle Hauptschicht. Zum Verständnis der Wirkung sind in Bild 10 die prinzipiellen Abhängigkeiten der Härte sowie des Kolk- und Freiflächenverschleißes von Titancarbonitridschichten Ti(C,N) vom Mischungsverhältnis Stickstoff/Kohlenstoff dargestellt. Man kann erkennen, daß bei geeigneter Wahl des Stickstoff/Kohlenstoff-Verhältnisses eine Titancarbonitridschicht die Aufgaben der früher üblichen Doppelschicht TiC/TiN erfüllen kann.

Tatsächlich hat sich in der Praxis erwiesen, daß diese Schichtkonzeption sogar überlegen ist. Um gute Resultate bei Drehbearbeitungen zu erzielen, muß die gesamte Schichtdicke etwa 8 bis 12 µm betragen. Schichten aus Titannitrid und Titancarbonitrid, die in gewohnter Weise durch CVD abgeschieden werden, neigen jedoch zu gröberem Kornwachstum. Daher wurde eine CVD-Methode entwickelt, mit der durch katalytisch wirkende Stoffe relativ dicke, zugleich aber durchweg feinkörnige Titannitrid- und Titancarbonitridschichten abgeschieden werden können. Ein solcher Stoff ist z. B. Aluminiumchlorid, welches bei erhöhter Schichtwachstumsrate ein feinkörniges Schichtgefüge bewirkt, selbst aber nicht oder höchstens in Spuren in die Schicht eingebaut wird [4]. Den Effekt des Stoffes kann man sehr gut in den elektronenmikroskopischen Photographien in Bild 11 erkennen. Ein nach diesen Prinzipien entwickelter Schneidstoff ist in Bild 8 mit dargestellt.

Dank des zähen und schlagfesten Substrates werden mit diesem Schneidstoff auch unter schwierigen Bedingungen wie Schnittunterbrechungen, Schweißnähten und Schmiedehärten gute Standleistungen erzielt. Bild 12 zeigt ein Bearbeitungsbeispiel aus der Praxis. Beim Drehen von Getriebewellen wurden mit CNMM-Platten in 65-Geometrie doppelt so viele Teile pro Schneidecke gedreht als mit Wendeschneidplatten, die in herkömmlicher Weise beschichtet waren.

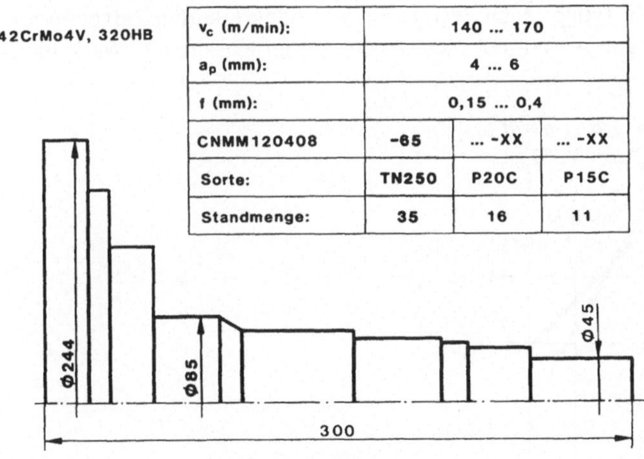

42CrMo4V, 320HB	v_c (m/min):	140 ... 170		
	a_p (mm):	4 ... 6		
	f (mm):	0,15 ... 0,4		
	CNMM120408	-65	... -XX	... -XX
	Sorte:	TN250	P20C	P15C
	Standmenge:	35	16	11

Bild 12: Drehen einer Welle mit WIDADUR TN250 (Titancarbonitridbeschichtung)

7 Auf Aluminiumoxid basierende Beschichtungen

Bei sehr hohen Schnittgeschwindigkeiten treten beträchtliche Temperaturen am Schneidkeil auf. Dadurch ändern sich die für den Werkzeugverschleiß maßgebenden Materialeigenschaften erheblich.

Von den drei Schichtstoffen Titancarbid, Titannitrid und Aluminiumoxid hat letzteres bei 1 000 °C die höchste Härte und die geringste Wärmeleitfähigkeit. Die bei der Zerspanung entstehende Wärme wird daher hauptsächlich in den Span und nur zu einem geringen Teil in die Wendeschneidplatte geleitet, so daß die Gefahr von plastischen Verformungen der Schneidkante herabgesetzt wird. Aluminiumoxid bietet auch bei hohen Temperaturen einen ausgezeichneten Schutz gegen Oxidation und chemische Reaktionen. Die Verschweißneigung mit Eisenwerkstoffen ist gering und gleichfalls auch der Reibungskoeffizient.

Bei der großen Vielfalt der in der Praxis vorkommenden Bearbeitungsfälle ist es schwierig, die Anwendungsgebiete von keramikbeschichteten Wendeschneidplatten von denen mit Titancarbid/-nitrid-Beschichtungen genau abzugrenzen. Bild 13 zeigt in einem v-T-Diagramm die prinzipielle Abhängigkeit der Standzeit von der Schnittgeschwindigkeit für beide Schneidstoffarten. Bei höheren Schnittgeschwindigkeiten sind keramische Beschichtungen vorteilhafter. Wo jedoch die Grenze der optimalen Anwendung zwischen beiden Schneidstofftypen genau liegt, hängt von der konkreten Zerspanungsaufgabe ab und kann wegen der Vielzahl der Einsatzparameter (Werkstück-

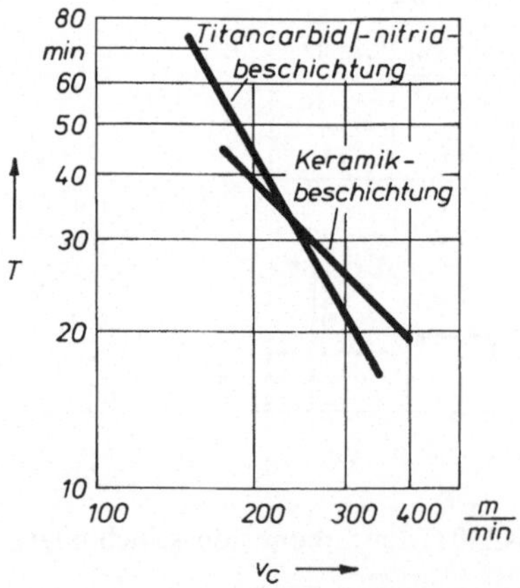

Bild 13: Prinzipielle Abhängigkeiten der Standzeit T von mit Titancarbonitrid und Aluminiumoxid beschichteten Wendeschneidplatten von der Schnittgeschwindigkeit

stoff, Plattenform, Schneidkeilwinkel, Spanungsquerschnitt, Kühlschmierstoff u. a.) nicht allgemein angegeben werden.

Aluminiumoxid ist prädestiniert für die Beschichtung von Wendeschneidplatten aus Hartmetall, die bei hohen Schnittgeschwindigkeiten eingesetzt werden sollen. Jedoch bereiten einige der Materialeigenschaften von Aluminiumoxid – chemische Inertheit und die geringe Diffusionsneigung – dem Beschichter auch Schwierigkeiten, wenn es darum geht, Aluminiumoxidschichten mit guter Haftung auf Hartmetall aufzubringen. Weiterhin konnten nach dem bisherigen Stand der Technik dickere Aluminiumoxidschichten nur mit verhältnismäßig grober Kornstruktur abgeschieden werden.

Diese Eigenarten der CVD-Abscheidung von keramischen Schichten führten vor einiger Zeit zum Konzept der Viellagenbeschichtung, bei dem in wechselnder Folge Keramikschichten und dünne Titannitrid-Zwischenschichten aufgebracht werden [5]. Durch die Weiterentwicklung der CVD-Technik ist es aber heute möglich, relativ dicke Aluminiumoxidschichten herzustellen. Bild 8 (links) zeigt eine moderne Al_2O_3-Beschichtung. Durch einen besonderen CVD-Prozeß wird bei dieser Schicht ein feinkörniges Gefüge und eine ausgezeichnete Stabilität gegen Absplitterungen erzielt. Letzteres ist besonders wichtig beim Überzug der hochbeanspruchten Schneidkanten. Die heute erzielbaren Schneidleistungen mit dieser Beschichtung sind aus dem in Bild 14 gezeigten Bearbeitungsbeispiel ersichtlich.

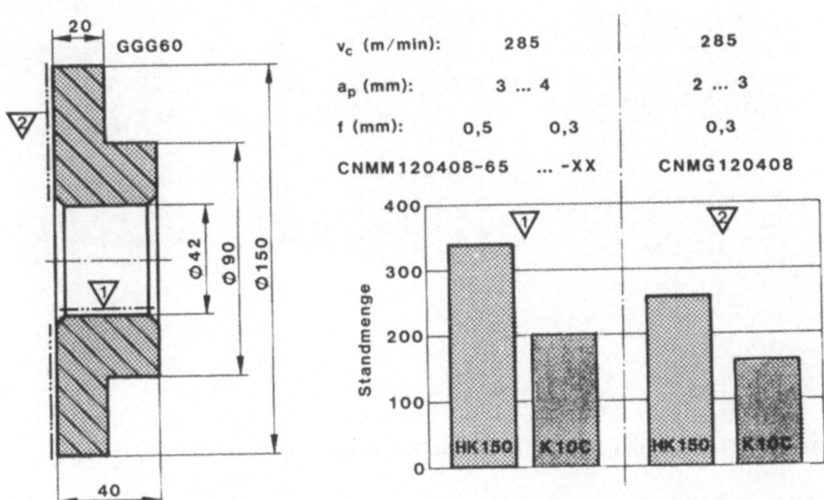

Bild 14: Drehen eines Flansches mit WIDALON HK150 (Aluminiumoxidbeschichtung)

8 Beschichtungen zum Fräsen

Für das Fräsen von Stählen wurden spezielle Beschichtungssorten entwickelt, die ebenfalls Titancarbid, Titancarbonitrid und Titannitrid als Schichtstoffe sowie ein besonders zähes Hartmetallsubstrat aufweisen.

Durch eine mit 3 bis 5 µm deutlich geringere Gesamtdicke als bei den üblichen Drehbearbeitungssorten wird das Zähigkeitsverhalten in dem stark unterbrochenen Schnitt verbessert. Zum Fräsen von Gußwerkstoffen sind keramische Beschichtungen, die bei einer Gesamtschichtdicke von 3 bis 5 µm auch einen Viellagenbau aufweisen, mit ausgezeichneten Ergebnissen einsetzbar. Beim Fräsen zeichnet sich auch der vermehrte Einsatz von Beschichtungen ab, die bei niedrigeren Temperaturen abgeschieden werden (PVD- und Plasma-CVD-Beschichtungen). Die Besonderheiten dieser Beschichtungen werden an anderer Stelle in dieser Monographie diskutiert.

In Bild 15 sind die Gefüge von typischen Fräsbeschichtungen gezeigt. Durch beschichtete Fräsplatten können die Schnittgeschwindigkeiten um etwa 50 Prozent gesteigert werden, bei leicht reduziertem Vorschub. In der Praxis muß man jedoch abwägen zwischen Zerspanungsleistung (zerspantes Volumen pro Zeiteinheit) und Standzeit. Der Bewertung der Standzeit kommt beim Fräsen wegen des zeitaufwendigen Werkzeugwechsels eine erhöhte Bedeutung zu.

Bild 15: Gefüge von CVD- und Plasma-CVD-Beschichtungen zum Fräsen

9 Schneidkörpergeometrie

Die diskutierten Entwicklungen auf dem Beschichtungssektor haben zu einem großen Produktivitätszuwachs beim Zerspanen mit Hartmetallwerkzeugen geführt. Es darf jedoch nicht übersehen werden, daß auch bei den anderen Elementen der Schneidkörperentwicklung, den Substrat-Hartmetallen und der Wendeschneidplattengeometrie, in den letzten Jahren große Fortschritte erzielt worden sind. Bild 16 zeigt einige neu entwickelte Formen, durch die die Schnittkräfte und damit zugleich auch der Verschleiß erheblich vermindert werden konnten. Zugleich wird ein kontrollierter Spanbruch erzielt, der als Voraussetzung für eine automatisierte Fertigung gilt. So sind es letztlich drei Elemente, die die Leistungsfähigkeit von modernen Hartmetall-Schneidstoffen ausmachen und die sorgfältig aufeinander abgestimmt sein müssen, nämlich das Substrat-Hartmetall, die Beschichtung und die Geometrie der Wendeschneidplatte.

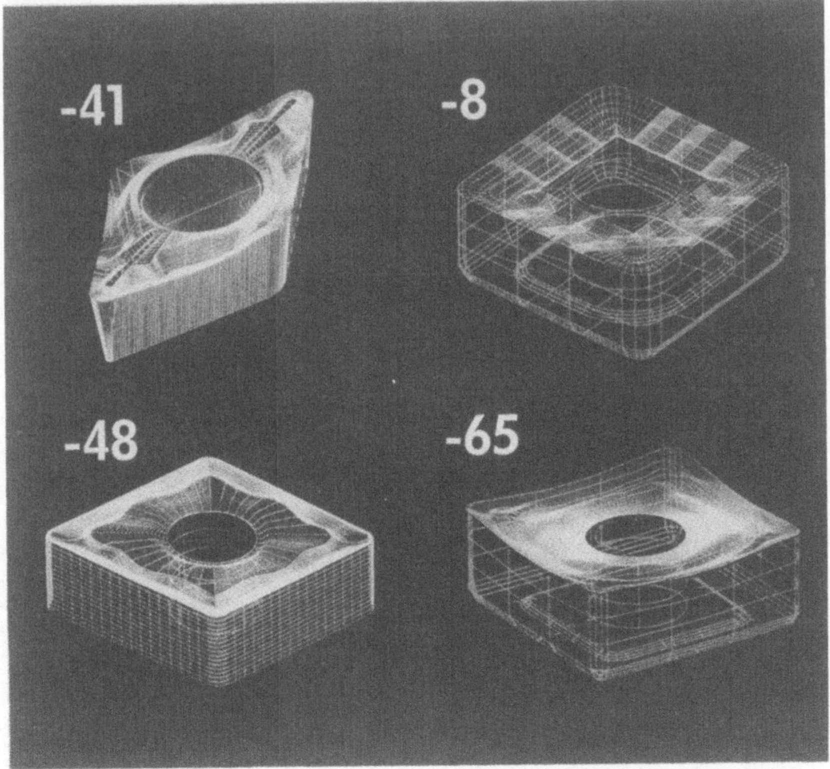

Bild 16: Moderne geometrische Formen von Wendeschneidplatten zum Drehen

Literatur

[1] *A. Münster, W. Ruppert:* Z. Elektrochemie 57 (1953), S. 564–571

[2] *L. Vandenbulke:* Proceed. 8th. Int. Conf. on Chemical Vapour Deposition 1981, S. 32–43

[3] *K. E. Spear:* Proceed. 7th. Int. Conf. on Chemical Vapour Deposition 1979, S. 1–16

[4] *H. van den Berg, U. König, N. Reiter:* Proceed. 6th. European Conference on Chemical Vapour Deposition, Jerusalem 1987, S. 114–119

[5] *U. König, K. Dreyer, N. Reiter, J. Kolaska, H. Grewe:* Proceed. 10th. Plansee-Seminar 1981, S. 411–441

MOCVD für Hartstoffe

H.-R. Stock, H. Berndt, P. Mayr

Zusammenfassung

Für die plasmaunterstützte Abscheidung von Verschleißschutzschichten aus der Gasphase wurden als Ausgangsverbindungen metallorganische Verbindungen (MOV) benutzt. Unter Verwendung von Tetrakis-(diethylamido)-titan und Tetrakis-(dimethylamido)-titan wurde der Einfluß der Substrattemperatur zwischen 200 und 500 °C auf die wichtigsten Schichteigenschaften wie Abscheiderate, chemische Zusammensetzung, Morphologie, Kristallinität und Härte bestimmt. Es konnten in beiden Fällen über einen weiten Temperaturbereich Titancarbonitridschichten erzeugt werden, die mit Tetrakis-(diethylamido)-titan als Ausgangssubstanz Härtewerte bis über 2 000 HV aufweisen.

1 Einleitung

Bei der Weiterentwicklung der CVD-Verfahren werden als wesentliche Ziele zum einen die Absenkung der Beschichtungstemperatur z. B. durch reaktivere Ausgangssubstanzen und zum anderen die Verwendung halogenfreier Edukte zur Vermeidung von korrosiv wirkenden Nebenprodukten angestrebt. Beide Ziele lassen sich mit der Anwendung metallorganischer Verbindungen verfolgen (MOCVD), darüber hinaus ist zusätzlich eine Anregung der Ausgangssubstanzen im Plasma einer Glimmentladung (PACVD) möglich.

Bei dem plasmaunterstützten CVD-Verfahren wird die zur Reaktion notwendige Aktivierungsenergie den Ausgangssubstanzen nicht mehr rein thermisch zugeführt, sondern im Plasma einer Gleichstrom- oder einer Hochfrequenzglimmentladung. Auf diese Weise sind bereits vielfältige Schichten für verschiedene Anwendungszwecke erzeugt worden (für einen Überblick s. [1]). An verschleißfesten Schichten wurden bereits TiC-, TiN- und Ti(C,N)-Schichten in Analogie zum konventionellen Hochtemperatur-CVD-Verfahren aus den Ausgangssubstanzen $TiCl_4$, H_2, Ar, N_2 und/oder CH_4 hergestellt und zwar sowohl im Plasma einer Gleichstromglimmentladung [2–5] als auch im Plasma einer hochfrequenten Entladung [6–8]. Diese Reaktionen, die bei rein thermischer Anregung erst bei Temperaturen oberhalb 600 °C bis 900 °C thermodynamisch erlaubt sind, erfolgen unter Plasmaanregung schon bei Substrattemperaturen von 300 °C bis 500 °C. Bei niedrigen Substrattemperaturen ergeben sich hier Schwierigkeiten, die mit den chlorhaltigen und HCl als Nebenprodukt bildenden Metallspendern (i. a. $TiCl_4$) zusammenhängen, wie die Bildung von amorphen TiN-Cl-Schichten [9] oder der Nachweis von Ammoniumchlorid (NH_4Cl) in den TiN-Schichten [10] beweisen. Der Ersatz des Titanspendermediums $TiCl_4$ durch halogenfreie Ausgangssubstanzen bietet eine aussichtsreiche Möglichkeit, derartige Probleme zu vermeiden. Als verdampfbare flüchtige Stoffe kommen hier vor allen Dingen metallorganische Verbindungen in Frage.

Metallorganische Verbindungen wurden zwar häufig in CVD-Prozessen für die Halbleitertechnik [11–13] und inzwischen auch für die Herstellung von hochtemperatur-supraleitenden Substanzen [14–17] eingesetzt, ihre Eignung für die Erzeugung von Hartstoffschichten wie TiN, TiC oder VC_x zum Verschleißschutz ist jedoch bisher nur wenig untersucht worden. Dies dürfte darin begründet sein, daß die in Frage kommenden Verbindungen mit Elementen der 4. bis 6. Nebengruppe oftmals schwer handhabbar sind, da sie sich häufig bei Kontakt mit Luft oder Feuchtigkeit schnell zersetzen.

Eine rein thermische Abscheidung, ausgehend von der Titanalkylamiden $Ti[N(CH_3)_2]_4$ und $Ti[N(C_2H_5)_2]_4$ wurde erstmals von *Sugiyama* et al. [18] beschrieben. Sie erhielten auf ihren Substraten einen bräunlichen Film, den sie durch Röntgenbeugung als TiN-Schicht identifizierten. Bei Verwendung von Stahl als Substratmaterial platzten die Schichten jedoch häufig ab. In einem PACVD-Prozeß wurden aus diesen Substanzen nur feiner Titancarbonitridstaub erzeugt [19]. Aus Tris-(2,2'-bipyridin)-titan ($Ti[(NC_5H_4)_2]_3$) ließen sich durch eine thermische Zersetzung bei Temperaturen über 370 °C Ti(C,N,H)-Schichten [20] bzw. TiC-Schichten [21] abscheiden. Organische Reste aus dem Spendermedium werden teilweise mit in die Schicht eingebaut und führen dann zu Veränderungen der Schichteigenschaften [20, 22]. Die thermische Zersetzung einer Verbindung mit direkter Titan-Kohlenstoff-Bindung wurde kürzlich ebenfalls angegangen [23]; aus Tetrakis-(neopentyl)-titan ($Ti[CH_2C(CH_3)_3]_4$) wurden bei 150 °C amorphe TiC-Schichten erzeugt. Verbindungen mit Metall-Sauerstoff-Bindung, wie z. B. Alkoxide und ß-Diketonate wurden mit rein thermischer Anregung zur Abscheidung der entsprechenden Metalloxide in der sauerstoffreichsten Form verwendet [24–27]. Durch eine Plasmaanregung ist es trotz der ausschließlich vorhandenen Metall-Sauerstoff-Bindung in dem metallorganischen Spendermedium möglich, Metalloxicarbonitride abzuscheiden. So wurden aus Titantetraisopropylat ($Ti[OCH(CH_3)_2]_4$) unter zusätzlicher Stickstoffzufuhr in einer Glimmentladung kubische Ti(O,C,N)-Schichten erzeugt [28]. Bei der Untersuchung der mechanischen Eigenschaften dieser Schichten zeigte sich deren Eignung für den Verschleißschutz.

2 Experimentelles

Die Beschichtungsversuche wurden in einer für den PACVD-Prozeß modifizierten Plasmanitrieranlage durchgeführt (Schema s. Bild 1). Als metallorganische Verbindungen (MOV) kamen die beiden Amide Tetrakis-(dimethylamido)-titan $(Ti[N(CH_3)_2]_4)$ und Tetrakis-(diethylamido)-titan $(Ti[N(C_2H_5)_2]_4)$ zur Anwendung.

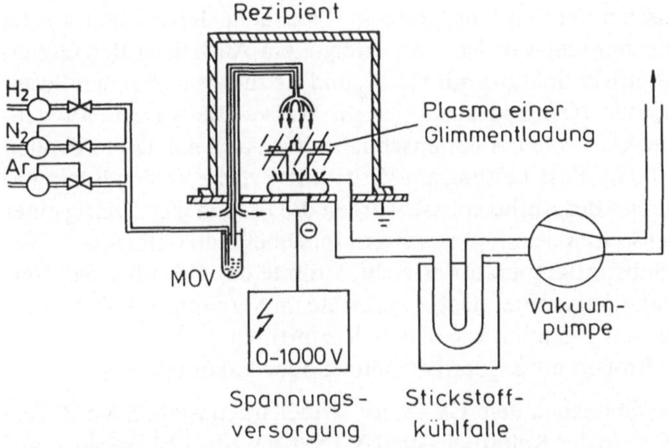

Bild 1: Schema einer PACVD-Anlage für die Verwendung metallorganischer Spendermedien

Die Dosierung der Reaktionsgase H_2, N_2 und Ar (jeweils in der Qualität 5.0) erfolgt über thermische Massendurchflußregler und eine thermostatisierte Gasverteilung. Nach ihrer Durchmischung hinter den Reglern strömen die Gase durch ein Verdampfersystem für die metallorganischen Verbindungen. Diese Dosiereinheit besteht aus einem Glaskolben, der in einem Wasserbad temperiert wird und das zu verdampfende bzw. zu sublimierende Metallspendermedium enthält. Durch Veränderung der Wasserbadtemperatur kann die Verdampfungsrate der MOV und damit deren Partialdruck im Rezipienten variiert werden. Eine By-Pass-Leitung zur Überbrückung des Verdampfers ermöglicht die Gaszufuhr während der Aufheizphase vor und der Abkühlung nach der Beschichtung.

Das Plasma im Kathodenfallgebiet wird durch eine Gleichspannung oder eine gepulste Gleichspannung (Pulsdauer und Pausenzeiten jeweils minimal 20 μs und maximal mehrere 1 000 μs) von 0 bis −900 V erzeugt.

Die Temperatur wird während der Beschichtung mit einem Mantelthermoelement gemessen. Das Thermoelement wird zur elektrischen Isolation gegenüber der Kathodenspannung in einem Keramikrohr plaziert und in eine passende Bohrung in der Probe gesteckt.

Die Evakuierung des Rezipienten erfolgt durch eine zweistufige Drehschieberpumpe. Eine Stickstoffkühlfalle vor der Vakuumpumpe ermöglicht das Ausfrieren der während der Beschichtung entstehenden organischen Reste.

Für die Beschichtungsversuche wurde der Verdampferkolben nach Evakuierung des Rezipienten bei laufender Inertgasspülung unter einem Abzug mit der metallorganischen Verbindung bestückt. Nachdem der Kolben an die Dosiereinheit angeflanscht worden war, erfolgte ein Ausheizen der Gasleitung unter gleichzeitiger Spülung mit H_2, N_2 und Ar zur weitgehenden Beseitigung von Restgasen (O_2) und adsorbiertem Wasser. Bei diesem Prozeßschritt wurden die Gase wie bei der anschließenden Aufheizung der Proben im Plasma über die By-Pass-Leitung am Verdampfer vorbei in den Rezipienten geleitet. Während der Aufheizphase wurden die Proben gleichzeitig einer Plasmareinigung (Sputtercleaning) durch den Ionenbeschuß unterzogen. War die gewünschte Substrattemperatur erreicht, strömte das Gas über den Verdampfer in die Vakuumkammer. Dabei herrschte im Verdampferkolben etwa der gleiche Druck von 1–5 mbar wie in dem Rezipienten. Nach der Beschichtung kühlten die Proben unter Inertgasspülung oder Vakuum ab.

Als Werkstoff wurden neben dem Ck 45 der Schnellarbeitsstahl S 6-5-2, vergütet auf 63 HRC, und der Kaltarbeitsstahl X 155 Cr V Mo 12 1, vergütet auf 61 HRC, verwendet, die bereits vielfach in beschichteter Form zur Anwendung gelangen.

3 Ergebnisse

3.1 Verwendung des Precursors $Ti[N(C_2H_5)_2]_4$

Erste Versuche mit Tetrakis-(diethylamido)-titan in einer reinen Argonatmosphäre zeigten, daß sich auf diese Weise nicht die erwarteten Titancarbonitridschichten abschieden, sondern schwarze pulverförmige Ablagerungen, die neben Titan einen deutlichen Kohlenstoffanteil besitzen. Zu einem ähnlichen Ergebnis kamen *Hilton* et al. [19], die aus Tetrakis-(dimethylamido)-titan pulverförmiges Titancarbonitrid in einem Hochfrequenz-Plasma erzeugten. Im Gegensatz dazu konnten in der hier beschriebenen Anlage bei Anwe-

senheit von Wasserstoff im Trägergas – unseres Wissens erstmalig – Titancarbonitridschichten erzeugt werden. Wie von rein thermisch erzeugten CVD-
Ti(C,N)-Schichten bekannt ist, haben auch diese Schichten eine rötliche
Farbe.

Zur näheren Untersuchung der Abscheidebedingungen wurde die Substrattemperatur während der Beschichtung zwischen 200 und 500 °C variiert,
während der Gesamtdruck auf 2 mbar konstant gehalten wurde. Aus den
eingestellten Volumenströmen von Ar, H_2, N_2 und der während des Versuchs
bei 80 °C verdampften Menge des Spendermediums $Ti[N(C_2H_5)_2]_4$ ließen
sich die Partialdrücke im einströmenden Gas zu 1 mbar (Ar), 0.9 mbar (H_2),
0,1 mbar (N_2) und ca. $9 \cdot 10^{-4}$ mbar $Ti[N(C_2H_5)_2]_4$ bestimmen. Die Beschichtungsdauer lag jeweils zwischen 4 und 5 Stunden. Bei Temperaturen über
400 °C trat neben der Abscheidung der Schicht auf den Proben und dem
Kathodenteller eine Ablagerung von gelbem Staub im Rezipienten auf. Die
Staubbildung wies auf das Einsetzen der homogenen Reaktion in der Gasphase hin. Die Abscheideraten waren stark abhängig von der Lage der Probe
auf dem Kathodenteller und wurden mit steigender Substrattemperatur kleiner.

3.1.1 Morphologie

Die Morphologie der Schichten wurde im Rasterelektronenmikroskop untersucht. Bild 2 zeigt die Bruchflächen von Ti(C,N)-Schichten auf Ck 45. Die
Schichtdicken liegen zwischen 1,6 μm und 2,5 μm . Die bei Substrattempera-

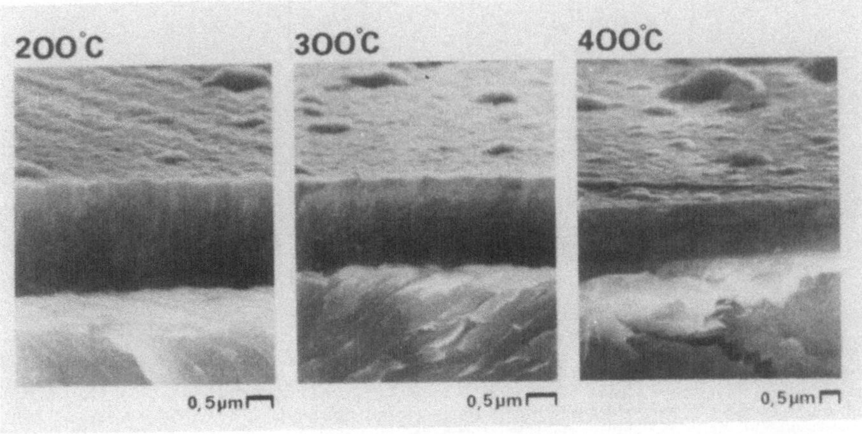

Bild 2: Bruchflächen von Ti(C,N)-Schichten, SEM-Aufnahmen, Precursor:
$Ti[N(C_2H_5)_2]_4$

turen zwischen 200 und 300 °C abgeschiedenen Schichten zeigen kaum Unterschiede in der Morphologie. An der Bruchfläche läßt sich eine feinstengelige bis faserartige Struktur erkennen, wie sie auch bereits bei anderen Beschichtungsverfahren bei niedriger Substrattemperatur beobachtet wurde. Bei einer Abscheidetemperatur von 400 °C zeigt sich demgegenüber keine Strukturierung an der Bruchfläche. Die Rauheit der Schichten ist im wesentlichen abhängig von der Rauheit der ursprünglichen Substratoberfläche. Daneben ragen aus der Schichtoberfläche in unregelmäßigen Abständen knollenartige Erhebungen, die ebenfalls aus Titancarbonitrid bestehen und sich in ihrer chemischen Zusammensetzung von dem übrigen Schichtmaterial nicht unterscheiden.

3.1.2 Chemische Zusammensetzung

Mit Hilfe der optischen Glimmentladungsspektroskopie (GDOS) wurde die chemische Zusammensetzung der Schichten als Elementtiefenprofil ermittelt. In Bild 3 ist die Verteilung der nachgewiesenen Elemente Titan, Stickstoff, Kohlenstoff und Eisen in der Schicht und im Substratwerkstoff (S 6-5-2) dargestellt. Die Beschichtung erfolgte bei einer Substrattemperatur von 300 °C. Obwohl in dem metallorganischen Spendermedium nur Titan-Stickstoff-Bindungen vorliegen, führt die intensive Plasmaanregung der MOV und der von ihr abgespaltenen organischen Bruchstücke offensichtlich auch zum Einbau von Kohlenstoff in die Schicht. Auffallend ist, daß die

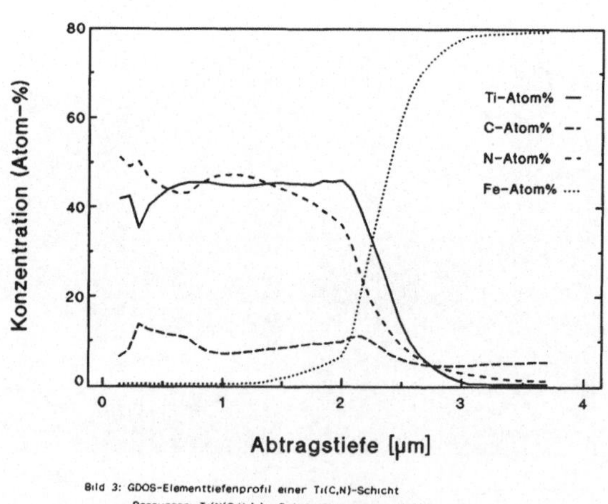

Bild 3: GDOS-Elementtiefenprofil einer Ti(C,N)-Schicht
  Precursor: Ti[N(C$_2$H$_5$)$_2$)]4, Substrattemperatur: 300 °C

226

Titankonzentration in der Schicht weniger als 50 Atomprozent beträgt, während die Summe der Konzentrationen der Metalloide Kohlenstoff und Stickstoff 50 Atomprozent überschreitet.

Von den PVD-Verfahren ist bekannt, daß sich die Stöchiometrie der abscheidbaren Schichten durch eine Variation der Prozeßparameter verändern läßt. Um den Einfluß der Substrattemperatur auf die chemische Zusammensetzung zu bestimmen, sind in Bild 4 die Ergebnisse der GDOS-Analysen von verschiedenen Proben gegenübergestellt. Eingetragen ist die gemittelte Elementkonzentration als Funktion der Abscheidetemperatur. Da alle anderen Parameter bei diesen Prozessen konstant gehalten wurden, zeigt sich in dem betrachteten Temperaturintervall nur eine geringe Abhängigkeit der chemischen Zusammensetzung der Schichten von der Substrattemperatur bei der verwendeten Gaszusammensetzung. Bei allen Probentemperaturen zwischen 200 °C und 400 °C wurde überstöchiometrisches Titancarbonitrid $(Ti(C_x, N_y), x + y > 1)$ erzeugt.

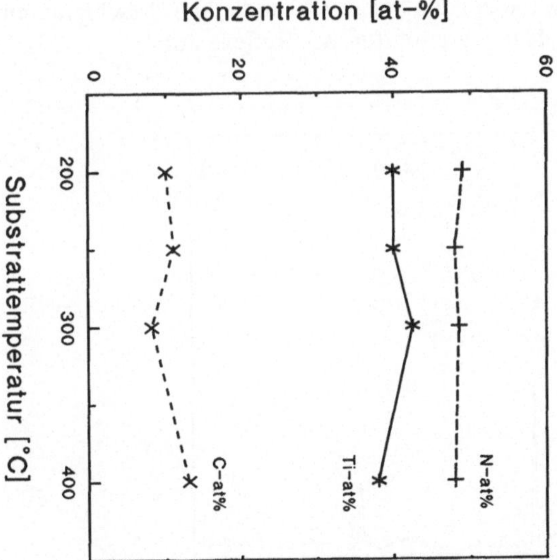

Bild 4: Chemische Zusammensetzung der Schichten in Abhängigkeit von der Substrattempteratur

3.1.3 Röntgenographische Phasenanalyse

In den mit Cu-K$_\alpha$-Strahlung aufgenommenen Röntgenbeugungsdiagrammen (s. Bild 5) erscheinen neben den Reflexen des kubischen Titancarbonitrids mit der Indizierung {111}, {200}, {220}, {311} und {222} auch die Beugungsreflexe des Substratwerkstoffs α-Eisen. Eine nur leichte Erhöhung der gemessenen Zählrate tritt außerdem in den Winkelbereichen auf, in denen die {331}- und {420}- beziehungsweise die {422}-Interferenzmaxima von Ti(C,N) erwartet werden. Die Beugungsreflexe des Titancarbonitrids zeigen eine für Schichten vielfach beobachtete, auf Eigenspannungen und/oder die Feinkristallinität zurückzuführende Verbreiterung. Das im SEM-Bild auffallende Wachstum der Kristallite in Vorzugsrichtung äußerte sich im Beugungsbild durch eine von den entsprechenden Werten einer Pulverprobe abweichenden Intensitätsverteilung der Reflexe. In Bild 6 wurden die Beugungsdiagramme der bei verschiedenen Substrattemperaturen abgeschiedenen Schichten schematisch gegenübergestellt. Zum Vergleich wurde zusätzlich die Lage der Interferenzmaxima für pulverförmiges TiN eingetragen. Korrespondierend mit den höchsten Intensitäten traten bei den bei 250 °C und 300 °C beschichteten Proben auch die geringsten Halbwertsbreiten der Reflexe auf.

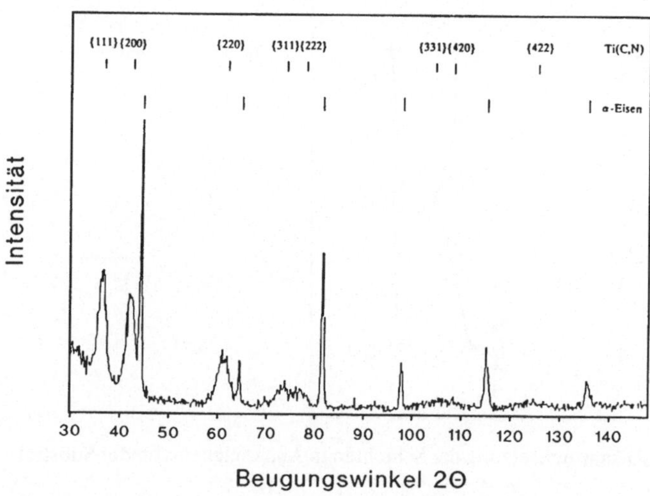

Bild 5: Röntgenbeugungsdiagramm (Cu-K$_\alpha$) einer Ti(C,N)-Schicht
Precursor: Ti[N(C$_2$H$_5$)$_2$]$_4$, Substrattemperatur: 250 °C

228

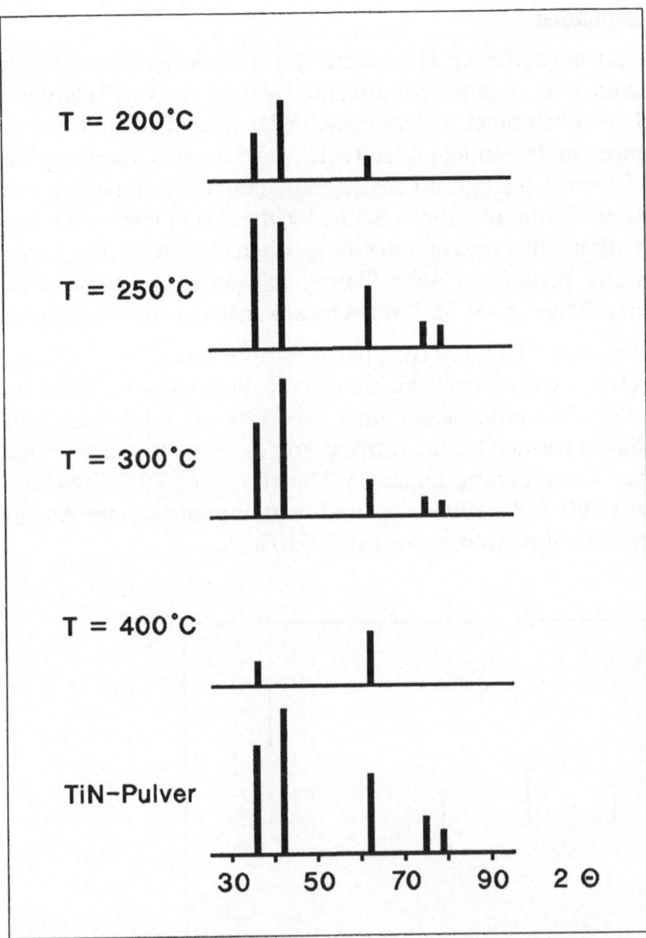

Bild 6: Schematische Röntgenbeugungsdiagramme der aus $Ti[N(C_2H_5)_2]_4$ bei verschiedenen Substrattemperaturen erhaltenen Schichten

3.1.4 Härte der Schichten

Die in der Literatur angegebenen Härtewerte für TiN-Schichten umfassen einen weiten Bereich. Dies ist einerseits auf eine Vielzahl von Einflußgrößen, wie zum Beispiel die Stöchiometrie der abgeschiedenen Schichten, Korngröße, Verunreinigungen in der Schicht oder Textur der Schichten zurückzuführen, andererseits lassen sich aufgrund der auftretenden meßtechnischen Probleme bei der Härtemessung an dünnen Schichten die Ergebnisse verschiedener Laboratorien nur bedingt miteinander vergleichen. Aus der hohen Eigenhärte der Hartstoffe resultieren sehr kleine, schwierig zu vermessende Eindrücke, in deren Folge große Meßwertschwankungen auftreten können.

Bei den aus dem Precursor $Ti[N(C_2H_5)_2]_4$ bei Substrattemperaturen zwischen 200 °C und 400 °C abgeschiedenen Schichten wurde die Härte durch Vickerseindrücke in die Schichtoberfläche bei einer Prüfkraft von 0,1 N bestimmt. Die Diagonalenlängen wurden im Lichtmikroskop des Kleinlasthärteprüfgerätes bei 500facher Vergrößerung gemessen. Die Härte der Ti(C,N)-Schichten liegt zwischen 1 800 und 2 500 $HV_{0,01}$ und zeigt nur eine geringe Abhängigkeit von der Beschichtungstemperatur (s. Bild 7).

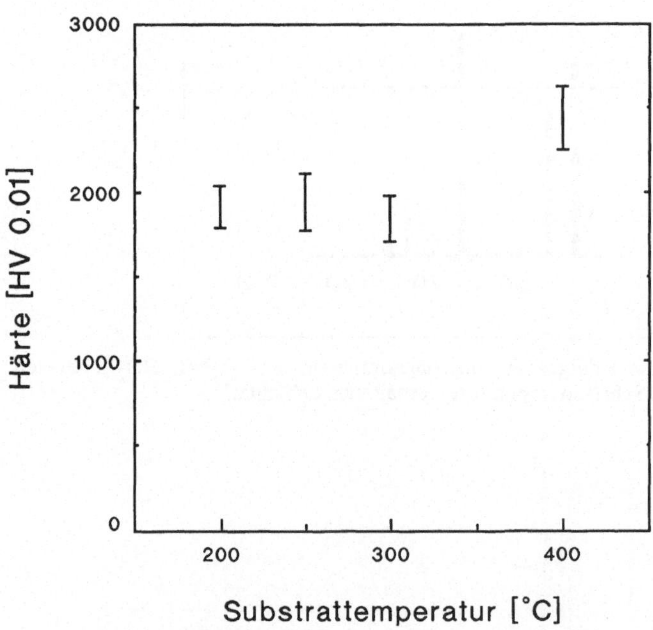

Bild 7: Vickers-Härte der Ti(C,N)-Schichten in Abhängigkeit von der Beschichtungstemperatur

3.2 Verwendung des Precursors Ti[N(CH$_3$)$_2$]$_4$

Zum Vergleich wurden mit den gleichen Partialdrücken der Gase H$_2$, N$_2$, Ar Versuche mit dem kleineren Homologen Tetrakis-(dimethylamido)-titan durchgeführt. Da dieses Amid einen wesentlich höheren Dampfdruck aufwies, konnte die Beschichtungsrate wesentlich erhöht werden, und parallel dazu ließ sich die Beschichtungsdauer auf ca. 30 Min. verkürzen. Die Substrattemperaturen wurden im Bereich von 200 bis 500 °C variiert. Die abgeschiedenen Schichten wiesen eine graue Farbe auf mit Ausnahme der bei 500 °C Substrattemperatur abgeschiedenen schwarzen Schicht.

Die Morphologie der Schichten wurde mit dem Rasterelektronenmikroskop an Bruchflächen durch die Schicht und mit dem Lichtmikroskop an metallographischen Querschliffen untersucht. In den lichtmikroskopischen Aufnahmen zeigt sich mit steigender Beschichtungstemperatur eine Veränderung der Mikrostruktur der abgeschiedenen Schichten (Bild 8). Bei einer Substrattemperatur von 200 °C baut sich eine Schicht mit einer großen Anzahl von Knollen auf. Eine leichte Erhöhung der Behandlungstemperatur führt zu einer wesentlich homogeneren Struktur.

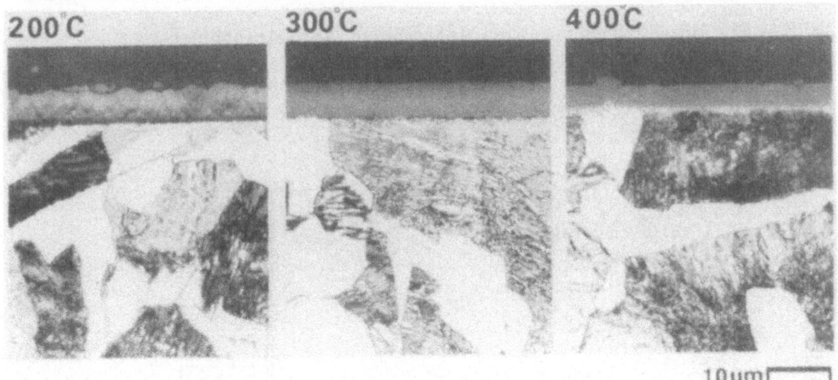

Bild 8: Struktur der Schichten bei verschiedenen Temperaturen

Die Veränderung der Wachstumsform der Schichten als Funktion der Substrattemperatur ist in Bild 9 dargestellt. Die SEM-Aufnahmen zeigen die Bruchflächen der auf Ck 45 bei Substrattemperaturen von 200 bis 400 °C abgeschiedenen Schichten. Auffallend ist hierbei deren feinkristalliner Aufbau. Bei den niedrigen Temperaturen erwartet man das Wachstum unmittelbar an der Substratoberfläche, wie aus der Literatur bekannt, zunächst in Form kleiner Kristallite. Aus dieser Zone heraus entwickeln sich dann durch das bevorzugte Wachstum günstig orientierter Keime faserige Strukturen.

Demgegenüber besteht die bei 400 °C abgeschiedene Schicht in ihrem gesamten Querschnitt einheitlich aus vielen kleinen Kristalliten. Auf der Schichtoberfläche lassen sich bei allen Abscheidetemperaturen die typischen Knollen beobachten. Im Vergleich mit den aus $Ti[N(C_2H_5)_2]_4$ abgeschiedenen Schichten haben die aus $Ti[N(CH_3)_2]_4$ erzeugten Schichten einen weniger stengeligen Aufbau.

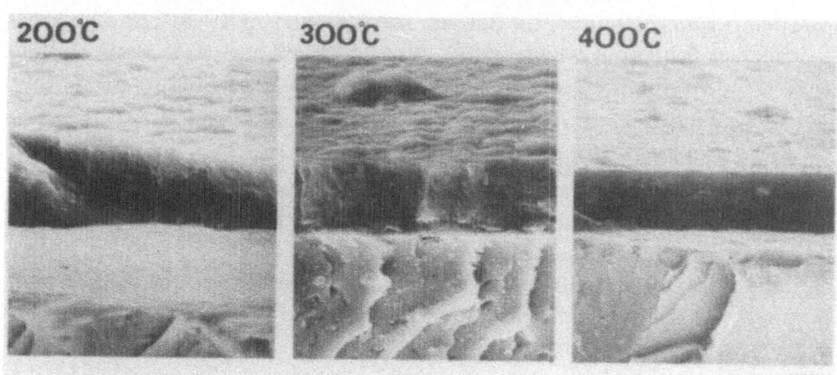

Bild 9: Bild Bruchflächen von Ti(C,N)-Schichten, SEM-Aufnahmen
Precursor: $Ti[N(CH_3)_2]_4$

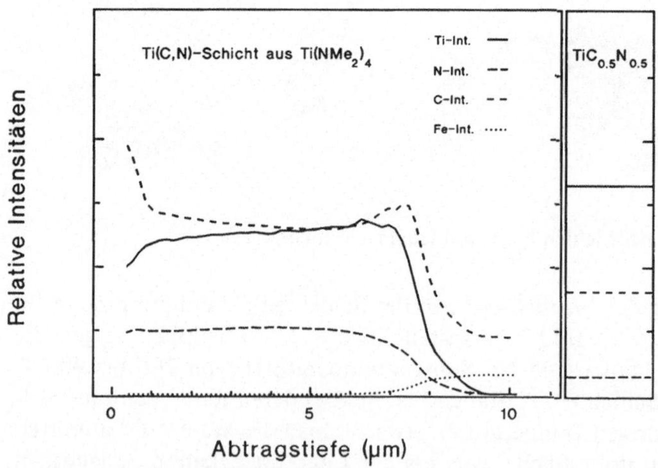

Bild 10: GDOS-Analyse einer Ti(C,N)-Schicht
Precursor: $Ti[N(CH_{(3)})_2]_4$, T=300 °C

Für die Ermittlung der chemischen Zusammensetzung der Schichten wurden mittels GDOS die Intensitätssignale ausgewählter optischer Linien der Elemente Ti, C, N und Fe als Funktion des Abstandes von der Schichtoberfläche bestimmt (s. Bild 10). Zum Vergleich sind zusätzlich die von einer gesinterten Titancarbonitrid-Eichprobe ($Ti(C_x,N_y)$ mit x=y=0,5) erhaltenen Intensitäten dargestellt. Es zeigt sich, daß bei einer Beschichtungstemperatur von 300 °C die Schicht einen im Vergleich zur Eichprobe deutlich erhöhten Stickstoff- und Kohlenstoffanteil aufweist. Da die Anregung der optischen Linien stark von der jeweils vorhandenen Matrix beeinflußt wird, ist eine quantitative Aussage zum Stickstoff- und Kohlenstoffgehalt nicht zu treffen. Die Entwicklung der Intensitäten mit zunehmender Abtragstiefe deutet jedoch auf eine gleichartig hohe N- und C-Konzentration innerhalb des gesamten Schichtquerschnittes hin.

Die Veränderung der Elementkonzentrationen in den Schichten als Funktion der bei der Behandlung eingestellten Substrattemperatur ist in Bild 11 wiedergegeben. In dem Temperaturbereich von 200 °C bis 350 °C ergeben sich kaum Unterschiede in der chemischen Zusammensetzung der Schichten. Eine weitere Temperaturerhöhung führt dann jedoch zu einer raschen Zunahme des Kohlenstoffgehaltes in der Schicht. Dieser Anstieg korrespondiert mit dem Einsetzen der homogenen Reaktion in der Gasphase während der Behandlung.

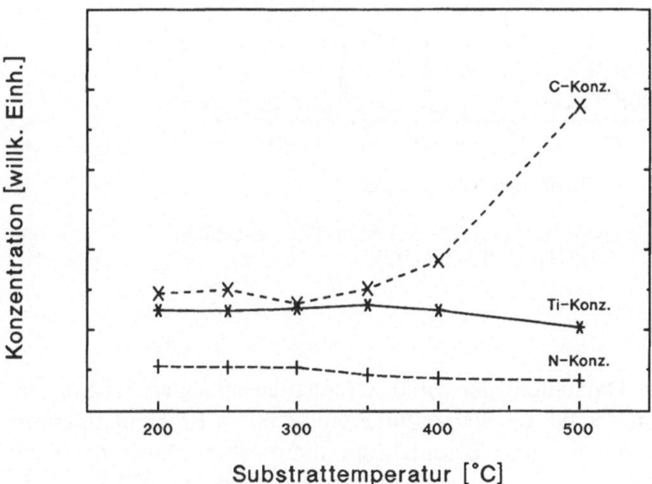

Bild 11: Temperaturabhängigkeit der chemischen Zusammensetzung (willkürliche Einheiten) der Ti(C,N)-Schichten
Precursor: $Ti[N(CH_3)_2]_4$

233

Die mit der Glimmentladungsspektroskopie festgestellten hohen Stickstoff-
und Kohlenstoffgehalte in den Schichten werfen die Frage auf, welche Phasen
darin vorliegen. Um hierzu weitere Anhaltspunkte zu erhalten, wurden die
Schichten röntgenographisch untersucht. Bild 12 zeigt das mit Cu-K$_\alpha$-Strah-
lung aufgenommene Beugungsdiagramm einer bei 250 °C abgeschiedenen
Schicht. Die auftretenden breiten Intensitätsmaxima lassen sich als die
Titancarbonitrid-Reflexe mit der Indizierung {111}, {200}, {220}, {311} und
{222} identifizieren, während die schmalen Beugungsmaxima dem Substratwerkstoff α-Eisen zuzuordnen sind. Im Vergleich zu dem Beugungsdiagramm
(Bild 5) der aus Ti(N(C$_2$H$_5$)$_2$)$_4$ bei gleicher Substrattemperatur abgeschiedenen Schicht zeigt sich hier eine größere Breite der Reflexe.

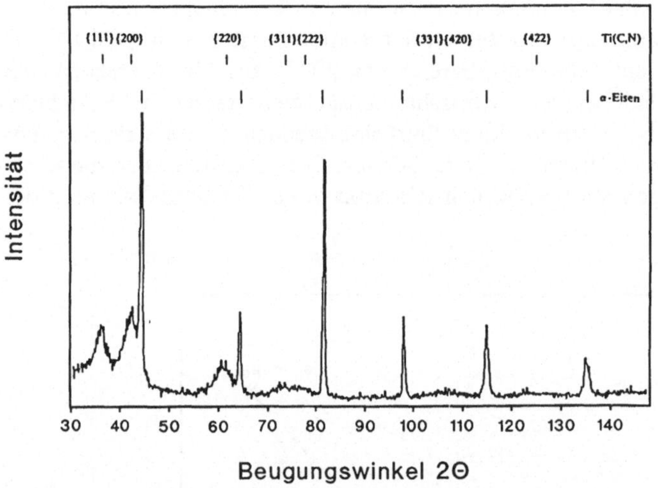

Bild 12: Röntgenbeugungsdiagramm (Cu-K$_\alpha$) einer Ti(C,N)-Schicht
Precursor: Ti[N(CH$_3$)$_2$]$_4$, T = 250 °C

Eine schematische Darstellung der von den Schichten erzeugten Beugungsreflexe als Funktion der bei der Behandlung eingestellten Probentemperatur
zeigt Bild 13. Mit zunehmender Beschichtungstemperatur nehmen die beobachteten Intensitäten ab. Bei einer Substrattemperatur von 500 °C wurde
eine schwarze hochkohlenstoffhaltige Schicht erzeugt. Das von dieser Schicht
erhaltene Beugungsspektrum weist weder Reflexe von Titancarbonitrid noch
von irgendeiner anderen Phase auf.

234

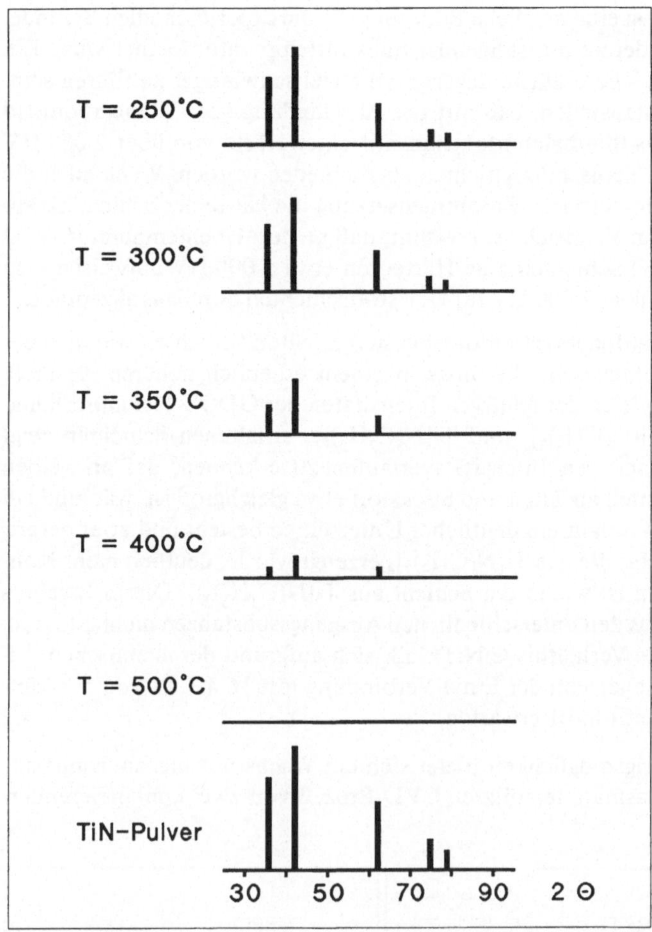

Bild 13: Schematische Röntgenbeugungsdiagramme der aus Ti[N(CH$_3$)$_2$]$_4$ erhaltenen Schichten

4 Diskussion

Es konnte gezeigt werden, daß die Substrattemperatur das Schichtwachstum wesentlich beeinflußt. Ist sie zu hoch, wird die thermische Belastung der MOV noch vor der eigentlichen Plasmaanregung im Kathodenfall so groß, daß eine teilweise Zersetzung schon in der Gasphase erfolgt. Dadurch sinkt das Angebot an flüchtigem Titanamid, und die heterogene Reaktion wird langsamer. Dies ist eine mögliche Erklärung für die experimentellen Befunde, daß die Abscheiderate mit steigender Substrattemperatur kleiner wird. Ein Beweis für diese These dürfte dagegen sehr viel schwieriger zu führen sein. Weiterhin ist festzustellen, daß mit der Abscheidung von Titancarbonitrid aus dem Tetrakis-(diethylamido)-titan mit einer Härte von über 2 000 HV potentielle Verschleißschutzschichten abgeschieden wurden. Wenn auch die leicht überstöchiometrische Zusammensetzung die Härte der Schicht herabsetzen mag – zum Vergleich sei erwähnt, daß mittels Hochtemperatur-CVD erhaltene Ti(C,N)-Schichten eine Härte von etwa 3 000 HV aufweisen – so sind Härtewerte über 2 000 HV für Hartstoffschichten durchaus akzeptabel.

Die aus Tetrakis-(dimethylamido)-titan hergestellten Schichten waren ebenfalls überstöchiometrisch, allerdings in einem erheblich höheren Ausmaß. Ein direkter Vergleich der relativen Intensitäten der GDOS-Tiefenprofilanalysen der aus $Ti[N(CH_3)_2]_4$ und $Ti[N(C_2H_5)_2]_4$ erhaltenen Schichten zeigt Bild 14. Es ist aus den Intensitätsverläufen zu erkennen, daß in beiden Schichten der Anteil an Titan und Stickstoff etwa gleichgroß ist, während bei dem Kohlenstoffverlauf ein deutlicher Unterschied besteht und zwar derart, daß in der Schicht, die aus $Ti[N(CH_3)_2]_4$ erzeugt wurde, deutlich mehr Kohlenstoff enthalten ist wie in der Schicht aus $Ti[N(C_2H_5)_2]_4$. Dieses Ergebnis läßt sich allein aus den unterschiedlichen Ausgangssubstanzen nicht erklären, denn ein höheres Verhältnis C:N:Ti läßt sich aufgrund der chemischen Zusammensetzung eher von der Ethyl-Verbindung mit 16:4:1 als von der Methyl-Verbindung mit 8:4:1 erwarten.

Als eine Erklärungsmöglichkeit bietet sich ein Wachstumsmechanismus an, der bei einem plasmaunterstützten CVD-Prozeß von zwei konkurrierenden

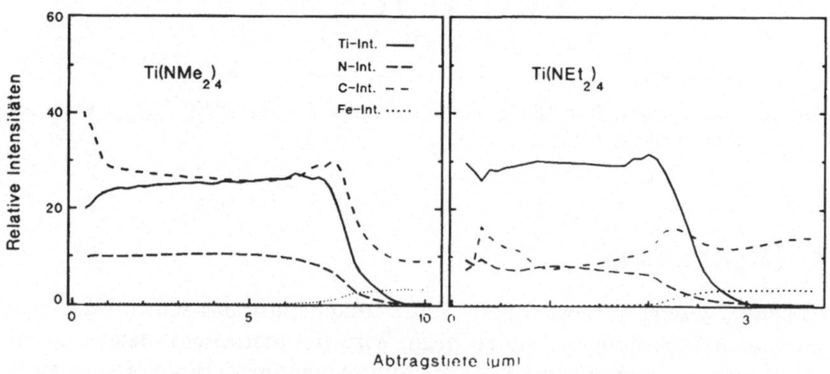

Bild 14: Relative Intensitäten der GDOS-Tiefenprofilanalysen von Ti(C,N)-Schichten Precursor: $Ti[N(CH_3)_2]_4$ und $Ti[N(C_2H_5)_2]_4$, T = 300 °C

Reaktionen ausgeht: dem Schichtaufbau und einem gleichzeitig stattfinden-
den Schichtabtrag durch den fortwährenden Ionenbeschuß der aufwachsenden Schichtoberfläche. Ein deutlicher Unterschied bestand bei den Versuchen mit $Ti[N(C_2H_5)_2]_4$ (1) und $Ti[N(CH_3)_2]_4$ (2) darin, daß die Schichten aus
(2) sehr schnell aufwuchsen (ca. 5 µm in 0,5 h). Setzt man den erwähnten
Wachstumsmechanismus voraus, so werden bei beiden Ausgangssubstanzen
zunächst neben dem Titancarbonitrid auch organische Reste mit in die entstehende Oberfläche eingebaut. Durch das bei (1) relativ langsame Wachstum
und den ständigen Ionenbeschuß werden diese organischen Reste zu einem
großen Teil wieder abgesputtert – wobei die Sputterrate für die organischen
Reste deutlich größer ist als für das Titancarbonitrid. Bei Verwendung von
(2) wächst dagegen die Schicht so schnell, daß der gleichzeitig stattfindende
Ionenbeschuß nicht ausreicht, um die eingebauten organischen Reste im
gleichen Ausmaß zu entfernen.

Danksagung

Das dieser Arbeit zugrundeliegende Vorhaben wurde mit Mitteln des Bundesministers für Forschung und Technologie unter dem Kennzeichen
13N5525 gefördert. Die Verantwortung für den Inhalt dieses Beitrages liegt
bei den Autoren. Diese danken den Arbeitsgruppen von Prof. *Erker* (Uni
Würzburg), Prof. *Herrmann* (TU München), Prof. *Kruck* (Uni Köln) sowie
der *W. C. Heraeus* GmbH für die Bereitstellung der verwendeten Chemikali-
en.

Literatur

[1] *Veprek, S.:* Thin Solid Films **130**, (1985), 135

[2] *Archer, N. J.:* Thi Solid Films **80**, (1981), 221

[3] *Wierzchon, T.* et al.: Ind. Heating, June 1984, 17

[4] *Kikuchi, N.* et al.: Proc. 9th Intern. Conf. CVD, (1984), 728

[5] *Shen Qi-Xiau* et al.: Proc. 5th Europ. Conf. CVC (1985), 328

[6] *Konuma, M.* et al.: J. Less Common Metals **75**, (1980), 1

[7] *Doi, A.* et al.: Proc. 5th Europ. Conf. CVD (1985), 45

[8] *Makabe, R.* et al.: Thin Solid Films **137**, (1986), L49

[9] *Hilton, M. R.* et al.: Thin Solid Films **139**, (1986), 247

[10] *Arai, T.* et al.: Proc. 6th Conf. IPAT (1987), 196

[11] *Arai, T.* et al.: Thin Solid Films **165,** (1988), 139

[12] *Green, M. L.* et al.: Thin Solid Films **114,** (1984), 367

[13] *Mantell, D. A.:* Appl. Phys. Lett. **53,** (1988), 1387

[14] *Kato, T.* et al.: Proc. 18th Conf. Solid State Devices and Materials; (1986), 495

[15] *Berry, A. D.* et al.: Appl. Phys. Lett. **52,** (1988), 1743

[16] *Mantese, J. V.* et al.: Appl. Phys. Lett. **52,** (1988), 1741

[17] *Mantese, J. V.* et al.: Appl. Phys. Lett. **52,** (1988), 1631

[18] *Sugiyama, K.* et al.: J. Electrochem. Soc. **122,** (1975), 1545

[19] *Hilton, M. R.* et al.: Thin Solid Films **154,** (1987), 377

[20] *Morancho, R.* et al.: Thin Solid Films **77,** (1981), 155

[21] *Williams, W. S.* et al.: Thin Solid Films **141,** (1986), 237

[22] *Williams, W. S.* et al.: J. Electrochem. Soc. **134,** (1987), 3170

[23] *Girolami, G. S.* et al.: J. Amer. Chem. Soc. **109,** (1987), 1579

[24] *Hough, R. L.:* Proc. 3rd Intern. Conf. CVD (1972), 232

[25] *Balog, M.* et al.: J. Crystal Growth **17,** (1972), 298

[26] *Balog, M.* et al.: Thin Solid Films **47,** (1977), 109

[27] *Brennfleck, K.* et al.: Proc. 5th Europ. Conf. CVD (1985), 63

[28] *Stock, H.-R.; Mayr, P.:* Härt. Techn. Mitt. **41,** (1986), 145

Plasma-CVD-Beschichtung von Hartmetallen

U. König

1 Einleitung

Mit dem thermischen CVD steht für die Beschichtung von Wendeschneidplatten aus Hartmetallen mit Hartstoffschichten ein leistungsfähiges Verfahren zur Verfügung. Für spezielle Zerspanungsaufgaben, bei denen es auf höchste Zähigkeit des Schneidkörpers oder auf eine scharfe Schneide ankommt, bewähren sich jedoch Schneideinsätze besser, die bei niedrigeren Temperaturen mit Hartstoffen beschichtet wurden. Die Temperatur- und Druckbereiche der verschiedenen Techniken zur Hartstoffbeschichtung von Hartmetallen sind in Bild 1 dargestellt.

Das thermische CVD erfordert Prozeßtemperaturen von etwa 1 000 °C [1]. Durch Verwendung von hochreaktiven Gaskomponenten (z. B. Azetonitril) kann man zur Titancarbonitridabscheidung die Temperatur etwas herabsetzen (Mitteltemperatur-CVD, [2]). Zur Beschichtung von Werkzeugen bei niedrigen Temperaturen (400 bis 700 °C) werden gegenwärtig verschiedene PVD-Verfahren eingesetzt, die sich durch die Art der Metalldampfquellen unterscheiden. Beim Kathodenzerstäuben (Magnetron Sputtering) und beim Bogenentladungsverdampfen (Arc Evaporation) werden feste Titantargets verwendet, während beim Ionenplattieren (Ion Plating) aus einem Schmelztiegel verdampft wird. Die PVD-Verfahren arbeiten in Druckbereichen (s. Bild 1), bei denen eine weitgehend geradlinige Ausbreitung der reaktiven Spezies erfolgt. Die dabei auftretenden Abschattungseffekte müssen durch eine aufwendige Chargierung und Bewegung der Substrate während der Beschichtung kompensiert werden, um eine allseitig gleichmäßige Beschichtung zu erhalten. Es ist daher wünschenswert, ein dem Hochtemperatur-CVD-Verfahren verwandtes Niedertemperatur-Verfahren zu haben, mit dem bei einfacher Chargierung allseitig gute Beschichtungen hergestellt werden können. Das in diesem Beitrag zu besprechende Plasma-CVD-Verfahren arbeitet in einem Druckbereich, in dem die Substrate noch nach den Gesetzen der

Strömungsmechanik von den Prozeßgasen umspült werden und somit eine allseitige Beschichtung gewährleistet ist.

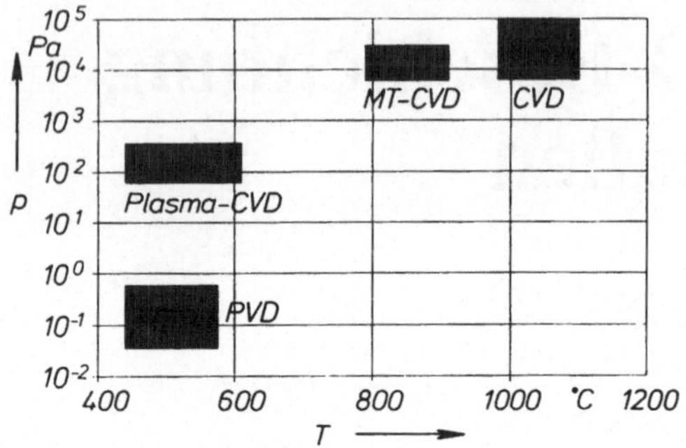

Bild 1: Temperatur-Druck-Bereiche von Verfahren zur Hartstoffbeschichtung von Hartmetallen

2 Das Plasma-CVD-Verfahren

Beim plasmagestützten CVD-Verfahren wird dem Reaktionsgas in einer Niederdruckglimmentladung ein Nichtgleichgewichtsplasma überlagert, in dem die Elektronentemperatur wesentlich höher als die Temperatur der Ionen und Neutralteilchen ist. In einem solchen nichtisothermen Plasma sind die Temperatur des Neutralgases und seine Anregung zwei relativ unabhängig variierbare Parameter, so daß die innere Energie viel höher ist als die des Gases im thermodynamischen Gleichgewicht bei gleicher Temperatur. Dadurch werden chemische Reaktionen möglich, die im thermodynamischen Gleichgewicht sonst nur bei wesentlich höheren Temperaturen ablaufen können. Dieses Verfahren findet in der Mikroelektronik (bei der Beschichtung von planaren Substraten (Mikrochips)) breite Anwendung [3].

Zur Anregung des Plasmas werden Hochfrequenzquellen benutzt. Zur Beschichtung von Wendeschneidplatten und Werkzeugen ist dieses Verfahren nicht anwendbar, weil das HF-Feld durch die metallischen Substrate teilweise abgeschirmt wird. Ein anderer denkbarer Weg ist die Erzeugung einer Glimmentladung durch eine Gleichspannung. Hierbei ändert sich jedoch die Stromdichte in Abhängigkeit von der Spannung und dem Druck nach einer eindeutigen Kennlinie. Die Plasmaparameter können daher nicht unabhängig vom Druck und der Temperatur eingestellt werden. Außerdem besteht bei stromstarken Glimmentladungen eine große Neigung zum Umschlag in eine Bogenentladung, die die Substrate zerstören würde.

240

Aus diesen Gründen wurde ein Verfahren ausgearbeitet, welches mit einer
gepulsten, stromstarken Glimmentladung arbeitet [4, 5]. Diese Art des Plas-
maerzeugung hat sich bereits beim Glimmnitrieren von Nitrierstählen bewährt [6]. Durch die gepulste Gasentladung wird eine weitgehende Entkopp-
lung von Plasmaparametern und Substrattemperatur ermöglicht und zugleich ein stabiles Betriebsverhalten erreicht. Die Bildung von Hohlkatho-
deneffekten wird dabei weitgehend unterdrückt.

Das Verfahren arbeitet in dem Druckbereich von 50 bis 500 Pa und bei
Temperaturen von 400 bis 600 °C. Das Prinzip des Verfahrens ist in Bild 2
dargestellt. In einem Vakuumgefäß wird ein dicht chargierter Baum mit
Wendeschneidplatten isoliert aufgebaut und als Kathode geschaltet. Ein Ge-
nerator erzeugt stromstarke Gleichspannungsimpulse, deren Puls/Pause-Ver-
hältnis durch einen mikroprozessorgesteuerten, schnellen Regelkreis geändert werden kann. Die Temperatur ist dabei die Steuergröße. Der Mikropro-
zessor übernimmt auch die Aufgaben der Druckkontrolle, der Dosierung der
verschiedenen Prozeßgase sowie des gesamten Prozeßablaufes. Die zu beschichtenden Wendeschneidplatten können genauso dicht wie beim Hochtemperatur-CVD chargiert werden, so daß bei vergleichbaren Anlagegrößen
auch eine vergleichbare Produktivität gegeben ist. Bild 3 zeigt Wendeschneidplatten während des Beschichtungsprozesses mit gezündetem Plasma.

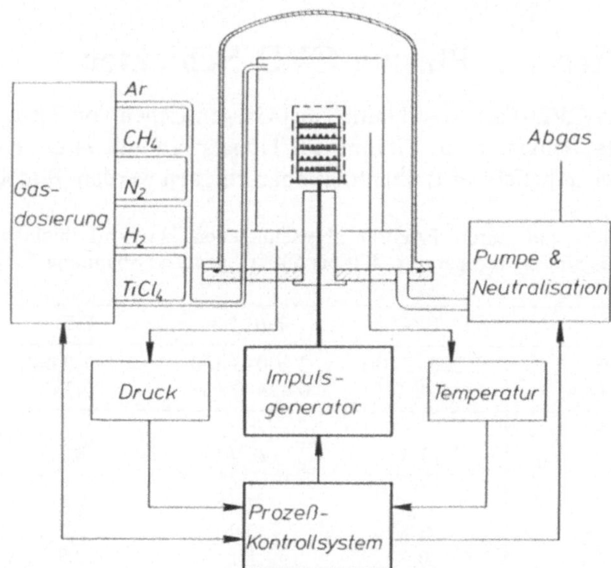

Bild 2: Anlage zur Plasma-CVD-Beschichtung

Bild 3: Wendeschneidplatten in einer kontrollierten Gasentladung zur Plasma-CVD-
Beschichtung

3 Eigenschaften von Plasma-CVD-Schichten

Mit dem Pulsplasma-CVD-Verfahren können aus Gasgemischen von $TiCl_4$, H_2, N_2 und/oder CH_4 Schichten aus Titannitrid, Titancarbid und Titancarbonitrid einzeln oder in beliebiger Reihenfolge abgeschieden werden. Bild 4

Tabelle 1: Eigenschaften von durch PACVD abgeschiedenen Hartstoffschichten. Druck: 1 bis 3mbar, Temperatur: 400 bis 600 °C, gepulste Spannung

	TiN	Ti(C,N)	TiC
Härte HV0,05	2 000–2 400	2 200–3 400	3 000–3 400
Gitterkonstante (nm)	0,424	0,424–0,433	0,433
typ. Analyse (%)			
Ti	77,5	78,4	78,1
N	19,9	11,2	–
C	–	8,4	18,9
O	0,2	0,9	1,2
Cl	0,6	1,1	0,8
kritische Last (N)	70–100	70–100	60–70

zeigt als Beispiel eine Mehrlagenbeschichtung mit der Schichtfolge TiN:-Ti(C,N):Ti(C,N):TiN auf einem Hartmetallsubstrat. Titancarbonitrid kann wie beim Hochtemperatur-CVD in jedem beliebigen Mischungsverhältnis C/N abgeschieden werden. Die typischen Eigenschaften und Zusammensetzungen von Plasma-CVD-Schichten sind in Tabelle 1 aufgeführt.

Die gefundenen Schichthärten erreichen bzw. überschreiten die von Hochtemperatur-CVD-Schichten bekannten Werte [5].

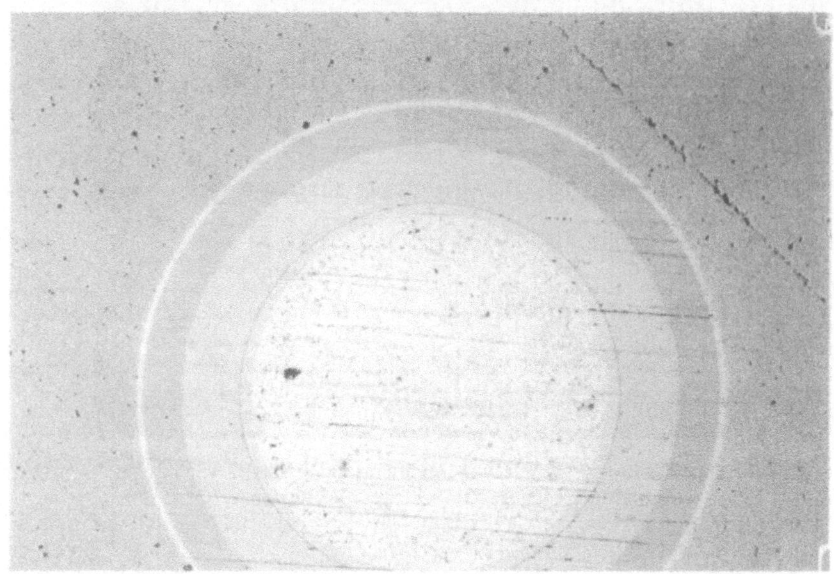

Bild 4: Durch Plasma-CVD hergestellte Mehrlagenbeschichtung mit der Schichtfolge TiN-Ti(C,N)$_I$-Ti(C,N)$_{II}$-TiN. Die Carbonitridschichten I und II unterscheiden sich durch das Kohlenstoff/Stickstoff-Verhältnis

Die Schichten enthalten neben Titan, Stickstoff bzw. Kohlenstoff und Sauerstoff auch etwas Chlor. In Bild 5 ist das mit einem Rasterelektronenmikroskop aufgenommene Gefüge einer durch Plasma-CVD abgeschiedenen Schicht gezeigt.

Die Plasma-CVD-Schicht hat ein dichtes, kolumnares Gefüge, welches dem einer PVD-Schicht ähnelt. Die gleichmäßige Oberflächenbeschaffenheit der Plasma-CVD-Schicht ermöglicht die Beschichtung von Umformwerkzeugen, ohne daß eine polierende Nachbearbeitung erforderlich wird. Bei geeigneter Vorbehandlung der Substrate haben die Schichten gute Haftfestigkeiten (kri-

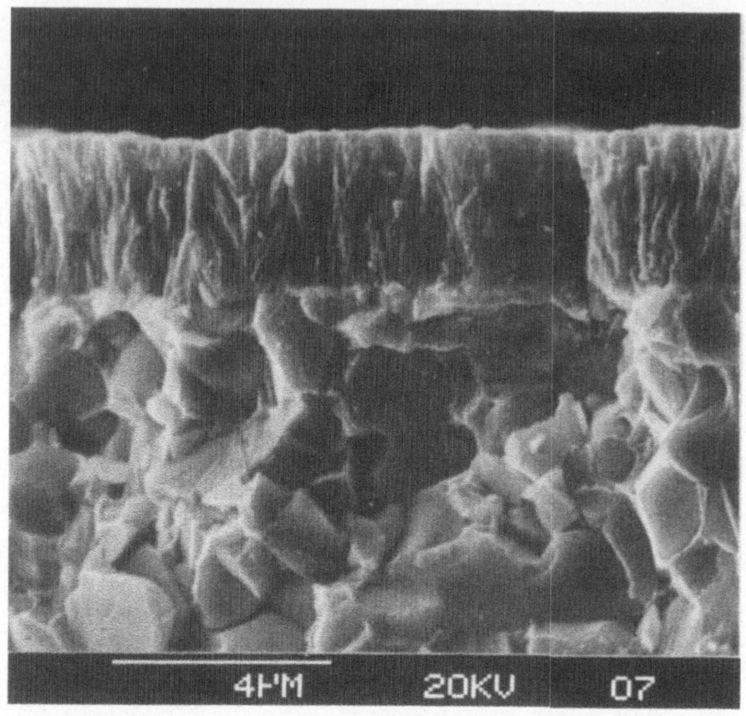

Bild 5: Bruchgefüge der Plasma-CVD-Beschichtung WIDAPLAS TPC25 – WIDA-
PLAS ist ein eingetragenes Warenzeichen der Krupp WIDIA GmbH

tische Lasten im Scratch Test), die das normale Niveau von CVD-Schichten
erreichen.

PVD-Schichten weisen hohe Druckeigenspannungen auf, während CVD-
Schichten geringe Zug- oder Druckspannungen haben [7, 8]. Erste Untersuchungen an Plasma-CVD-Schichten deuten auf mittlere Druckeigenspannungen hin [5]. Durch CVD-Beschichtungen bei hohen Temperaturen (1 000 °C)
wird die Biegefestigkeit von Hartmetallen um 10 bis 40 % – je nach Schichtdicke und Probenquerschnitt – vermindert [9]. Bei PVD-beschichteten
wurde teils kein Abfall der Biegefestigkeit [10, 11], zum anderen nur eine
relativ mäßige Verminderung der Biegefestigkeit beobachtet [12].

Bild 6 zeigt das Ergebnis einer eigenen Untersuchung [5]. Die durch Plasma-
CVD und PVD beschichteten Proben weisen – verglichen mit den unbeschichteten Proben – nur geringfügig niedrigere Festigkeiten auf. Dagegen

244

zeigen die CVD-beschichteten Proben erheblich niedrigere Festigkeitswerte. Hier erweist sich der Vorteil der niedrigen Beschichtungstemperatur auf das Zähigkeitsverhalten von beschichteten Hartmetallkörpern.

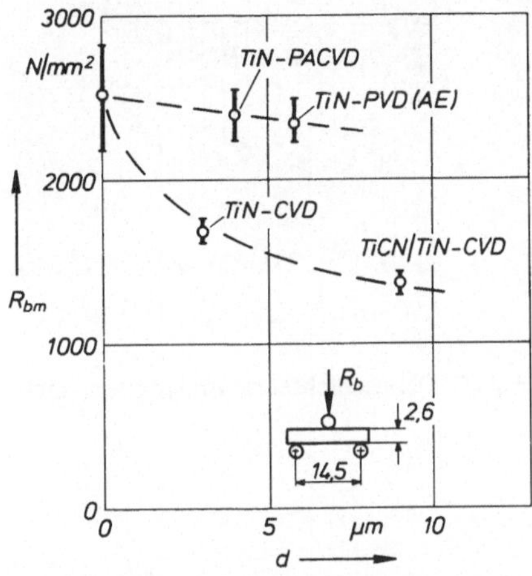

Bild 6: Biegebruchfestigkeiten R_{bm} von durch CVD, PVD und Plasma-CVD beschichtetem Hartmetall in Abhängigkeit von der Schichtdicke d

4 Anwendungen

Die durch die Plasma-CVD-Beschichtung nur geringfügig verminderte Zähigkeit wirkt sich insbesondere beim Fräsen günstig auf die Standzeit aus. Bild 7 zeigt die Schneidecken von Fräsplatten SPKN1203EDR, mit denen Blöcke aus dem Vergütungsstahl 42CrMo4V (1 000 N/mm²) gefräst wurden, nach dem Einsatz. Die durch CVD mit TiC:Ti(C,N):TiN-beschichtete Platte weist nach einem Fräsweg von 1 200 mm Ausbrüche an der Hauptschneide auf, während die durch Plasma-CVD mit 3 µm TiN beschichtete Platte nach dem doppelten Fräsweg noch schneidfähig ist.

In einem anderen Versuch wurden durch Plasma-CVD mit TiN bzw. TiN:-Ti(C,N):TiN und durch PVD mit TiN beschichtete Fräsplatten getestet. Das Prinzip und das Ergebnis des Versuches ist in Bild 8 dargestellt. Beim Fräsen des Stahles C45 zeigt hier die härtere Mehrlagenbeschichtung insgesamt die besten Ergebnisse.

Plasma-CVD-Beschichtungen weisen auch beim Fräsen von hochlegierten, austenitischen Stählen Vorteile auf, wie das in Bild 9 dargestellte Ergebnis eines weiteren Fräsversuches zeigt.

245

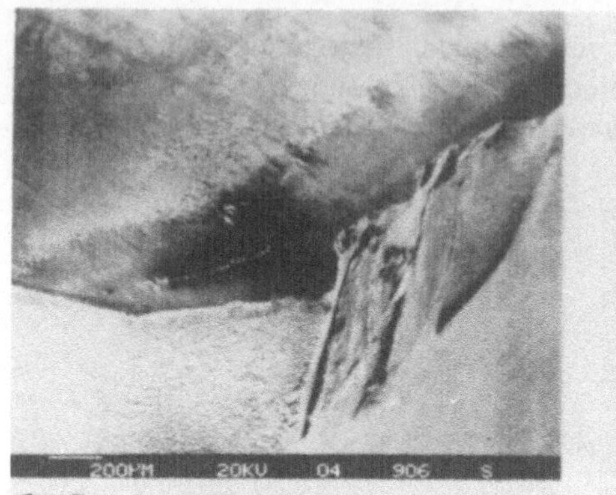

Bild 7: Schneidecken von CVD- und Plasma-CVD beschichteten Fräsplatten nach dem Einsatz, L = Fräsweg

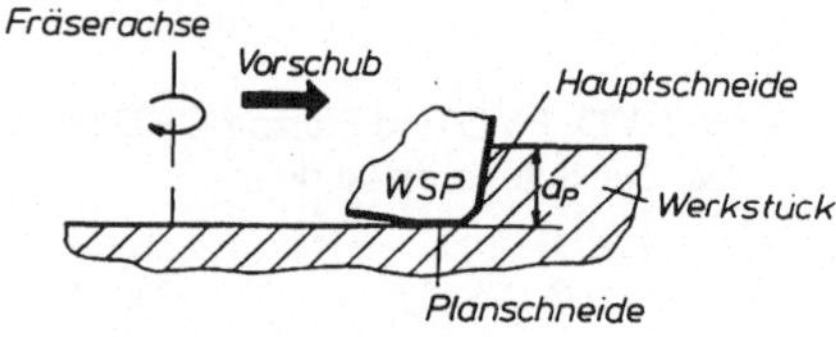

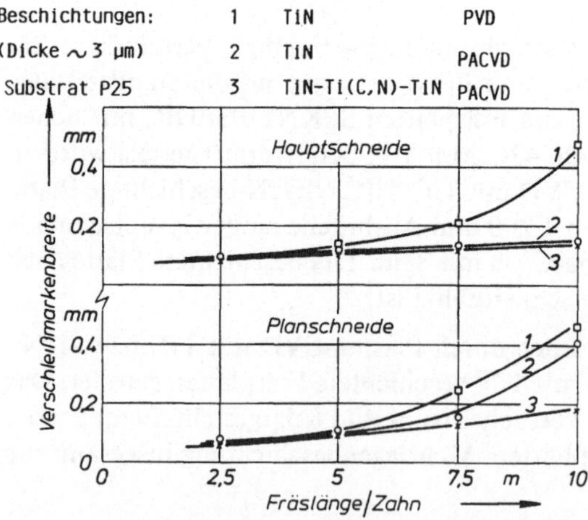

Bild 8: Prinzip und Ergebnisse eines Frästestes mit PVD- und Plasma-CVD-beschichteten Platten SEKN1203AFTN. Werkstückstoff Stahl C45, Schnittgeschwindigkeit 200 m/min, Schnittiefe 5 mm, Vorschub/Zahn 0,1 mm

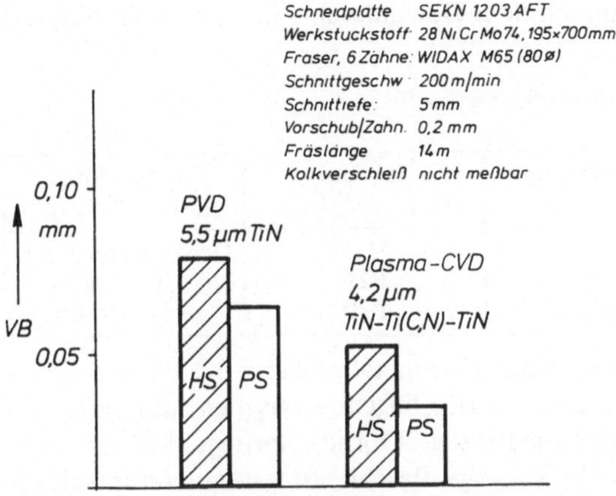

Bild 9: Fräsen von 28NiCrMo74 mit PVD- und Plasma-CVD-beschichteten Wendeschneidplatten

Ein weiteres Anwendungsbeispiel aus der Praxis ist in Bild 10 dargestellt. Bei diesen und noch weiteren Versuchen konnte festgestellt werden, daß die von PVD-Beschichtungen bekannten Standleistungen durch plasmaaktivierte CVD-Beschichtungen ebenfalls erreicht und z. T. übertroffen werden.

In der Zerspanungstechnik zeichnen sich gegenwärtig drei Anwendungsbereiche ab, in denen der Einsatz von Plasma-CVD beschichteten Schneidstoffen

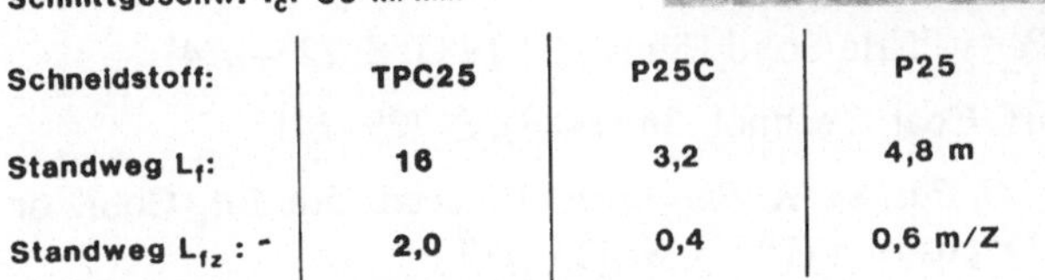

	TPC25	P25C	P25
Werkstückstoff:	60WCrV7, 220 HB		
Fräser:	M95, 160×6 mm		
Arbeitseingriff a_e:	42 mm		
Vorschub f_z:	0,08 mm/Z		
Schnittgeschw. v_c:	80 m/min		
Schneidstoff:	TPC25	P25C	P25
Standweg L_f:	16	3,2	4,8 m
Standweg L_{fz}:	2,0	0,4	0,6 m/Z

Bild 10: Anwendungsbeispiel: Standweggewinn beim Scheibenfräsen durch die Plasma-CVD-Beschichtung TPC25

besonders vorteilhaft ist, nämlich dem Gewindeschneiden, dem Fräsen und dem Stechdrehen (Tabelle 2).

Tabelle 2: Plasma-CVD-beschichtete Schneidstoffe

Schneidstoff WIDADUR	Beschichtung	Substrat	Anwendung
TPC15	TiN	M15	Gewindeschneiden
TPC25	TiN	P25	Fräsen
TPC35	TiN	P30	Stechdrehen

Auch bei Konstruktionsbauteilen aus Hartmetallen kann die Plasma-CVD-Beschichtung angewendet werden. Hierfür liegen inzwischen zahlreiche Anwendungsbeispiele wie Tiefziehmatrizen, Dorne, Spritzgußformen oder Schneidmesser vor. Durch die niedrige Beschichtungstemperatur solcher Teile besteht praktisch keine Verzugsgefahr. Somit eröffnet das Plasma-CVD-Verfahren auch auf diesem Gebiete neue Anwendungen.

Literatur

[1] *M. Bonetti-Lang, R. Bonetti, H. E. Hintermann:* Proceed. 8th Int. Conf. on Chemical Vapor Deposition, Paris-Gouvieux (1981), S. 606–616

[2] *R. F. Bunshah,* ed.: Deposition Technologies of Films and Coatings (1982), Park Ridge, New Jersey, USA

[3] *R. Tabersky, H. van den Berg, U. König:* Statusseminar Dünnschichttechnologien, Köln 1988, S. 25.1–25.10, VDI-Verlag, Düsseldorf

[4] *U. König, H. van den Berg, V. Sottke:* Proceed. 12th Int. Plansee Seminar 1980, S. 13–25

[5] *R. Grün, H. J. Günther:* Fachber. Hüttenpraxis Metallweiterverarbeitung 25 (1987), S. 790–795

[6] *L. Chollet, A. J. Perry:* Thin Solid Films 123/1985, S. 223–234

[7] *Hirsch, Mayr:* Surf. Coat. Technol. 36 (1988), S. 729–741

[8] *S. Schintlmeister, O. Pacher, K. Pfaffinger:* Proceed. 5th Int. Conf. on Chemical Vapor Deposition (1975), S. 523–539

[9] *K. Kamachi, T. Ito, T. Yamamoto:* Surfacing Journal International 1 (1986), S. 82–86

[10] *T. Tsukamoto, K. Sasaki, K. Shibuki, H. Momma, S. Takatsu:* Conf. Advances in Hard Metal Production, Luzern (1983), S. 21/1–24

[11] *H. Suzuki, K. Hayashi, H. Matsubara:* Transact. Japan, Inst. of Metals 25 (1984), S. 885–890

Neue Schichtsysteme mit dem Arc-PVD-Verfahren

E. Ertürk, H.-J. Heuvel

Zusammenfassung

Ionenplattierte TiN-Schichten haben sich als verschleißresistente Schichten bestens bewährt. Für spezielle Anwendungsfälle bieten jedoch einige andere Schichten gegenüber TiN Vorteile. Zum Beispiel wurden CrN-, Ti(C,N)- und (Ti,Al)N-Arc-Schichten abgeschieden, deren charakteristische Eigenschaften aufgeführt werden. Dabei wird die Überlegenheit von Ti(C,N)- und (Ti,Al)N-beschichteten Werkzeugen im Zerspantest über solche mit einer TiN-Schicht deutlich. Weiterhin werden die Charakteristika neuer PVD-Arc-Schichten des Systems Ti-Zr-N und Kohlenstoffschichten vorgestellt.

1 Einleitung

Ionenplattierte TiN-Schichten haben sich im Verlauf der vergangenen 10 Jahre als Verschleißschutzschichten, insbesondere für Werkzeuge, bestens bewährt und werden heute weltweit mit Erfolg eingesetzt [1]. Es gibt jedoch auch Anwendungsfälle, bei denen andere Schichten vielversprechender sind. Die Arc-Technik bietet eine Vielzahl von Möglichkeiten, PVD-Schichten abzuscheiden. Dabei steht neben den herkömmlichen Arc-Verfahren mit ungesteuertem Lichtbogen eine weitere Variante mit gesteuertem Bogen zur Verfügung, deren Wirkungsweise und Vorteile in [2, 3] beschrieben sind.

In Tabelle 1 sind die Schichtsysteme aufgeführt, die mit der Arc-Technik herstellbar sind und die zum großen Teil bereits erfolgreich abgeschieden wurden. Diese reichen von Schichten des Typs reiner Metalle, wie z. B. Titan als Vertreter der mittelschmelzenden oder Wolfram als Vertreter der hochschmelzenden Werkstoffe, bis zu gradierten und Mehrlagen-Schichten mit mehreren metallischen oder metalloiden Komponenten. Als Sonderschicht sind z. B. reine Kohlenstoffschichten in der Entwicklung.

Tabelle 1: Übersicht über mögliche Arc-PVD-Schichten

Schichten vom Typ		Beispiel	Status
M		Ti, W	●
$M_1\ M_2 \ldots M_n$		MeCrAlY	●
$M_1\ G_1$		TiN, CrN	●
$M_1\ G_1 \ldots G_n$		Ti (C,N)	●
$M_1 \ldots M_n\ G_1$		(Ti, Al) N (Ti, Zr) N	●
Mehrlagen-Schichten	mit mehreren Kathoden unterschiedlicher Zusammensetzung	TiN + (Ti,Zr)N + ZrN	(●*)
	mit segmentierten Kathoden		(●*)
Gradierte Schichten		$Ti_xAl_yN_z$ x = f(s) y = f(s) z = f(s)	(●*)
Sonderschichten		C-Schichten (**)	●
		Ti-B-N	●

● erfolgreich abgeschieden
() Schicht in der Entwicklung
(*) Steered Arc
(**) mit HF-Bias

2 Experimentelles

Die untersuchten Arc-Schichten wurden mit Interatom-PVD-Arc-Anlagen mit ungesteuertem Lichtbogen (Random Arc-Technik) und gesteuertem Lichtbogen (Steered Arc-Technik) hergestellt. Zur Charakterisierung der Schichten wurden die nachfolgend beschriebenen Untersuchungen an beschichteten Proben oder Werkzeugen durchgeführt:

– Die Schichtdickenmessung erfolgte mit einem Sloan-Dektak 3030 Oberflächenmeßgerät an einer Stufe von der unbeschichteten zur beschichteten Oberfläche sowie nach der Röntgenfluoreszenzmethode.

– Die Messung der Oberflächenrauheit erfolgte nach dem Tastschnittverfahren. Es wurden die gemittelte Rauhtiefe R_z und der Mittelrauhwert R_a entsprechend DIN 4768 bestimmt.

- Zur Bestimmung der kritischen Last der erzeugten Schichten wurde ein automatischer Scratch-Tester der Fa. CSEM verwendet.

- Die Bestimmung der Härte erfolgt nach Knoop mit einer Prüfkraft von 50 p.

- Der Reibkoeffizient von beschichteten Scheiben wurde im Kugel/ Scheibeversuch mit einer Normalkraft von 4,9 N und einer Geschwindigkeit von 0,1 m/s nach einem Reibweg von 500 m ermittelt.

- Versuche zur Korrosionsresistenz von beschichteten Stahlproben wurden im Salzsprühtest nach DIN 50021 durchgeführt.

- Das Oxidationsverhalten von beschichteten Proben an Luft wurde durch Differential-Thermo-Analyse (DTA) bei Temperaturen zwischen 400 und 750 °C untersucht.

- Die Qualität von Arc-Schichten wurde durch Vergleich des Zerspanverhaltens von unbeschichteten und beschichteten Werkzeugen getestet.

3 Ergebnisse

Nachfolgend werden unsere Erfahrungen zu den Eigenschaften neuer Schichten beschrieben, insbesondere der CrN- und TiAlN-Schichten. Desweiteren werden erste Ergebnisse zum Verhalten neuer Arc-Schichten des Typs (Ti,Zr)N, Ti(C,N) und reiner Kohlenstoffschichten vorgestellt.

3.1 CrN-Schichten

CrN-Schichten wurden auf Substraten des Schnellarbeitsstahls W.-Nr. 1.3207 und Wendeschneidplatten des Hartmetalls P25 abgeschieden.

Die Abscheideraten des grau-metallischen CrN sind im Vergleich zu TiN um den Faktor 2 höher sowohl bei Verwendung der Random Arc-Technik als auch bei der Steered Arc-Technik.

Eine Besonderheit bei den CrN-Schichten besteht darin, um eine Größenordnung höhere Schichtdicken bis zu 50 µm relativ problemlos abscheiden zu können. Trotz der höheren Schichtdicken weisen die CrN-Schichten noch eine relativ gute Oberflächenbeschaffenheit auf. Bild 1 ist zu entnehmen, daß bei gleicher Schichtdicke CrN-Schichten eine niedrigere Oberflächenrauheit aufweisen als TiN-Schichten. Das Diagramm macht ferner die Vorteile der

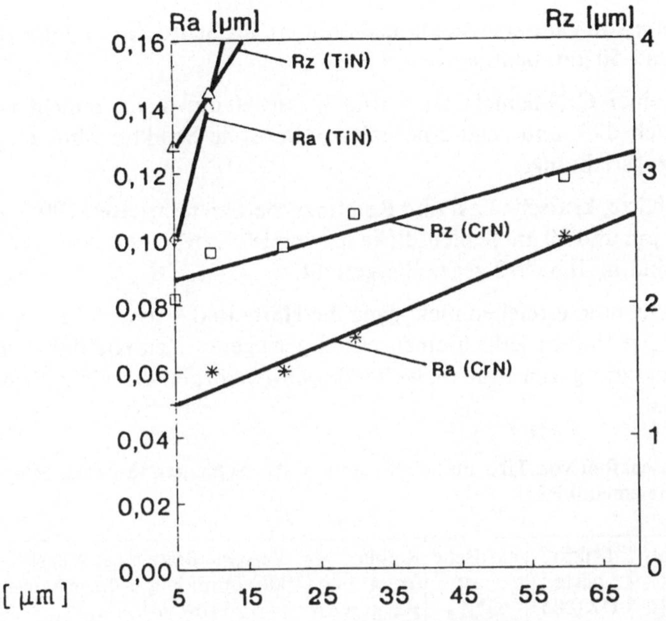

Bild 1: Einfluß der Schichtdicke auf die Oberflächenrauhheit (Random Arc-Schichten)

Bild 2: Struktur einer 30 µm dicken CrN-Schicht auf Hartmetall (Random Arc-Beschichtung bei −100 V Bias)

Oberflächengüte von CrN-Schichten, insbesondere für Schichten im Bereich zwischen 10 und 50 µm, deutlich.

Die Struktur einer CrN-Schicht zeigt Bild 2. Die 30 µm dicke Schicht ist außergewöhnlich dick und zeigt eine nahezu amorphe Struktur ohne eine sichtbare Vorzugsrichtung.

Knoop-Mikrohärte, kritische Last und Reibungskoeffizienten gegen 100 Cr6 für CrN von 4 µm und 20 µm Schichtdicke im Vergleich zu einer 4 µm dicken TiN-Schicht sind in Tabelle 2 gegenübergestellt.

Chromnitridschichten erreichen nicht ganz die Härte und kritische Last von TiN-Schichten, sie haben jedoch einen etwas geringeren Reibkoeffizienten bei Raumtemperatur gegen 100Cr6, wobei der Gegenkörperverschleiß ebenfalls geringer ist.

Tabelle 2: Eigenschaften von TiN- und CrN-Random Arc-Schichten (Substrat-Material Hartmetall P25)

Schicht	Schicht-dicke [µm]	Mikro-härte HK0.05	Kritische Last [N]	Reibkoef-fizient bei RT gegen 100Cr6	Verschleißrate einer Kugel (100Cr6) im Kugel-/Scheibetest $[10^{-14}m^2/mN]$
TiN	4	3 300	75 ± 3	0,65	3,6
CrN	4	2 600	50 ± 5	0,57	2,0
CrN	20	2 900	50 ± 2	0,57	–

Eine andere technisch wichtige Eigenschaft von Hartstoffschichten ist deren Zähigkeitsverhalten. Zur Untersuchung der Zähigkeit von CrN-Schichten wurde mit einem Vickers-Diamant nach Palmquist gearbeitet. Bei einer Belastung mit 50 kp platzt die TiN-Schicht großflächig ab, während die CrN-Schichten auch bei mehrfacher Schichtdicke keine Abplatzungen zeigen. Es treten lediglich von den Ecken des Eindrucks ausgehende feine Risse auf. Dieses im Vergleich zu TiN bessere Zähigkeitsverhalten von CrN-Schichten deutet auf einen günstigeren Spannungszustand in der Schicht hin. Dadurch erweist sich die Abscheidung dieser für ionenplattierte Hartstoffschichten außergewöhnlich dicken CrN-Schichten als relativ unproblematisch. Die dicken CrN-Arc-Schichten können daher große Belastungen aufnehmen und technisch eingesetzt werden.

In Verbindung mit den möglichen hohen Schichtdicken verbessern CrN-Schichten auch die Korrosionsbeständigkeit beschichteter Substrate. Nach 8 Tagen im Salzsprühnebeltest nach Din 50021 zeigt eine mit einer 20 µm dicken CrN-Schicht versehene Stahlprobe einen deutlich geringeren Korrosionsangriff gegenüber einer dünneren TiN-Schicht. Ein absoluter Korrosionsschutz ist auch mit einer dicken CrN-Schicht nicht zu erreichen. In vielen Anwendungsfällen kann jedoch die erreichte Korrosionsresistenz ausreichend sein.

Schließlich ist der höhere Oxidationswiderstand der CrN-Schichten von technischem Interesse. Bild 3 zeigt die Gewichtszunahme von TiN- und CrN-Schichten an Luft bei Temperaturen zwischen 400 und 700 °C. Aus dem Diagramm wird die Überlegenheit von CrN über TiN bezüglich der Oxidationsresistenz bei höheren Temperaturen deutlich.

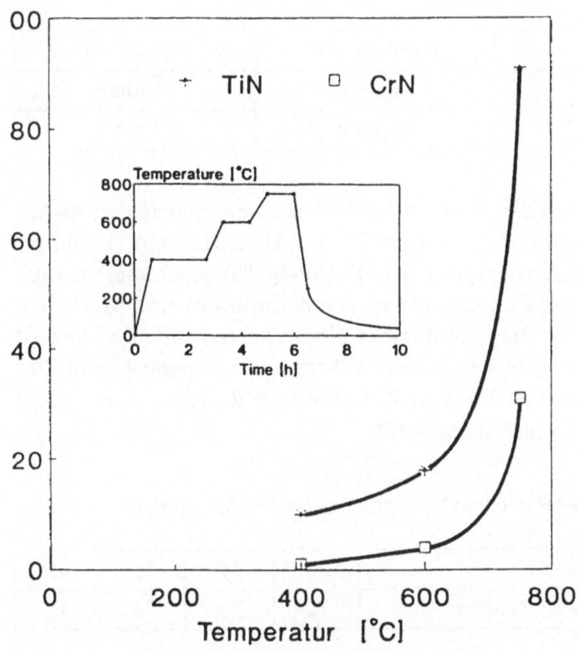

Bild 3: Oxidationsverhalten von TiN- und CrN-Random Arc-Schichten an Luft (Substratmaterial: Edelstahl, Schichtdicke: 5 μm)

3.2 (Ti,Al)N-Schichten

Viele Eigenschaften von (Ti,Al)N-Schichten werden entscheidend durch den Al-Gehalt der Hartstoffschicht bestimmt.

Insbesondere die Abscheiderate, Oberflächenbeschaffenheit, kritische Last,

Härte und Schneidverhalten (Ti,Al)N-beschichteter Substrate oder Werkzeuge werden durch den Gehalt an Aluminium deutlich beeinflußt [4].

Im Vergleich zum TiN nehmen die Abscheideraten bei (Ti,Al)N-Schichten mit zunehmendem Anteil an Aluminium zu (Tabelle 3). Steered Arc-Schichten sind bei gleichem Verdampferstrom hinsichtlich der Abscheideraten Random Arc-Schichten unterlegen. Bei Benutzung eines höheren Verdampferstroms läßt sich die Abscheiderate des Steered Arc-Prozesses jedoch auf das Niveau des Random-Arc-Prozesses anheben [2].

Tabelle 3: Abscheideraten mit einer Kathode (Abstand Kathode-Substrat: 150 mm, $PN_2 = 5 \cdot 10^{-3}$ mbar, Verdampferstrom: 80 A, Bias-Spannung: –100 V)

	Random Arc	Steered Arc
TiN	13 μm/h	5 μm/h
$Ti_{0,88}Al_{0,12}N$	40 μm/h	13 μm/h

Bei der Arc-Technik weisen die (Ti,Al)N-Schichten einen niedrigeren Al-Anteil aus als im Kathodenmaterial, aus dem Ti und Al gemeinsam verdampft werden. Der höhere Ionisierungsgrad von Ti (50–90 %) gegenüber Al (50–60 %) sowie das bevorzugte Zurücksputtern von Aluminium sind Mechanismen, die mit zunehmender Biasspannung zu einem ansteigenden Al-Verlust bzw. einer Ti-Anreicherung in der Schicht führen. Aus Tabelle 4 wird dies deutlich, dort sind die Al-Gehalte von Kathode und Random Arc-Schicht (Bias-Spannung: –100 V) gegenübergestellt.

Tabelle 4: Al-Gehalte von Kathode und Schicht (Bias-Spannung: –100 V)

Al-Gehalt der Kathode [at–%]	25	35	50	65
Al-Gehalt der Schicht [at–%] Random-Arc	12	26	34	45

Rauheitswerte von (Ti,Al)N-Schichten mit unterschiedlichem Al-Gehalt und gleicher Schichtdicke, die nach der Random Arc- und Steered Arc-Technik hergestellt wurden, sind Tabelle 5 zu entnehmen. Mit zunehmendem Al-Gehalt in der Schicht ist eine zunehmende Oberflächenrauheit festzustellen. Dies ist bedingt durch einen erhöhten Dropletausstoß im Falle der Erzeugung von Schichten mit größeren Anteilen an Metallen mit tiefem Schmelzpunkt wie z. B. Aluminium. Durch Verwendung der Steered Arc-Technik wird die Dropletbildung deutlich reduziert, und die Oberflächen der Schichten werden glatter.

Tabelle 5: Einfluß des Al-Gehaltes auf die Oberflächenrauheit R_z von (Ti, Al)N-Schichten
(Schichtdicke: 4–4,5 µm, Bias-Spannung: –100 V)

Al-Gehalt in der Schicht [at–%]	Gemittelte Rauhtiefe R_z [µm]	
	Random-Arc	Steered-Arc
0	3,2	2,4
12	4,3	3,8
34	4,9	–

(Ti,Al)N-Schichten erreichen Härten, die geringfügig über denen der TiN-Schichten liegen. Für Random Arc- und Steered Arc-Schichten liegen die Mikrohärtewerte nach Knoop (HK 0,05) für $Ti_{0,88}Al_{0,12}N$ zwischen 3100 und 3400.

Im Kugel/Scheibe-Versuch mit einer unbeschichteten Kugel des Werkstoffs 100 CR 6 und einer nach dem Random Arc-Verfahren mit $Ti_{0,88}Al_{0,12}N$-beschichteten Scheibe des Werkstoff W.-Nr. 1.3207 wurde ein Reibkoeffizient von 0,68 ermittelt, während für TiN bei gleicher Anordnung ein Wert von 0,65 gemessen wurde.

Letztlich müssen sich (Ti,Al)N-Schichten im Zerspanungstest bewähren. Dazu wurden Wendeschneidplatten, Bohrer und Fräser mit (Ti,Al)N be-

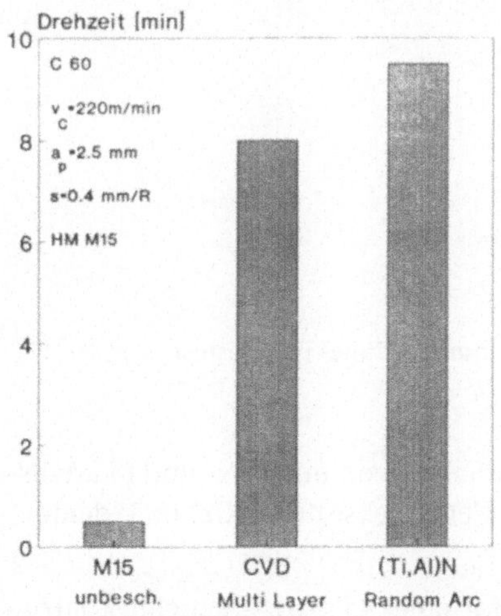

Bild 4: Lebensdauer von Wendeschneidplatten im Drehversuch [5]

schichtet und im Dreh-, Bohr- und Fräsversuch hinsichtlich der erreichbaren Zerspanleistung getestet.

In Bild 4 sind die Ergebnisse eines Drehversuchs mit Wendeschneidplatten aus Hartmetall dargestellt. Die Arc-(Ti,Al)N-Schicht wurde, ausgehend von einer Kathode der Zusammensetzung Ti/Al = 75/25 at-%, in einer Random Arc-Anlage vom Typ PVD 20 an der RWTH Aachen hergestellt [5]. Der Vergleich der Standzeiten bis kurz vor den Schneidenbruch zeigt, daß die (Ti,Al)N-Arc-Schicht einer modernen CVD-Mehrlagenschicht überlegen ist.

Auch beim Fräsen des Werkstoffs 42 CrMo 4 mit Schaftfräsern ($\varnothing$ 10 mm) zeichnet sich eine deutliche Überlegenheit der mit (Ti,Al)N-beschichteten Werkzeuge im Vergleich zu TiN ab. Während TiN-beschichtete Fräser gegenüber unbeschichteten Fräsern um den Faktor 3 höhere Standzeiten erreichen, wird bei gleichen Zerspanbedingungen mit einer (Ti,Al)N-Schicht nochmals ein zweifach höherer Zerspanweg erreicht (Bild 5).

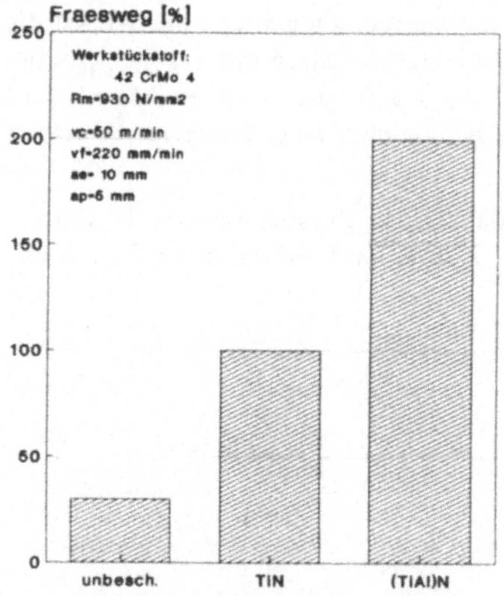

Bild 5: Standzeiten von Schaftfräsern ($\varnothing$ 10 mm, 3 Zähne) im Frästest

Schließlich wird in Bild 6 das Schneidverhalten von mit TiN- und (Ti,Al)N-beschichteten Bohrern ($\varnothing$ 8 mm) im Werkstückstoff 42 CrMo 4 demonstriert.

Das Verschleißverhalten von Bohrern mit einer (Ti,Al)N-Schicht, kontrolliert am Freiflächenverschleiß der Bohrer, ist gegenüber TiN-beschichteten

258

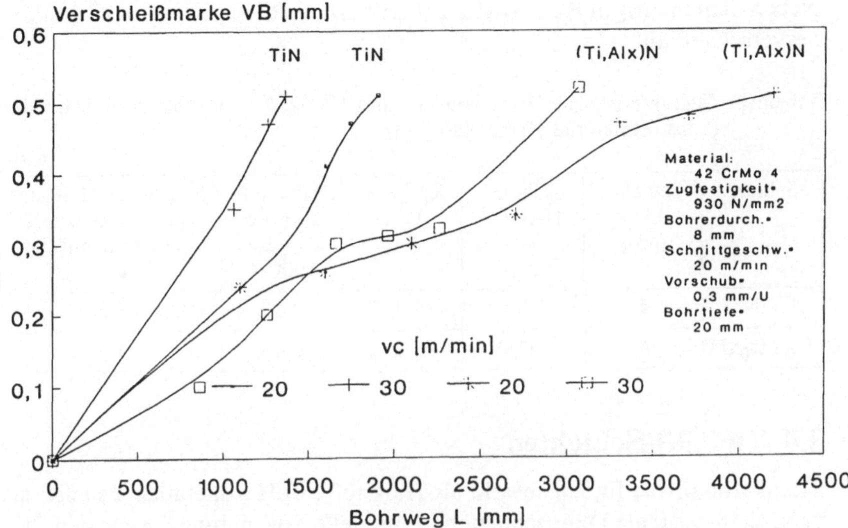

Bild 6: Verschleißverhalten von Bohrern (Ø 8 mm) im Bohrversuch

Bohrern deutlich verbessert. Für zwei Schnittgeschwindigkeiten 20 und 30 m/min ergeben sich Standzeitgewinne von (Ti,Al)N-beschichteten Bohrern, die um den Faktor 3 über dem der TiN-beschichteten Werkzeuge liegen.

3.3 (Ti,Zr)N-Schichten

Für die Arc-Technik bieten (Ti,Zr)N-Schichten Vorteile, da dieses Nitridsystem im Vergleich zu (Ti,Al)N weniger zur Dropletbildung neigt und somit glattere Schichten liefert.

(Ti,Zr)N-Schichten stehen für die Arc-Technik am Beginn einer Entwicklung. Die ersten (Ti,Zr)N-Schichten wurden durch Verdampfen einer Ti-Zr-Legierung mit je 50 at-% Ti und Zr erzeugt. Die Analyse der Schichtzusammensetzung ergab einen annähernd stöchiometrisches Nitrid mit gleichen Anteilen an Ti und Zr.

Die bei uns bisher erarbeiteten charakteristischen Daten für $Ti_{0.5}Zr_{0.5}N$ sind in Tabelle 6 denen einer Standard-TiN-Random Arc-Schicht gegenübergestellt. Die Knoop-Mikrohärte liegt in der gleichen Größenordnung wie die des TiN, die kritische Last jedoch ist niedriger. Das Reibverhalten gegenüber einer Kugel aus 100 Cr6 ist deutlich besser.

Neben dem niedrigen Reibkoeffizient tritt ein deutlich geringerer Gegenkörperverschleiß auf.

Tabelle 6: Charakteristische Daten von TiN und Ti0.5Zr0.5N Random-Arc-Schichten (Substratmaterial Hartmetall P25)

Schicht	Schicht-dicke [μm]	Härte HK0.05	Kritische Last [N]	Reibkoeffizient bei RT gegen 100Cr6	Kugelverschleiß im Kugel/Scheibetest $[10^{-14}m^3/mN]$
TiN	4	3 300	75 ± 3	0,65	3,6
$Ti_{0.5}Zr_{0.5}N$	4	3 000	45 ± 5	0,47	1,4

3.4 Ti(C,N)-Schichten

Titankarbonitride finden sowohl als Hartstoffe in Hartmetallen als auch als verschleißresistente Dünnschichten industrielle Anwendung. Durch den Einbau von Kohlenstoffatomen anstelle von Stickstoffatomen in das Titannitridgitter wird ein beträchtlicher Härteanstieg erreicht [6], der sich positiv auf das Verschleißverhalten auswirkt.

Im Arc-Verfahren können Karbonitridschichten durch Zugabe eines C-haltigen Reaktivgases neben Stickstoff in die Beschichtungskammer problemlos erzeugt werden. Dabei läßt sich das N/C-Verhältnis des Karbonitrides durch Variation der Prozeßparameter gezielt einstellen. Wie aus der Literatur bekannt ist [7], weisen nach dem Arc-Verfahren mit Ti(CN)-beschichtete Wendeschneidplatten aus Hartmetall beim Fräsen Standzeiten auf, die um den Faktor 4 über denen CVD-beschichteter Platten liegen.

Die bisher bei uns an Ti(C,N)-bestimmten charakteristischen Schichteigenschaften sind in Tabelle 7 denen einer Standard-TiN-Schicht gegenübergestellt. Es zeigt sich, daß die Schichteigenschaften in gewissen Grenzen von

Tabelle 7: Eigenschaften von Ti(C,N)-Random Arc-Schichten im Vergleich zur Standard-TiN-Schicht

Schicht	Schicht-dicke [μm]	Härte HK0.05	Kritische Last [N]	Reibkoeffizient bei RT gegen 100Cr6	Kugelverschleiß
TiN	4	3 300	75 ± 3	0,65	3,6
Ti(C,N)	4	3 000–4 000	50 – 70	0,45–0,55	2–9

dem in der Karbonitridschicht eingestellten N/C-Verhältnis abhängig sind. Für die im folgenden beschriebenen Charakteristika des Ti(C,N) sind daher Bereiche angegeben.

Die Knoop-Mikrohärten der Ti(C,N)-Schichten liegen im Bereich zwischen 3 000 und 4 000 HK 0.05 und erreichen damit Werte, die über denen der reinen TiN-Schichten liegen.

Zur Verbesserung der Haftung von Ti(C,N)-Schichten auf Hartmetall P25 wurden diese auf einer TiN-Zwischenschicht abgeschieden. Die dann erzielten kritischen Lasten erreichen je nach N/C-Verhältnis 50–70 N.

Im Kugel-Scheibe-Versuch wurde der Reibkoeffizient von Ti(C,N)-beschichteten Platten aus Hartmetall P25 mit einer Kugel des Werkstoffs 100Cr6 als Gegenkörper bestimmt. Wie Tabelle 7 zeigt, liegt der Reibekoeffizient zwischen 0,45 und 0,55 und damit unter dem für TiN-Schichten bestimmten Wert.

Der Verschleiß des Gegenkörpers erwies sich als stark vom C-Anteil in der Ti(C,N)-Schicht abhängig. Es variiert von $2 \cdot 10^{-14}\,\text{m}^3/\text{mN}$ bei geringerem C-Anteil bis $9 \cdot 10^{-14}\,\text{m}^3/\text{mN}$ bei höherem C-Anteil.

Ergebnisse von Fräsversuchen mit Schaftfräsen von 10 mm Durchmesser sind in Bild 7 dargestellt. Bei einem Vorschub von 50 m/min wird die Überlegenheit der nach dem Arc-Verfahren mit Ti(C,N)-beschichteten Fräsern gegenüber solchen mit einer TiN-Schicht deutlich. Bei denen für TiN-Schichten

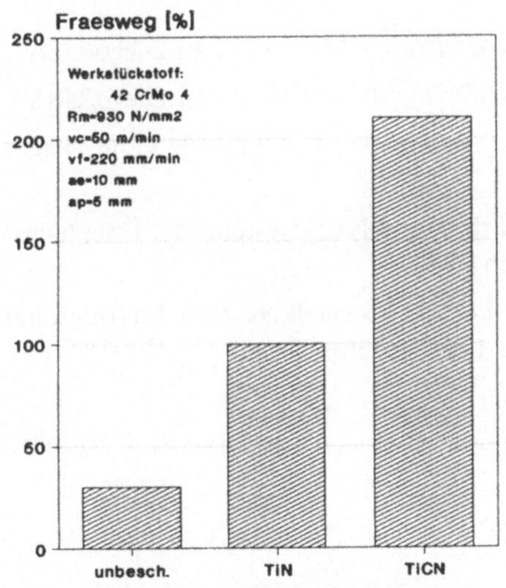

Bild 7: Standzeiten von Schaftfräsern (∅ 10 mm, 3 Zähne) im Frästest

bereits extremen Schnittbedingungen werden gegenüber dem unbeschichteten Werkzeug um den Faktor 3 höhere Standzeiten erzielt. Ti(C,N)-beschichtete Fräser erreichen gegenüber TiN nochmals mehr als den doppelten Fräsweg. Bei den laufenden Versuchen zur Optimierung der Ti(C,N)-Schichten werden weitere Verbesserungen im Verschleißverhalten erwartet.

3.5 Kohlenstoffschichten

Reine Kohlenstoffschichten wurden in einer PVD-20-Arc-Anlage, ausgehend von Graphitkathoden, bei HF-Anregung der Substrate abgeschieden. Diese Schichten zeichnen sich durch eine hohe Härte von über 6 000 HK 0.05 sowie eine ausgezeichnete Oberflächengüte aus. Der Reibkoeffizient von Scheiben des Werkstoffs W.-Nr. 1.3207, versehen mit einer Arc-Kohlenstoffschicht, gegen eine Kugel des Werkstoffs 100Cr6 beträgt nur 0,05. Wenn die Schichtentwicklung abgeschlossen ist, wird der Einsatz dieser sehr harten und glatten Kohlenstoffschichten insbesondere für geschlossene tribologische Systeme von Bedeutung sein.

Literatur

[1] *E. Ertürk:* VDI-Z, 129 (1987) 89

[2] *E. Ertürk, H.-J. Heuvel, H.-G. Dederichs:* 1st PSE, Garmisch-Partenkirchen, Sept. 1988

[3] *E. Ertürk, H.-J. Heuvel, H.-G. Dederichs:* ICMC 1989 San Diego/USA

[4] *E. Ertürk, H.-J. Heuvel, H.-G. Dederichs:* ICMC 1989 San Diego/USA

[5] *O. Knotek, M. Atzor, F. Jungblut, H. J. Prengel:* ICMC 1989 San Diego/USA

[6] *H. Hollek:* Binäre und ternäre Carbid- und Nitridsysteme der Übergangsmetalle; Gebr. Bornträger, Berlin 1984

[7] *M. Tobiaka, T. Nomura, K. Yamagata:* Proceedings 12th International Plansee-Seminar/89 (8.–12. Mai 1989) Reutte, Tirol

Korrosionsschutz mit PVD-Schichten auf Cr-Basis

O. Knotek, F. Löffler, M. Atzor

Zusammenfassung

Mit Hartstoffschichten auf Chrombasis kann die Korrosionsbeständigkeit der Substratmaterialien erheblich gesteigert werden. Als Verfahren zur Schichtherstellung bietet sich das PVD-Verfahren Magnetronsputtern an. Hierbei können die gewünschten Schichteigenschaften über die Prozeßparameter wie Reaktivgasdruck, Substrattemperatur, Bias und Sputterleistung in weiten Bereichen variiert werden.

Diese Schichten waren den galvanischen Schichten mit ihrer typischen Mikrorissigkeit in dieser Untersuchung überlegen. Ferner zeigte sich, daß dichte, feinkristalline und amorphe Schichten gegenüber stengelartig aufgebauten Strukturen größere Beständigkeiten erzielen.

1 Einleitung

Nachdem die Dünnschichttechnologie in den Bereichen der Mikroelektronik und der Optik eine Schlüsselfunktion eingenommen hat, werden zunehmend Schichten für tribologische Anwendungen entwickelt. Obwohl hierbei zunächst der Verschleißschutz im Vordergrund stand, gibt es stets auch Einsatzgebiete, wo neben den abrasiven Werkstoffbeanspruchungen auch korrosive Angriffe überlagert wurden oder sogar nur eine Lagerung in korrosiver Umgebung existierte.

Für die Herstellung von Schichten bietet sich neben der Galvanik und den CVD-Verfahren insbesondere die Abscheidung nach dem PVD-Prinzip (physical vapour deposition) Magnetronsputtern an. Diese Beschichtungsmethode ermöglicht zum einen eine sehr umweltfreundliche Schichtherstellung, da keine toxischen Verbindungen anfallen, und zum anderen eine große Universalität bezüglich der verwendbaren Schicht- und Substratmaterialien.

2 Herstellung von PVD-Schichten

Wie alle PVD-Verfahren findet das Magnetronsputtern unter Vakuum statt. Aus einem elektrisch isolierten Target (Kathode) werden nach Anlegen einer Spannung unter Zugabe eines Trägergases (meist Ar) Atomgruppen oder Moleküle durch hochenergetische Ionen herausgeschlagen. Zur Zündung der Gasentladung und ihrer Aufrechterhaltung sind Gasdrücke zwischen 10^{-3} mbar und 10^{-1} mbar erforderlich.

Im Normalbetrieb sind Targetmaterial und aufgedampfte Schicht nahezu identisch. Bei Zugabe eines nicht inerten Gases, wie z. B. Stickstoff, Methan oder Sauerstoff, können im Reaktivbetrieb Verbindungen unterschiedlicher Stöchiometrie am Substrat abgeschieden werden.

Die dem Target gegenüberliegende Substratplatte kann geerdet, mit einer Spannung beaufschlagt und beheizt werden. Beim Magnetronsputtern befindet sich hinter der wassergekühlten Kathodenplatte zusätzlich ein Magnetsystem. Durch das magnetische Feld werden Elektronen aufgrund der Lorentz-Kraft auf verlängerte, spiralförmige Bahnen vor dem Target abgelenkt und bewirken so eine Steigerung der Ionisationswahrscheinlichkeit und damit der Zerstäubungsstromdichte. Je nach Leitfähigkeit des Targets kann im Gleichstrom- oder Wechselstrombetrieb gearbeitet werden.

Unter Variation der dominanten Prozeßparameter Reaktivgaspartialdruck, Substrattemperatur, negative Vorspannung (Bias) und Sputterleistung konnten die Schichteigenschaften in einem weiten Bereich beeinflußt werden. Zur Untersuchung der Korrosionseigenschaften wurden Schichten auf Chrombasis (Cr,Cr_2N, CrN, (CrAl)N) mit unterschiedlichen Struktureigenschaften auf ferritischen Stählen abgeschieden.

3 Ermittlung der Korrosionsbeständigkeit

Für die Bestimmung der Korrosionsbeständigkeit von Hartstoffschichten ist es nicht ausreichend, die Eigenschaften der Ausgangsmaterialien der Beschichtung zu bestimmen. Vielmehr besitzen gesputterte Schichten je nach Prozeßdurchführung andere Charakteristika als Kompaktmaterialien aus den gleichen Werkstoffen. Dies liegt u. a. darin, daß die Schichten unter Vorzugsorientierungen und inneren Spannungen aufwachsen können. Ferner ist es möglich auch amorphe Schichten abzuscheiden, die auf Grund der fehlenden Korngrenzen einen hohen Korrosionswiderstand aufweisen. Folglich müssen die Schicht-Verbundsysteme in geeigneten Verfahren auf ihre Korrosionseigenschaften untersucht werden. Hierbei sind neben der Schichtwerkstoffwahl und den eingestellten Beschichtungsparametern auch die verwendeten Substratwerkstoffe für die Korrosionsbeständigkeit von zentraler Bedeutung. Diese Eigenschaften wurden in Stromdichte-Potential-Untersuchung bestimmt.

Die Stromdichte-Potential-Messungen an den PVD-Schichten wurden mit Hilfe einer quasipotentiostatischen Polarisationsschaltung an einem offenen System mit Meß- (beschichtetes Substrat), Bezugs- (Kalomel) und Gegenelektrode (Platin) aufgenommen. Für die Chromschichten erwies sich unter den gegebenen Bedingungen (Elektrolytlösung: H_2SO_4) eine Änderung von 2 mV nach je 40 s Haltezeit als sinnvoll.

Die Passivstromdichte des Chroms ist nach *Kolotyrkin* [1] über einen weiten Bereich des Elektrodenpotentials konstant, liegt jedoch mit < 1 $\mu A/cm^2$ in 1N H_2SO_4 außerordentlich niedrig. Der im passiven Bereich noch minimal auftretende anodische Reststrom an der Elektrode wird durch die langsame Auflösung und ständige Nachbildung des Passivfilms hervorgerufen.

Inwieweit die Korrosionseigenschaften des reinen Chroms auf Chromschichten übertragen werden können, hängt in erster Linie von der Zahl der „pin holes" und Poren in der Schicht ab. Pin holes sind die Folgen von Aufwachsfehlern, bei denen bis zum Grundwerkstoff kleinste Löcher vorliegen können. Ferner zeigt sich, daß bei porösen Schichten nicht nur die Eigenschaften des Grundwerkstoffes hervortreten können, sondern auch eine beschleunigende Lochfraßkorrosion stattfinden kann [2].

Da die Chromschicht elektrisch leitend mit dem Grundwerkstoff verbunden ist und nach ihrer Passivierung edler als der Substratwerkstoff wird, geht von den Poren leichte Lochfraßkorrosion aus. Der Korrosionsvorgang setzt ein, sobald Elektrolyt in die Poren gelangt. Da die Anodenfläche (die vom Elektrolyt benetzte Substratfläche) viel kleiner als die Kathodenfläche (Beschichtung) ist, und Kathoden- und Anodenstrom in einem nach außen neutralen System gleich sind, wird die Auflösung des Substrats unter der Schicht beschleunigt.

Der Korrosionsprozeß kann beschleunigt werden, wenn die Pore eine abgeschlossene Korrosionszelle bildet. Dort erhöht sich durch die Auflösung die Ionenkonzentration und damit die Aggressivität des Elektrolyten. Ein Stoffaustausch mit der Umgebung ist durch eine enge Porenöffnung stark gehemmt.

Es hat sich schon sehr früh gezeigt, daß die Porosität, d. h. die Porenzahl und der Porendurchmesser, einen wichtigen Einfluß auf die Korrosionsbeständigkeit von Beschichtungen hat (z. B. [3]). Die Porosität selbst ist in starkem Maße von den Beschichtungsverfahren und den jeweiligen Beschichtungsparametern abhängig.

Die im Rahmen dieser Arbeit zur Beurteilung des Korrosionsverhaltens der Schichten durchgeführten Versuche umfassen [4]

- die Erstellung von Stromdichte-Potential-Kurven mit der beschriebenen Meßanordnung,
- Rasterelektronenoptische Aufnahmen zur Beurteilung des Korrosionsangriffs.

In Bild 1 ist die Stromdichte-Potential-Kurve eines unbeschichteten ferritischen Grundwerkstoffs (X20Cr13) im Unterschied zu chrombeschichteten Substraten dargestellt, die sich wiederum im Beschichtungsverfahren unterscheiden.

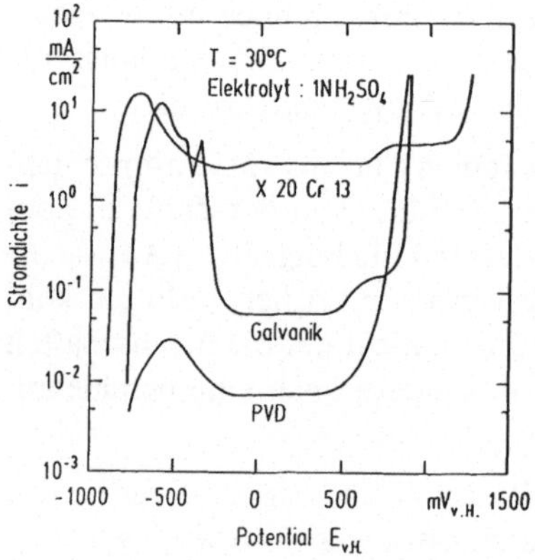

Bild 1: Vergleich der Stromdichte-Potential-Kurven von PVD- und galvanischen Chromüberzügen, Schichtdicke 3 µm

Während sich die Stromdichten des Substrats und der galvanischen Cr-Schicht im Bereich des Flade-Potentials kaum unterscheiden, liegen sie bei den PVD-Überzügen fast drei Zehnerpotenzen niedriger. Ruhe- und Flade-Potential liegen bei allen Kurven im gleichen Spannungsbereich, nur die Stromdichten liegen auf unterschiedlichen Niveaus. Während für das Metall Chrom in der benutzten Meßanordnung kein Aktivbereich gemessen werden konnte, zeigt Bild 1 für die Chrombeschichtungen eine deutliche Ausbildung von Aktiv- und Übergangsbereich. Die Ursache dieses Verhaltens liegt offensichtlich in der unterschiedlichen Ausbildung der Schichtstrukturen, so daß sich der Einfluß des Grundsubstrats noch erkennen läßt.

Die dem Grundwerkstoff ähnliche Stromdichte im Aktivbereich der galvanischen Chromschicht läßt sich auf die für diese Schichten typische Ausbildung von Poren und Mikrorissen zurückführen. In diesen Poren oder Mikrorissen

266

kommt der weiter oben beschriebene Beschleunigungseffekt zum Tragen. Im folgenden Passivbereich überlagern sich die Passivstromdichten der freigelegten Stellen und der Restschicht.

Die Schichtstruktur der PVD-Chromschicht ist gemäß Bild 2 charakterisiert. Die typische Stengelstruktur läßt erkennen, daß die Korngrenzen der Stengel von der Substratoberfläche senkrecht nach oben bis zur Schichtoberfläche verlaufen. Man kann sich vorstellen, daß aufgrund von Fehlstellen feinste

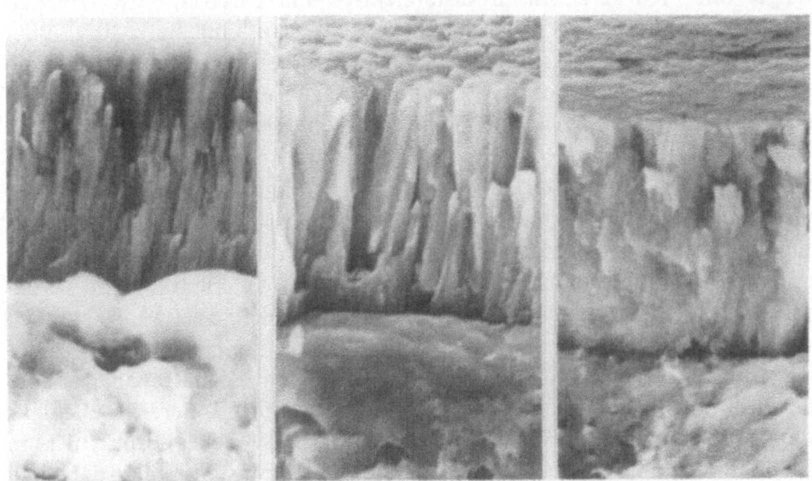

Bild 2: Strukturausbildung von reinen Chromschichten auf Ferrit

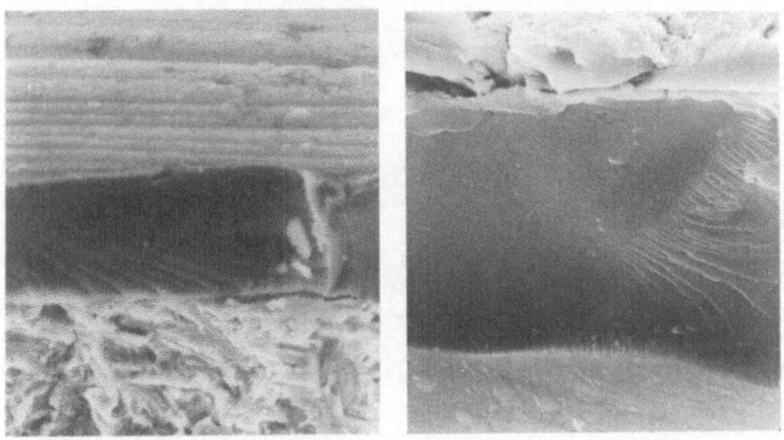

Bild 3: Bruchgefüge von röntgenamorphen Schichten im System Cr-Al-N
    a) nach der Beschichtung
    b) nach einer 72stündigen Glühbehandlung bei 530 °C

Durchgänge entlang dieser Korngrenzen während des Beschichtungsprozesses entstehen können, so daß der Elektrolyt direkten Zugang zum Substrat hat und sich so eventuell ein Aktivbereich ausbilden kann. Die Passivstromdichte kann durch die PVD-Schicht weiter abgesenkt werden.

Ein geringeres Stickstoffreaktivgasangebot bei der Herstellung von CrAlN-Schichten führt zu einer röntgenamorphen Struktur. Hierbei lassen sich keine Stengel oder Korngrenzen in rasterelektronenmikroskopischen Untersuchungen erkennen (Bild 3). Auch eine Glühbehandlung bei 530 °C über 72 Stunden im Vakuum führte zu keiner Veränderung des amorphen Zustands. Bei derartigen Beschichtungen war nach einem Korrosionsangriff keine Änderung der Schichtoberfläche zu erkennen.

Bild 4 zeigt die Oberflächen der korrodierten Proben unmittelbar nach dem Durchbruchpotential im transpassiven Bereich. Bild 4 erhärtet die Vermutung, daß bei der galvanisch-beschichteten Probe ein Beschleunigungseffekt der Korrosion durch Poren und Mikrorisse eintritt. Deutlich sind die Vertiefungen zu erkennen, an denen sich, ausgehend von mehr oder weniger großen Poren bzw. Mikrorissen, die Schicht bereits aufgelöst hat und der Grundwerkstoff freigelegt ist. Mit Hilfe der energiedispersiven Röntgenanalyse können chromreiche (Schicht) und eisenreiche (Vertiefungen) Bereiche ebenfalls unterschieden werden. Neben Chromoxiden (z. B. helles Bruckstück in Bild 4) können Spuren von Schwefel, der aus der Säure stammt und eventuell als Zwischenprodukt von der Art $CrSO_4^+$ vorliegt, nachgewiesen werden.

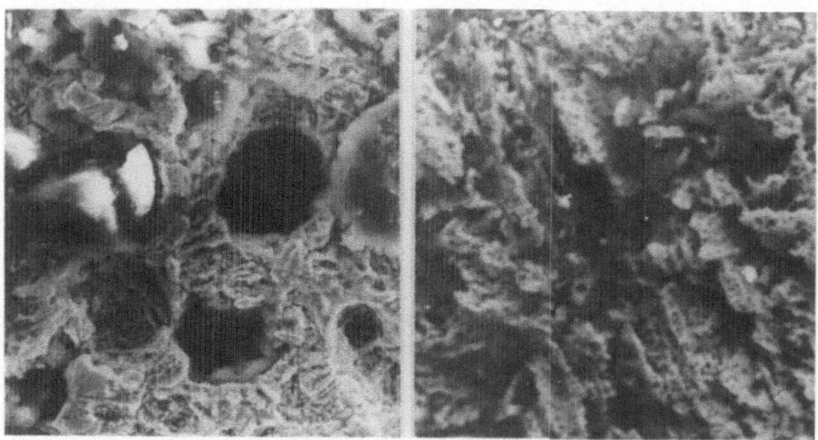

Bild 4: REM-Aufnahmen der korrodierten Oberflächen
    a) galvanisch beschichtete Probe
    b) PVD-beschichtete Probe

Sauerstoff kann mit diesen Analyseverfahren nicht nachgewiesen werden, da nur Elemente mit einer Ordnungszahl › 10 analysiert werden können.

Die Korrosion der PVD-Chromschicht verläuft demgegenüber wesentlich gleichmäßiger. Trotz einer wesentlich höheren Vergrößerung (Bild 4) können keine Poren von der Art, wie sie für Galvanikschichten typisch sind, identifiziert werden. Wahrscheinlich liegen in der Struktur der PVD-Schicht nur feinste Kanäle entlang der Stengelgrenzen bis zum Substrat vor. Auch ein Ferroxyltest zeigt bei keiner PVD-Beschichtung eine Verfärbung, die ein Maß für vorhandene große Poren darstellt.

Die Struktur der PVD-Schichten kann durch Variation der Verfahrensparameter in weiten Bereichen variiert werden. Um eine Aussage über den Einfluß der Struktur auf das Korrosionsverhalten zu bekommen, wurden drei charakteristische Strukturen von Chromschichten gemäß Bild 2 zur Korrosionsprüfung ausgewählt. An diesen Schichten ergeben sich unterschiedliche Verläufe der Stromdichte-Potential-Kurven (Bild 5).

Die Stromdichte im Aktiv-/Übergangsbereich kann durch Erhöhung der Sputtertemperatur von 200 °C auf 400 °C bei der Schichtherstellung abgesenkt werden. Durch die Temperaturerhöhung wachsen die Stengel der

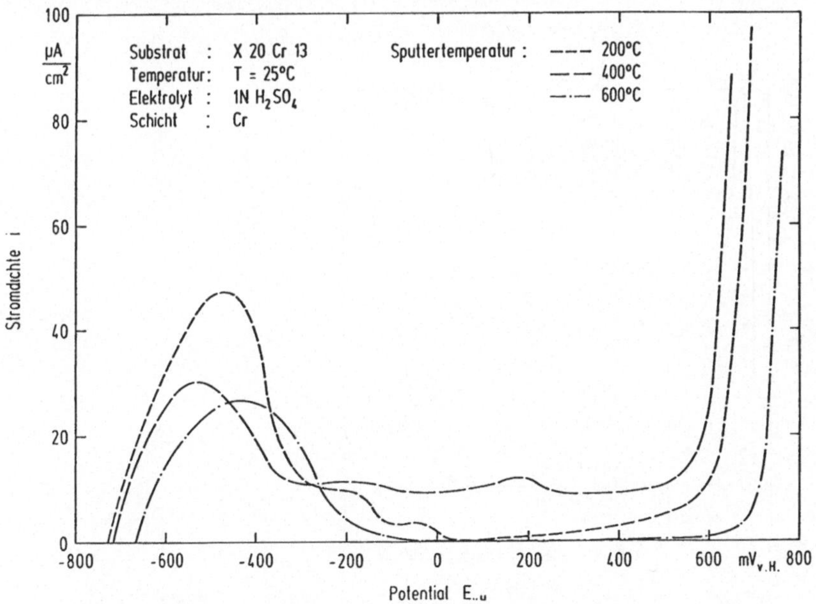

Bild 5: Stromdichte-Potential-Kurven von PVD-Chromschichten unterschiedlicher Schichtstruktur

Schicht in Größe und Breite, d. h. die für das Korrosionsverhalten wichtigen Korngrenzen nehmen ab. Durch eine weitere Temperaturerhöhung auf 600 °C, kombiniert mit einer hohen Biasspannung (–120 V), geht die Stengelstruktur bei der Schichtherstellung in eine sichtbare, dichtere, kompakte Schichtstruktur über (s. Bild 2). Durch das Schichtwachstum induzierte Fehlstellen bleiben jedoch erhalten. Der Aktivbereich wird nur geringfügig weiter abgesenkt, doch der Passivbereich wird vergrößert, und die Passivstromdichte liegt im Bereich des reinen Chroms.

Ein Ziel der Verbesserung des Korrosionsverhaltens von PVD-Schichten ist folglich die Herstellung von dichten, kompakten Schichtstrukturen durch geeignete Variation der Verfahrensparameter, so daß der Einfluß des Grundwerkstoffes ausgeschlossen wird. Mit dieser Maßangabe wurden Schichten im System Cr-Al-N für die Korrosionsmessung hergestellt. Die Schichtdicken lagen im Bereich 8–10 µm.

Bild 6 zeigt den Verlauf der Stromdichte-Potentialkurve einer CrN-Schicht wiederum im Vergleich zu einem unbeschichteten ferritischen Substrat.

Für diese dichte, kompakte Schicht kann sowohl im Passivbereich als auch im Transpassivbereich kein Einfluß des Grundwerkstoffs festgestellt werden. Ein Aktiv/Übergangsbereich ist ebenfalls nicht zu messen. Die CrN-Be-

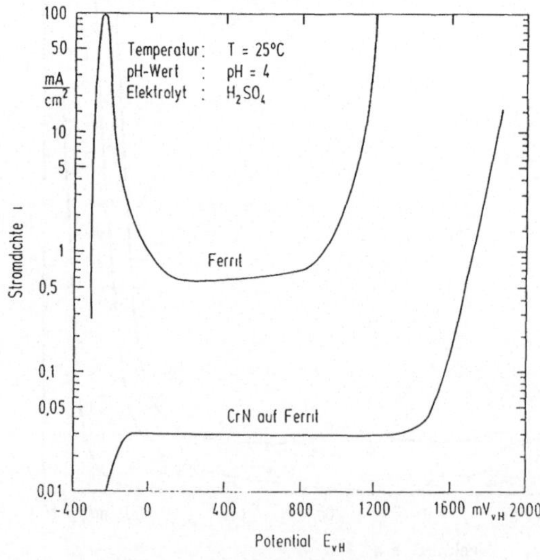

Bild 6: Stromdichte Potential-Kurven einer CrN-Schicht im Vergleich zum unbeschichteten Ferrit (X20Cr13)

270

schichtung senkt die Passivstromdichte um mindestens 1,5 Zehnerpotenzen und erweitert darüber hinaus den Passivbereich erheblich.

Bild 7 stellt zusammenfassend die Ergebnisse der Korrosionsuntersuchungen an Schichten im System Cr-Al-N, nämlich Cr, Cr_2N, CrN und (Cr,Al)N-Schichten, dar.

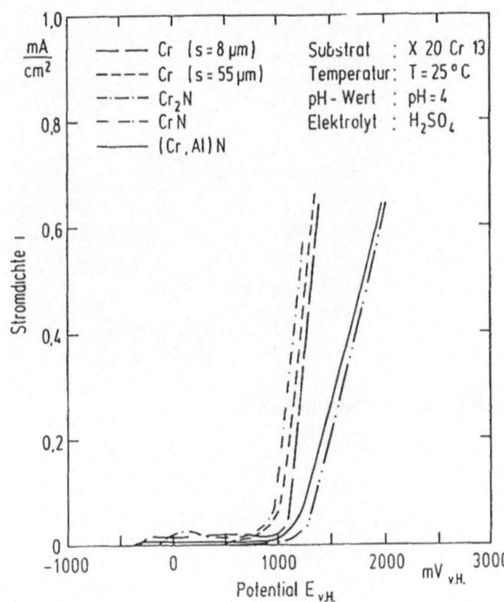

Bild 7: Stromdichte-Potential-Kurve von PVD-Schichten im System Cr-Al-N

Für alle Schichten, bis auf die Cr_2N-Schicht, können keine Aktiv-Übergangsbereiche gemessen werden. Die Schichten verbessern das elektrochemische Korrosionsverhalten der Substrate, d. h. senken die Passivstromdichte ($< 0,03$ mA/cm²) und erweitern den Passivbereich.

Für die reinen Chromschichten zeigt sich, wie zu erwarten, kein Unterschied zwischen zwei Schichten extrem unterschiedlicher Schichtstärken (8 µm und 5 µm). Aufgrund der dichten Schichtstruktur zeigt sich kein Einfluß des Grundwerkstoffs, so daß die Eigenschaften des reinen Chroms gemessen werden.

Bild 8 zeigt die Cr_2N-Schicht (a) vor und (b) nach dem Korrosionsangriff. Ausgehend von Fehlstellen oder Wachstumsdefekten, ist die Schicht an einigen Stellen bis auf den Grundwerkstoff durchkorrodiert. Das Durchbruchspotential ist hier bereits überschritten. So bildet sich die für diesen Potentialbereich typische Kraterlandschaft auf der Oberfläche aus.

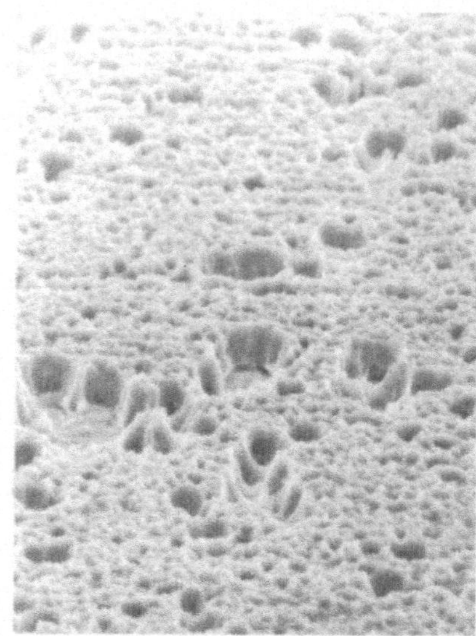

Bild 8: Cr$_2$N-Schicht (a) vor und (b) nach dem Korrosionsangriff

Literatur

[1] *JY. M. Kolotyrkin, I. A. Stepanov, V. M. Knyazheva, S. G. Babich:* Corrosion-electrochemical properties of chrome nitride and its possible effect on the corrosion behaviour of stainless steels and materials, Int. Cong. Met. Proc. Corrosion, Vol. 1 (1984), 260

[2] *T. A. Mäntylä, P. J. Helebirta, T. T. Lepisto, P. T. Sitonen:* Corrosion behaviour and protective quality of TiN coatings, Thin Solid Films 126 (1985), 275

[3] *W. Blum, W. P. Barrows, A. Brenner:* Porosity of electroplated chromium coatings, Bureau of Standards Journal of Research 7 (1931), 697

[4] *M. Atzor:* Aspekte des Magnetronsputterns zur Herstellung verschleiß- und korrosionsbeständiger Schichten auf Chrombasis, Dissertation RWTH Aachen, 1989

Korrosionsverhalten von Arc-PVD-Schichten

K. Reichel, W. Brandl, H.-D. Steffens

Zusammenfassung

Dünne Hartstoffschichten gewinnen in zunehmendem Maße auch im Bereich der Bauteilbeschichtung an Bedeutung. Bei derartigen Anwendungen ist es aber häufig notwendig, die Teile sowohl gegen Verschleiß als auch vor auftretenden korrosiven Belastungen zu schützen. Um die Eigenschaften der Bauteile den jeweiligen Anforderungen anzupassen, sind Kenntnisse über das Verhalten von Hartstoffbeschichtungen beim Angriff korrosiver Medien notwendig. In diesem Beitrag werden erste Ergebnisse zum Verhalten von Arc-PVD-Schichten unter korrosiver Beanspruchung vorgestellt.

1 Einleitung

Zum Schutz von Werkzeugen und Maschinenteilen vor einem frühzeitigen Versagen werden heute bereits vielfach mit CVD- oder PVD-Verfahren aufgebrachte Hartstoffschichten eingesetzt. Diese nur wenige µm dicken Schichten zeichnen sich durch eine hohe Härte sowie eine gute Verschleißbeständigkeit aus. Hierdurch können die Standzeiten oftmals um ein Vielfaches verlängert werden.

Bauteile unterliegen häufig neben einer mechanischen auch einer korrosiven Beanspruchung. Bei der Wahl eines geeigneten Beschichtungswerkstoffs unter derartigen Belastungen muß in vielen Fällen ein Kompromiß hinsichtlich der Schutzwirkung getroffen werden, da die Schicht zumeist entweder nur einen ausreichenden Verschleiß- oder Korrosionsschutz bietet.

Um die Anwendbarkeit von Hartstoffschichten bei komplexen Beanspruchungen abschätzen zu können, ist es notwendig, das Verhalten der beschichteten Bauteile auch unter Einwirkung korrosiver Medien zu untersuchen. Des weiteren ist es hilfreich, Kenntnisse über die Mechanismen zu gewinnen, die zu einem Versagen unter diesen Bedingungen führen.

2 Schichtwerkstoffe

Die im Rahmen dieses Beitrags vorgestellten Versuchsergebnisse wurden an Arc-PVD-Beschichtungen ermittelt.

Mit diesem Verfahren wurden TiN- und CrN-Schichten sowohl unmittelbar auf den Grundwerkstoff abgeschieden als auch die Kombinationsbeschichtungen Ti/TiN und TiN auf chemisch abgeschiedenes Nickel aufgebracht.

Die PVD-Schichten zeichnen sich durch eine dichte Struktur und eine gute Haftfestigkeit aus. Beim Einsatz unter korrosiver Beanspruchung ist jedoch dem Einfluß der Droplets [1] Beachtung zu schenken, da diese Inhomogenitäten in den Schichten darstellen und zu mikroskopischen Rissen in der angrenzenden Schicht führen können.

3 Untersuchungsmethoden

Zur Beurteilung der unterschiedlich beschichteten Proben wurden diese zunächst metallographisch untersucht.

Das Verhalten der beschichteten Teile unter dem Einfluß korrosiver Medien wurde im Kesternichtest nach DIN 50 018 sowie anhand der Salzsprühnebelprüfung nach DIN 50 021 ermittelt. Mit diesen Modellversuchen ist es möglich, Aussagen hinsichtlich der Durchlässigkeit der Schichten für das Korrosionsmedium zu erhalten.

Die Dichtigkeit der Beschichtung ist für die Korrosionsschutzwirkung von besonderer Bedeutung, da die Schichten ein edleres Verhalten als die Grundwerkstoffe aufweisen. Aus diesem Grund müssen die Überzüge poren- und rißfrei sein [2].

Um Aussagen über das elektrochemische Verhalten der Schichtwerkstoffe treffen zu können, wurden Messungen des Stromdichte-Potential-Verlaufs vorgenommen.

Problematisch ist das Verfolgen des Schädigungsverlaufs an derartigen Schichtverbunden insbesondere deshalb, weil das Versagen relativ langsam und, wie es bei Beschichtungen häufig der Fall ist, am Grundwerkstoff erfolgt. Somit ist die Schädigung zunächst von außen nicht zu erkennen. Untersuchungen können üblicherweise nur anhand von Schliffen, also zerstörend vorgenommen werden. Um den Schädigungsverlauf in Abhängigkeit von der Beanspruchungszeit verfolgen zu können, wurde deshalb die akustische Mikroskopie eingesetzt, ein Verfahren, das es gestattet, Proben sowohl direkt an der Oberfläche als auch in unterschiedlichen Tiefen zu untersuchen. Bei dieser Methode ergeben sich Unterschiede im Kontrast, wenn sich die elasti-

schen Eigenschaften unterscheiden. Dies ist insbesondere bei der Bildung
von Korrosionsprodukten im Übergangsbereich Schicht/Grundwerkstoff der
Fall.

4 Untersuchungen an konventionellen Hartstoffschichten

4.1 TiN-Beschichtungen

Titannitrid (TiN) ist der im Bereich der Werkzeugbeschichtung am häufig-
sten eingesetzte Schichtwerkstoff. Werden Bauteile, die mit einer als Ver-

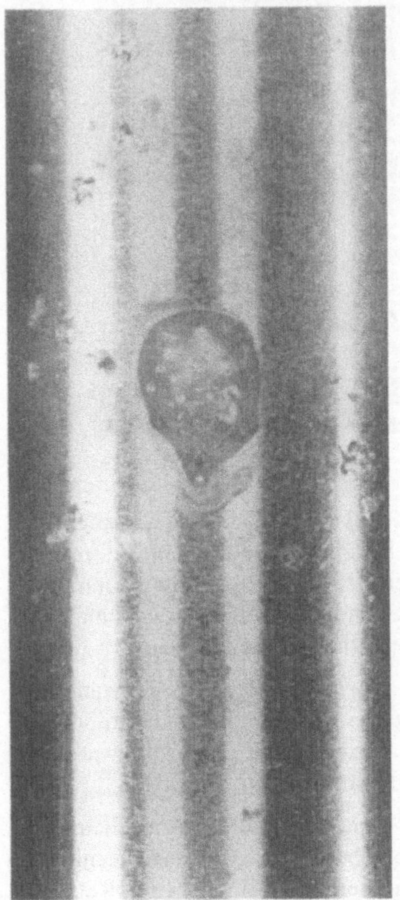

Bild 1: TiN-beschichtete Stahlprobe nach dem Kesternichtest

schleißschutz aufgebrachten TiN-Schicht versehen sind, einer korrosiven Beanspruchung ausgesetzt, so lassen sich bereits nach relativ kurzer Einsatzzeit Korrosionsangriffe feststellen, Bild 1.

Die Schädigung ist zum einen in der geringen Schichtdicke von nur wenigen μm, zum anderen in dem stengeligen Aufbau der PVD-Schichten begründet. In Bild 2 ist beispielhaft die Struktur einer nach einem PVD-Verfahren abgeschiedenen TiN-Schicht wiedergegeben. In der Schicht sind einzelne Stengel erkennbar, zwischen denen mikroskopische Lücken existieren.

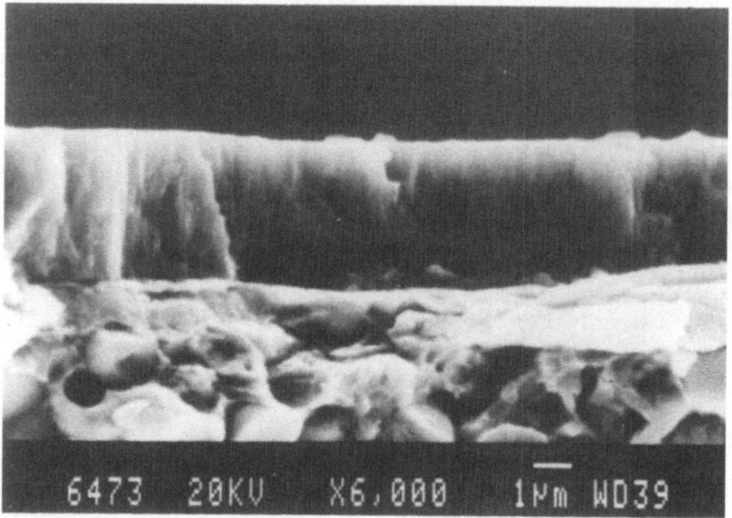

Bild 2: Bruchfläche einer TiN-Schicht

Bedingt durch diese strukturellen Gegebenheiten, wird es dem korrosiven Medium ermöglicht, durch die Schicht bis zum Grundwerkstoff einzudringen und diesen anzugreifen. Des weiteren stellen Droplets oder andere Inhomogenitäten Fehlstellen dar, die leicht zu Undichtigkeiten in der Schicht und somit ebenfalls zu einem Angriff des Substrats führen können.

Das größere Volumen der entstehenden Korrosionsprodukte führt anschließend zu einem Absprengen der dünnen und infolge der hohen Härte spröden TiN-Schicht, Bilder 3 und 4. Dadurch wird ein Teil des Grundwerkstoffs freigelegt, wodurch der Angriff verstärkt fortschreitet.

Der Schichtwerkstoff TiN selbst wird nicht angegriffen. Sein chemisches Verhalten ist äußerst stabil. Gleichfalls ergeben Messungen des Stromdichte-Potential-Verlaufs an auf Glas aufgebrachten TiN-Schichten in H_2SO_4 1N, (Bild 5) sehr niedrige Ströme über einen weiten Potentialbereich.

276

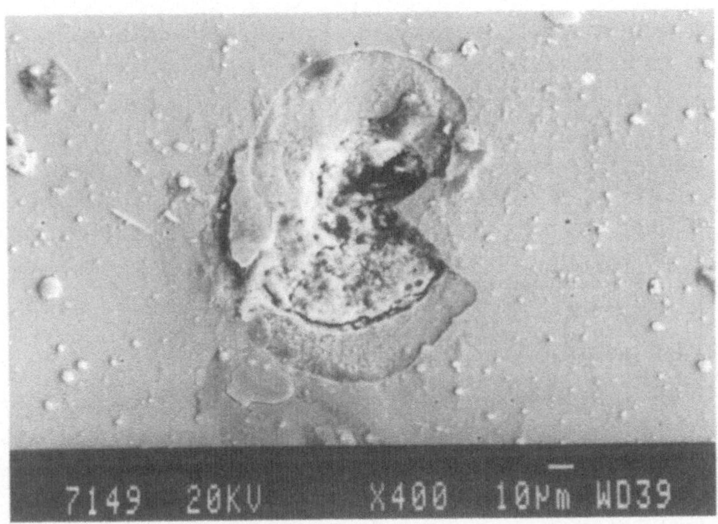

Bild 3: Korrosionsangriff an einer TiN-beschichteten Probe nach dem Kesternichtest (Draufsicht)

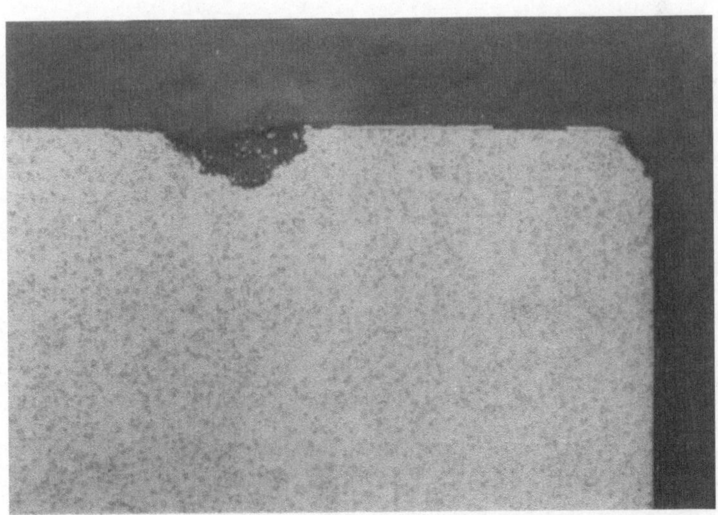

Bild 4: Korrosionsangriff an einer TiN-Schicht auf HSS, (Querschliff)

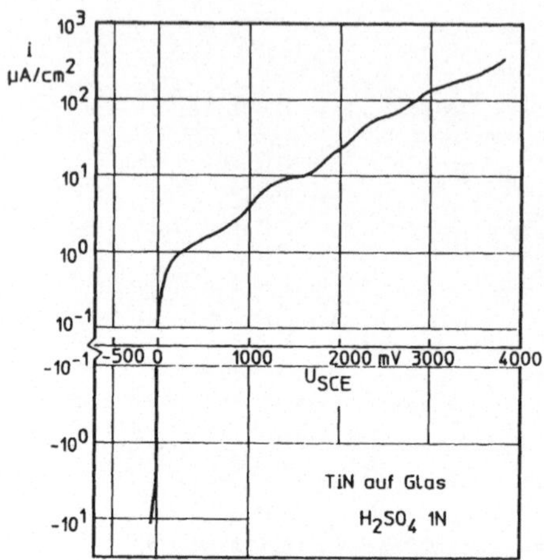

Bild 5: Polarisationsverhalten von TiN

4.2 CrN-Beschichtungen

Chromnitrid(CrN)-Schichten weisen gegenüber TiN eine wesentlich dichtere Struktur auf, Bild 6. Die Bruchfläche erscheint im Rasterelektronenmikroskop fast strukturlos. Ein stengeliger Aufbau, der für TiN-Schichten charakteristisch ist, kann nur in oberflächennahen Bereichen festgestellt werden. Aus

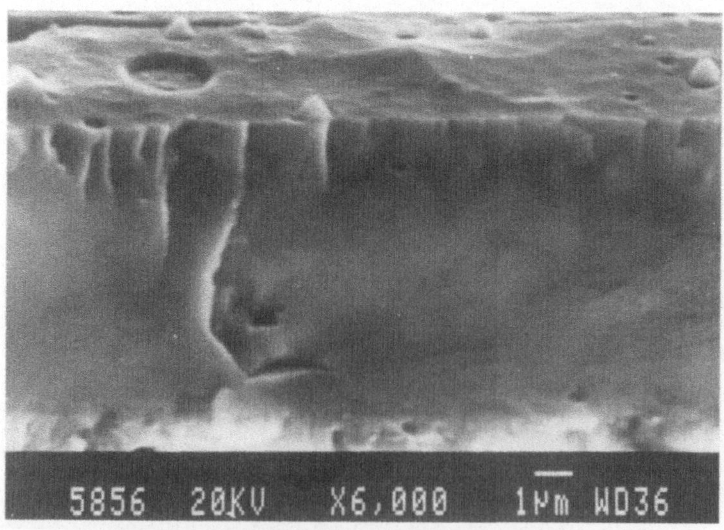

Bild 6: Bruchfläche einer CrN-Schicht auf Stahl

diesem Grund ist zu erwarten, daß CrN-Schichten einen besseren Schutz des Grundwerkstoffs vor dem Angriff korrosiver Medien bieten.

Beim Einsatz von CrN-Schichten mit einer Dicke, die der von üblichen Schutzschichten entspricht, treten jedoch bereits nach einem Zyklus im Kesternichtest Korrosionsangriffe auf, Bild 7. Es ist zu erwarten, daß sich die Korrosionsschutzwirkung der CrN-Beschichtungen durch den Einsatz größerer Schichtdicken deutlich verbessern läßt, eine Vermutung, die in weiterführenden Untersuchungen jedoch noch überprüft werden muß.

Bei der Wertung der vorliegenden Ergebnisse ist zu beachten, daß es sich bei den untersuchten Schichten um Arc-PVD-Schichten handelt, wobei während des Beschichtungsprozesses keinerlei Maßnahmen zur Verminderung des Auftretens der Droplets getroffen wurden. Das Vorhandensein von Droplets ist jedoch ein Charakteristikum, das die Korrosionsbeständigkeit der Schichten einschränkt. An droplet-behafteten Stellen können feine Risse in der Schicht entstehen, durch die das angreifende Medium zum Grundwerkstoff

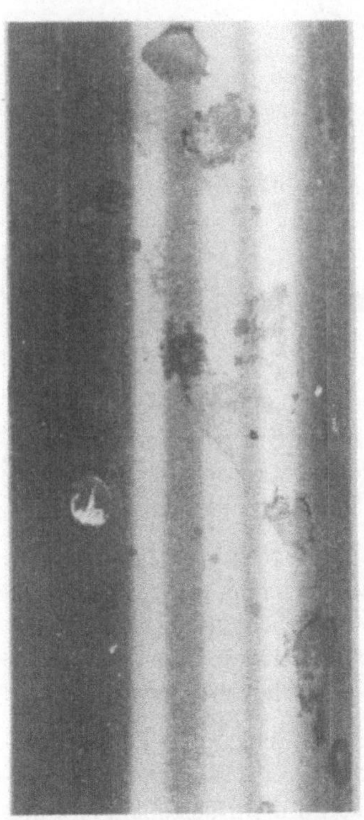

Bild 7: CrN-beschichtete Probe nach dem Kesternichtest

gelangt. Ein Beispiel hierfür zeigt Bild 8. Im Querschliff durch eine CrN-Beschichtung mit dünner Cr-Zwischenschicht ist erkennbar, daß die Struktur der über dem Droplet liegenden Schicht gestört ist. Der Angriff des beschichteten Bauteils findet unmittelbar unter dem Droplet statt.

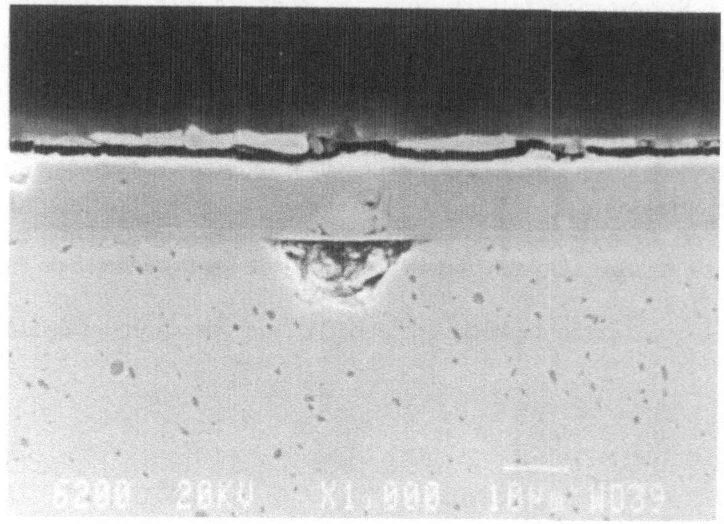

Bild 8: Korrosionsangriff unter einem Droplet an einer CrN-beschichteten Probe

5 Möglichkeiten zur Verbesserung des Korrosionsverhaltens von PVD-Hartstoffschichten

Faßt man die bisherigen Ergebnisse zusammen, erscheint eine Verbesserung der Schutzwirkung derartiger Beschichtungen gegenüber korrosiven Medien nur durch den Einsatz dichterer oder dickerer Schichten möglich.

Mit nur wenigen μm dicken Hartstoffschichten ist es relativ problematisch, eine ausreichende Korrosionsbeständigkeit zu erreichen, da auftretende kleine Fehlstellen, wie z. B. die Droplets in Arc-PVD-Schichten, zu Undichtigkeiten in den Schichten führen können. Gleichfalls nachteilig ist die meist stengelige Struktur, die mikroskopisch kleine Schichtlücken bedingt.

Die Möglichkeit, die Schichten so dick aufzutragen, daß durch Fehlstellen sowie Lücken zwischen den einzelnen Stengeln keine Verbindungen zwischen der Oberfläche der Schicht und dem Grundwerkstoff mehr bestehen, ist nur über außerordentlich lange Beschichtungszeiten zu realisieren, wodurch die

Beschichtungskosten sehr hoch werden. Zudem lassen sich Schichten aus Hartstoffen wie TiN nicht in beliebiger Dicke abscheiden, da die Schichten dann zum Abplatzen neigen.

6 Kombinationsbeschichtungen

Aus den angeführten Gründen erscheint es ratsamer, Schichtsysteme aufzubringen, bei denen eine Aufgabentrennung der Schichtwerkstoffe hinsichtlich Korrosions- und Verschleißschutz besteht. Hierzu wird der Grundwerkstoff zunächst mit einem korrosionsbeständigen Werkstoff beschichtet. Als Schichtwerkstoffe eignen sich vor allem passivierende Werkstoffe wie Titan, Tantal und Nickel. Darüber wird eine verschleißbeständige Hartstoffschicht wie TiN, CrN o. ä. aufgebracht.

Für ein derartiges Schichtsystem bietet sich die Kombination Ti/TiN an. Versuche haben gezeigt, daß die Korrosionsschutzwirkung durch Aufbringen dieser Schichtkombination ohne eine wesentliche Änderung der Schichtdicken deutlich verbessert werden kann.

Die Korrosionsbeständigkeit dieser Beschichtung – zumindest bei Verwendung geringer Schichtdicken – ist für die meisten Anwendungen jedoch noch nicht ausreichend, Bild 9. Grund hierfür sind zum einen die Droplets in den Schichten, die bei reinen Titanschichten infolge der nicht nitrierten Kathode

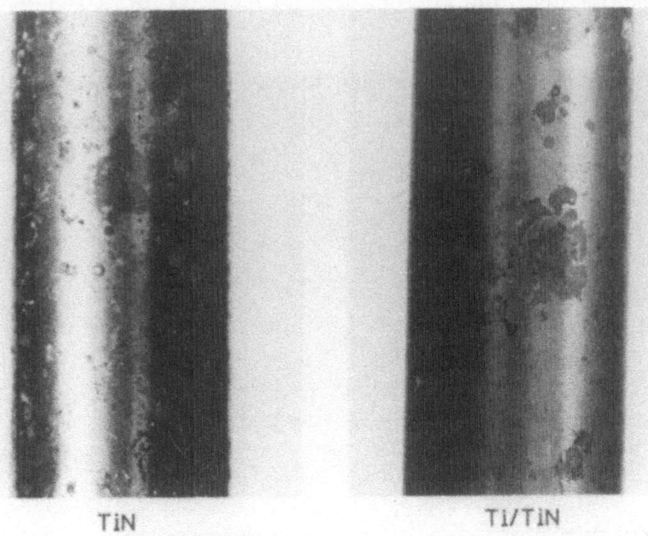

Bild 9: TiN- und Ti/TiN-beschichtete Proben nach dem Kesternichtest

relativ häufig und groß sind und z. T. durch die gesamte Schicht reichen können.

Zum anderen weisen auch PVD-Ti-Schichten eine stengelige Struktur auf, die infolge der Mikroporosität erst bei relativ großen Schichtdicken eine genügende Dichtigkeit besitzen.

Diese Problematik trifft im wesentlichen auf alle PVD-Schichten zu. Hier bietet es sich an, auf dünne Schichten mit einer anderen Struktur und einer guten Korrosionsbeständigkeit auszuweichen.

Chemisch abgeschiedene Nickel-Phosphor-(Ni-P-)Schichten erfüllen die genannten Anforderungen. Ni-P-Schichten mit einem P-Gehalt von 9–13 % werden häufig zum Schutz von Bauteilen bei korrosiven Beanspruchungen eingesetzt [3, 4].

Die Schichten besitzen mit einer Abscheidehärte von 500–600 HV auch eine gewisse Verschleißbeständigkeit. Diese kann durch eine anschließende Wärmebehandlung auf ca. 1 000 HV gesteigert werden [5]. Da es sich um eine Ausscheidungshärtung handelt, wird die homogene Struktur und damit die sehr gute Korrosionsbeständigkeit der Schichten drastisch reduziert [6]. Schließt man jedoch statt einer Wärmebehandlung im Ofen eine PVD-Beschichtung an, so lassen sich deutlich bessere Ergebnisse erzielen. Bild 10 zeigt den Querschliff durch eine derartige Hybridbeschichtung.

Zur Überprüfung der Eigenschaften der Kombinationsbeschichtung wurden HSS-Wendeschneidplatten, Bild 11, zunächst mit einer 20 µm dicken che-

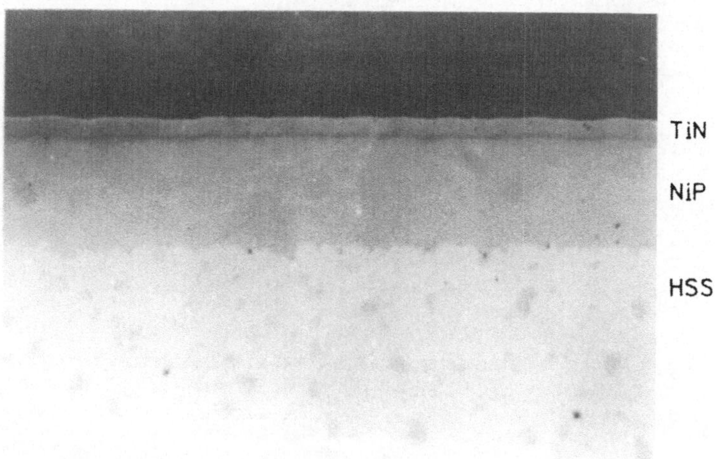

Bild 10: Querschliff durch eine Ni-P/TiN-Hybridbeschichtung

Bild 11: Beschichtete HSS-Proben

misch abgeschiedenen Nickelschicht versehen. Anschließend wurden die Proben mit einer 4 μm dicken TiN-Schicht bei 400 °C und einer Prozeßzeit von einer Stunde mit Hilfe des Arc-PVD-Verfahrens beschichtet [7].

Die anschließend vorgenommenen Korrosionsversuche zeigen, daß der PVD-Prozeß keinesfalls zu dem Abfall in der Korrosionsbeständigkeit führt, der bei einer herkömmlichen Wärmebehandlung von Ni-P-Schichten auftritt. Während wärmebehandelte Nickelschichten nach einem Zyklus im Kesternichtest KFW 2.0 S bereits großflächige Schädigungen aufweisen, stellt man an hybridbeschichteten Proben dagegen lediglich partielle Angriffe an der Mittelbohrung und den Kanten fest, die jedoch im wesentlichen auf die probenbedingt ungenügende Schichtqualität in diesen Bereichen zurückzuführen sind. Verbessert man die Oberflächengüte der zu beschichtenden Proben – beispielsweise durch Polieren – so lassen sich an der Hybridbeschichtung auch nach 5 Zyklen im Kesternichtest noch keine direkten Korrosionsangriffe erkennen. Es waren lediglich Verfärbungen an der Oberfläche festzustellen, deren Ursprung bislang jedoch noch nicht untersucht wurde.

Die ESS-Salzsprühnebelprüfungen dokumentieren ein ähnliches Verhalten der Proben wie der Kesternichtest. Während die wärmebehandelten Nickelschichten bereits nach einer Expositionszeit von 96 Stunden einen flächenhaften Korrosionsangriff aufweisen, treten bei den Ni-P/TiN-Hybridbeschichtungen nach 580 Stunden noch keine derartigen Angriffe auf, Bild 12.

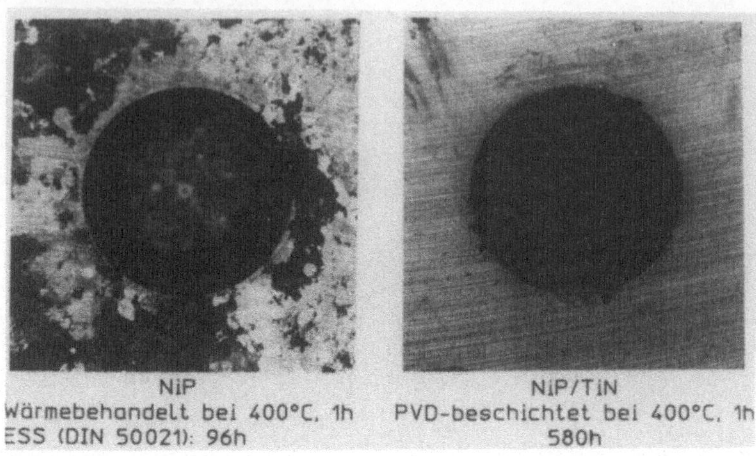

Bild 12: Beschichtete HSS-proben nach der Salzsprühnebelprüfung

Die Hybridbeschichtung führt zu keiner drastischen Verschlechterung in der Verschleißbeständigkeit. Dies wird durch die Ergebnisse der Taber-Abraser-Abriebversuche dokumentiert. Der durchschnittliche Abtrag pro 1 000 Runden ist in Tabelle 1 angegeben.

Tabelle 1: Verschleißbeständigkeit im Taber-Abraser-Versuch

Schichtsystem	Abtrag in mg pro 1 000 Runden
NiP unbehandelt	21,7
NiP/TiN	2,7
TiN	0,8

Reibrollen: CS-10
Auflagelast: 9,81N

Anzumerken bleibt hierbei, daß bislang keine Versuche an Proben vorgenommen wurden, die sowohl hinsichtlich der Beschichtungsparameter als auch im Hinblick auf die Oberflächengüte der Substrate optimiert waren. Durch derartige Maßnahmen ist eine weitere Verbesserung des Verschleiß-/Korrosionsverhaltens zu erwarten, so daß ein praktischer Einsatz von Kombinationsbeschichtungen für Pumpenbauteile und -zubehör, Ventile und Schieber im chemischen Apparatebau, Düsen und Zerstäuber sowie Werkzeuge im Bereich Kunststoff-Druckguß möglich wird.

284

7 Untersuchungen des Schädigungsablaufs mittels der akustischen Mikroskopie

Bild 13 dokumentiert zwei Aufnahmen der Oberfläche einer CrN-Schicht im Bereich eines Korrosionsangriffes. Das obere Teilbild wurde im Rasterelektronenmikroskop, das untere mit dem akustischen Mikroskop aufgenommen.

Durch die Möglichkeit, Abbildungen unterhalb der Oberfläche zu erzeugen, können korrodierte Bereiche im akustischen Mikroskop bereits sichtbar gemacht werden, bevor die Korrosionsprodukte an die Oberfläche der Beschichtung gelangen und somit von außen erkennbar sind. Bild 14 zeigt Aufnahmen einer korrodierten Probe, die in unterschiedlichen Tiefen aufgenommen wurden. Während an der Oberfläche (Tiefe $z = 0$) nur vereinzelte Anzeichen eines korrosiven Angriffs festzustellen sind, wird das Ausmaß der

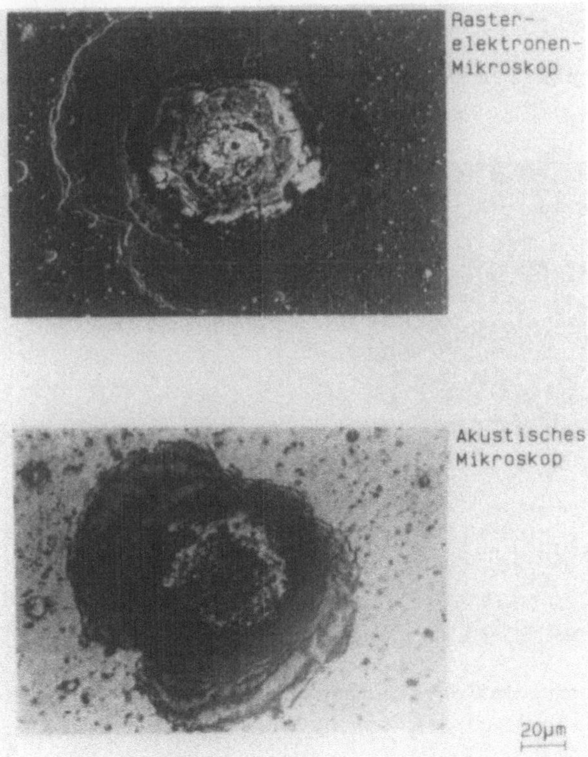

Bild 13: Korrosionsangriff an einer CrN-beschichteten Stahlprobe (Draufsicht)

bereits eingetretenen Schädigung erst deutlich, wenn diese im Inneren des
Verbundes (Tiefe z = –2,2) dokumentiert wird.

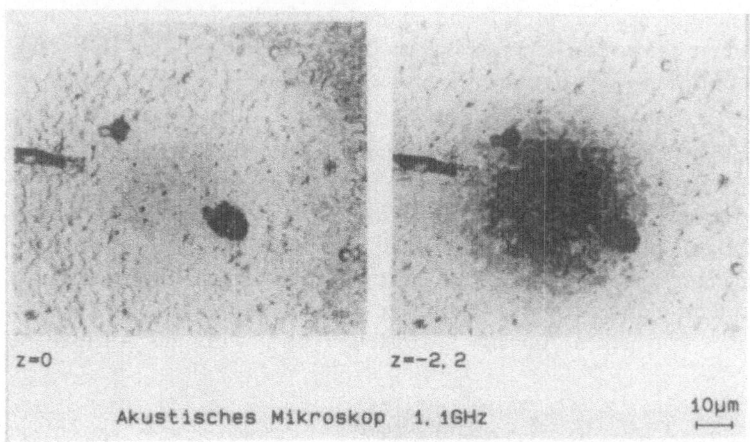

Bild 14: Korrosionsangriff an einer Ni-P/TiN-beschichteten Probe (akustisches Mikroskop)

Bild 15: Querschliff durch einen Korrosionsangriff an einer Ni-P/TiN-beschichteten
Probe

8 Zusammenfassung und Ausblick

Die vorgestellten Ergebnisse lassen erkennen, daß ausschließlich hartstoffbeschichtete Teile bei Verwendung üblicher Schichtdicken keine ausreichende Beständigkeit gegenüber korrosiven Medien besitzen. Diese kann jedoch durch Aufbringen einer korrosionsbeständigen Zwischenschicht erreicht werden. Hier erweisen sich vor allem chemisch abgeschiedene Nickelschichten als geeignet. Besondere Beachtung ist der Tatsache zu schenken, daß die Wärmeeinbringung beim PVD-Beschichtungsprozeß keine drastische Verschlechterung der Korrosionsbeständigkeit von Ni-P-Schichten hervorruft, wie dies bei einer herkömmlichen Wärmebehandlung der Fall ist.

Zur Untersuchung derartiger Schichtsysteme eignet sich die zerstörungsfreie Methode der akustischen Mikroskopie, da sie die Möglichkeit bietet, Proben in verschiedenen Abständen von der Oberfläche zu erfassen und somit auch Veränderungen am Übergangsbereich Schicht/Grundwerkstoff zu detektieren. Zudem kann dieselbe Probe nach unterschiedlichen Zeiten im Korrosionstest untersucht werden.

Die im Rahmen dieses Beitrages vorgestellten Arbeiten stellen lediglich erste Ergebnisse dar. Es ist geplant, weitere Untersuchungen vor allem hinsichtlich des elektrochemischen Verhaltens der Beschichtungswerkstoffe durchzuführen. Außerdem sollen neue Kombinationsbeschichtungen hergestellt und ihr Verhalten charakterisiert werden.

Die Untersuchungen an den Kombinationsbeschichtungen Nickel/TiN wurden in Zusammenarbeit mit der Fa. Anke GmbH & Co KG, Essen vorgenommen. Die mit Hilfe der akustischen Mikroskopie ermittelten Ergebnisse wurden gemeinsam mit dem Fachgebiet Qualitätskontrolle der Universität Dortmund gewonnen.

Literatur

[1] *H.-D. Steffens* et al.: Weiterentwicklung des Ionenplattierens mit Arc-Verdampfern mit dem Ziel der Dropletverminderung bzw. -ausschaltung; Tagungsband zum Statusseminar der VDI-TZ vom 25.–27. 05. 1988 in Köln

[2] *W. Brandl*: Charakterisierung des Korrosionsverhaltens von Beschichtungen; Proceeding CoatTech, Internationaler Kongreß „Neue Beschichtungstechnologien", April 1989, Wiesbaden, S. 587–597

[3] *W. Riedel:* Chemisch Nickel: Einführung, Grundlagen, Grenzen; Berichtsband des 1. AGG-Symposiums am 26./27. 03. 1987, Leutze Verlag, S. 6–8

[4] *J. Roubal:* Korrosionsschutz durch chemisch abgeschiedene Nickelüberzüge; Galvanotechnik 79, 1988, Nr. 3, S. 736–742

[5] *G. Shawnan, P. Stapleton:* Chemisch Nickel richtig einsetzen; Galvanotechnik 77, 1986, Nr. 3, S. 550–560

[6] *H. Kreye, H.-H. Müller, T. Petzel:* Aufbau und thermische Stabilität von chemisch abgeschiedenen Nickel-Phosphor-Schichten; Galvanotechnik 77, 1986, Nr. 3, S. 561–567

[7] *K. Reichel, W. Brandl, M. Mack, H. H. Urlberger, H. Kleinz:* Hybridtechnik zum Herstellen korrosions- und verschleißfester Schichtkombinationen; Zeitschrift Galvanotechnik

[8] *H.-A. Crostack, U. Beller, H.-D. Steffens, K. Reichel:* Use of Scanning Acoustic Microscopy to Characterize Cathodic Arc Deposited CrN Films; Vortrag anläßlich der EUROMAT 1989, 22.–24. 11. 1989 in Aachen

Faktendatenbank für Hartstoffschichten

H. Jehn

1 Einleitung

Die Herstellung von dünnen Schichten nach Verfahren der Gasphasenab-
scheidung (PVD, CVD) gewinnt auf vielen Gebieten ständig an Bedeutung.
Die Einsatzgebiete dünner Schichten sind außerordentlich vielfältig und reichen von der Mikroelektronik über den Korrosionsschutz bis zur Tribologie
und Verschleißminderung. Weitere Einsatzgebiete beruhen auf den magnetischen, optischen, dekorativen oder supraleitenden Eigenschaften dünner
Schichten. Allerdings hängen die Eigenschaften von gasphasenabgeschiede-
nen Schichten von einer Vielzahl von Parametern ab. Hierzu gehören neben
der Schicht/Substrat-Kombination vor allem das verwendete Abscheidever-
fahren mit seinen Parametern und die Vorbehandlung und Reinigung der
Substrate sowie eventuelle Nachbehandlungen. Die gemessenen Eigenschaften wie auch das Verhalten beim technischen Einsatz hängen häufig auch
noch von Testverfahren und den speziellen Testparametern ab. Dies gilt
insbesondere für Reibungs- und Verschleißmessungen.

Die Fakten über Hartstoffbeschichtungen und Schichteigenschaften sind
zwar in einer großen Zahl von Veröffentlichungen angeführt, meist·betreffen
sie allerdings nur Teilaspekte. Zudem sind sie in der Literatur weit verstreut
und oft schwer zugänglich. Zum Zweck einer schnellen und sehr detaillierten
Information über vorliegende Untersuchungen und Ergebnisse wird am For-
schungsinstitut für Edelmetalle und Metallchemie (FEM) eine vom Bundesministerium für Forschung und Technologie geförderte Faktendatenbank
„Hartstoffschichten" aufgebaut.

2 Aufbau

Der Aufbau und Betrieb der Faktendatenbank umfaßt folgende Teilschritte:

1. Erstellung eines Faktendatenbanksystems

2. Literatursuche
3. Literaturauswertung
4. Eingabe der Daten
5. Daten- und Faktensuche.

Im einzelnen bedeutet dies, daß eine vorhandene Datenbankhülle bezüglich
der gestellten Anforderungen modifiziert werden mußte. Erhebungsbogen
und Datenbankformate waren zu erstellen und müssen laufend bei neuen
Anforderungen ergänzt werden.

Die Literatursuche erfolgt vorwiegend über die maschinellen Dienste (ME-
TADEX, CAS) der bekannten Abstract-Journale Metals Abstracts und Chemical Abstracts. Im wesentlichen wird nach den Stichworten Coatings, Thin
Films, Vapour Deposition, Hard Coatings und den verschiedenen Schicht-
materialklassen gesucht (z. B. Nitrides, Carbides, Borides, Diamond (-like),
u. a.). Ein wichtiger Teil der Literatursuche besteht auch in der Durchsicht
der einschlägigen Fachzeitschriften und Konferenzberichte.

Die Literaturauswertung besteht darin, daß die Arbeiten (soweit irgend möglich) im Original auf alle darin enthaltenen qualitativen und quantitativen
Angaben bezüglich Schichtherstellung, Schichteigenschaften und Schichtver-
halten durchgesehen werden. Diese Fakten werden in einen Erhebungsbogen
eingetragen und anschließend in die Datenbank eingegeben. Die Literaturauswertung erfolgt unter Mitarbeit von Verbundpartnern und interessierten
Fachkollegen.

Wegen der vielfältigen und komplexen Fragestellungen ist eine Daten- und
Faktensuche in der Datenbank zunächst nur off-line im Kontakt mit den
Datenbankbearbeitern möglich. Auch in Zukunft wird ein on-line-Betrieb
wohl kaum in Frage kommen. Es besteht aber die Möglichkeit, wie unten
ausgeführt, die Datenbankhülle und Einträge zu erwerben.

Entsprechend dem Ziel der Datenbank „Hartstoffschichten" können neben
allgemeinen auch sehr gezielte Fragen gestellt werden. Hierzu gehören beispielsweise Fragen nach speziellen Schicht/Substrat-Kombinationen mit verschiedenen Prozessen und verschiedenen Prüfmethoden oder nach der
gleichzeitigen Untersuchung bestimmter Schichteigenschaften in Abhängigkeit von bestimmten Prozeßparametern. Eine ins einzelne gehende Auswertung der erhaltenen Information erfordert dann aber auch die sorgfältige
Durchsicht der Originalarbeiten und gegebenenfalls der darin enthaltenen
graphischen Darstellungen.

3 Konzeption und Inhalt

Eine Datenmenge von der vorgegebenen Verschiedenheit und der vorauszusehenden Größe kann nur in einem relationalen Datenbanksystem organisiert werden. Aus Zweckmäßigkeitsgründen wurde eine Hauptdatei mit einer Reihe von Unterdateien angelegt (s. Bild 1). Dabei enthält die Hauptdatei im wesentlichen die bibliographischen Angaben, wie sie in den bekannten Literaturdatenbanken (z. B. METADEX, CAS) gegeben sind. Hinzu kommen Stichworte für eine Grobklassifizierung, die bereits Hinweise auf Daten in den Unterdateien enthalten. In den verschiedenen Unterdateien sind die quantitativen Angaben über die Substrate, Quellen, Prozesse sowie über Eigenschaften und Verhalten von Schichten enthalten. Eine weitere Datei ist schließlich der Literaturverwaltung vorbehalten.

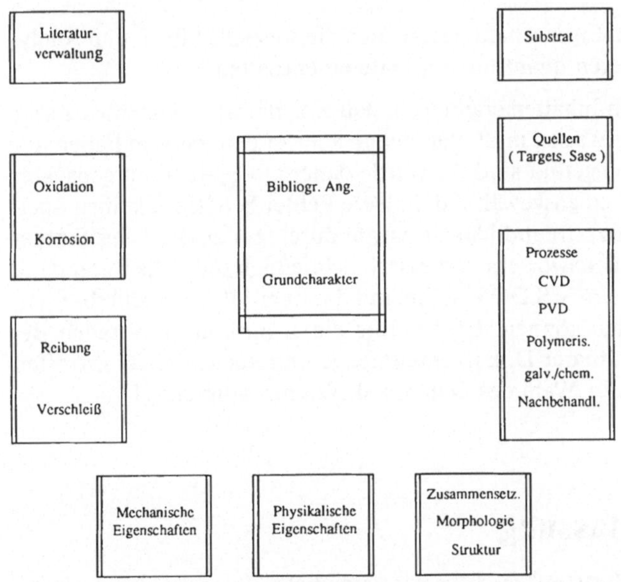

Bild 1: Organisationsschema Faktendatenbank Hartstoffschichten

Die nachfolgenden Stichworte sollen Beispiele für die in den einzelnen Dateien enthaltenen Daten geben. Aufgenommen werden sowohl Veröffentlichungen als auch Forschungsberichte und Patente.

Hauptdatei: Bibliographische Angaben, Grobklassifizierung über Schlüsselwörter, Abstracts.

Substrate: Zusammensetzung, Herstellungsverfahren, Form und spezielle Vorbehandlung, Oberflächenzustand.

Quellen: Zusammensetzung, Herstellungsverfahren, Form und Oberflächenzustand von Targets. Reinheit der verwendeten Inert- und Reaktivgase.

Prozesse: Alle Prozeßparameter wie Anlage, geometr. Anordnungen, Substratbewegungen, Partialdrücke, Durchflußmessungen, elektr. Spannung und Ströme, an Target und Substrat auftretende Leistungen. Reinigungsvorbehandlungen und eventuelle Nachbehandlungen.

Schichteigenschaften: Dicke, Zusammensetzung von Schicht und Grenzschicht, Zwischenschichten, Struktur, Morphologie, Gitterparameter.

Physikalische Eigenschaften wie elektrischer Widerstand, optische und dekorative Eigenschaften, mechanische Eigenschaften wie Härte, innere Spannungen.

Bei allen Angaben zu Eigenschaften sind auch die speziellen Prüf- und Analysenmethoden mit deren quantitativen Dateien enthalten.

Aus den aufgezeigten Inhalten ergibt sich, daß eine derartige Datenbank sehr viele Datenfelder aufweisen muß, von denen aber in den meisten Fällen nur wenige mit Einträgen gefüllt sind. Es wurde daher ein System mit gepackter Speicherung der Daten ausgewählt, d. h. leere Felder benötigen keinen Speicherplatz. Die Benutzerfreundlichkeit wurde durch ein zusätzliches System zum Abruf von Schlüsselwörtern verbessert. Schließlich sollte die Datenbank auf dem Betriebssystem MS.DOS laufen und damit auf PCs installierbar sein und betrieben werden können. Hier mußte ein Kompromiß zwischen Bequemlichkeit, verwaltbarer Dokumentenmenge und Speicherplatz getroffen werden. Die führte zur Wahl des Datenbanksystems Adimens [1].

4 Zusammenfassung

Für das Gebiet der Hartstoffschichten wird eine Faktendatenbank aufgebaut, in der alle erhältlichen Daten zur Herstellung und Prüfung sowie über Eigenschaften und Verhalten gespeichert werden.

Diese Datenbank erlaubt den schnellen und präzisen Zugang zu Literatur und (soweit vorhanden) quantitativen Daten auch bei sehr speziellen Fragestellungen. Auf der Basis der abrufbaren Daten können bei detaillierter Auswertung für bestimmte Abhängigkeiten wie Herstellung-Eigenschaft oder Eigenschaft-Verhalten Korrelationen aufgestellt werden, die das Verständnis in der Schichtkunde verbessern.

Auf der entsprechenden Basis lassen sich auch Wissens- oder Verständnislükken aufzeigen, die zur Initiierung von Forschungsarbeiten oder -programmen führen können.

Die Datenbank „Hartstoffschichten" wird durch das Bundesministerium für Forschung und Technologie über den Projektträger VDI-Technologiezentrum unter der Projektnummer 13N5734/3 gefördert.

Hinweis

[1] (C) 1989 ADI Software GmbH, D-7500 Karlsruhe

Sachwortverzeichnis